兰州大学教材建设基金资助

生物化学实验

主编 沈剑敏

兰州大学出版社
LANZHOU UNIVERSITY PRESS

图书在版编目（ＣＩＰ）数据

生物化学实验 / 沈剑敏主编. -- 兰州 ： 兰州大学
出版社，2020.4
ISBN 978-7-311-05768-8

Ⅰ．①生… Ⅱ．①沈… Ⅲ．①生物化学－实验－高等
学校－教材 Ⅳ．①Q5-33

中国版本图书馆CIP数据核字（2020）第063950号

责任编辑　郝可伟　　陈红升
封面设计　王宁雪

书　　　名　生物化学实验
作　　　者　沈剑敏　主编
出版发行　兰州大学出版社　　（地址：兰州市天水南路222号　730000）
电　　　话　0931-8912613（总编办公室）　　0931-8617156（营销中心）
　　　　　　0931-8914298（读者服务部）
网　　　址　http://press.lzu.edu.cn
电子信箱　press@lzu.edu.cn
印　　　刷　兰州新华印刷厂
开　　　本　787 mm×1092 mm　1/16
印　　　张　11.75
字　　　数　382千
版　　　次　2020年4月第1版
印　　　次　2020年4月第1次印刷
书　　　号　ISBN 978-7-311-05768-8
定　　　价　36.00元

前　言

生物化学是运用化学实验方法研究生命物质的化学组成、结构及生命过程中的各种化学变化的学科。其研究方法和实验技术已经成为生命科学各领域的重要工具。因此，作为综合院校的大学生必须掌握生物化学实验技能，了解构成生物体的基本物质成分的分离、纯化、鉴定和定量分析的常用方法以及物质代谢的研究方法，并通过实验技术训练加深对理论知识的理解，增强分析问题和解决问题的能力。

兰州大学"生物化学实验"是第一批建成的慕课，目前已经在"好大学在线"平台上线，并且已经投入教学使用。为此，我们在已使用10年的《生物化学与分子生物学实验》教材基础上，根据本科人才培养方案，按照大类培养和新修订的课程教学大纲的要求，围绕专业教学需要，重新规划修订，旨在综合运用信息技术，创新教材形态，加强纸质教材与数字化教材的有机结合，形成多形式、立体化教材体系。结合多年教学实践经验，借鉴国内外生化实验教材，改编成了《生物化学实验》，实现了线上、线下的立体呈现。本书共有两篇：第一篇为基本技能训练，第二篇按照生命物质分类，将糖、脂、氨基酸、蛋白质、核酸、酶、维生素、激素，以及新陈代谢分列在43个实验中，其中24个实验已经制作成64个精品慕课视频。实验方法涵盖滴定、蒸馏、离心、分光光度比色、薄层层析、凝胶层析、离子交换层析、亲和层析、气相色谱、高效液相色谱、电泳、荧光、旋光法等，对生命物质进行定性、定量研究。本课程充分利用慕课平台，结合视频公开课在智能移动终端的收视，突破知识传播的时空限制，向受众传授生物化学实验技能，更加直观地展示实验原理、操作步骤、仪器设备使用等元素，提升视觉展示效果，为传统教学模式注入新的活力，运用线上的慕课和线下的纸质教材，满足自主、可视化学习需要，集完整性、系统性和示范性于一体，完全适用于我国生物科学、生物技术、生物工程、农林、药学、医学等相关专业学生使用，担当起"双一流"大学知识共享的责任。

生物化学实验由"静态"和"动态"两部分知识构成，从知识完整性来考虑，静态部分是基础，动态部分才是生命大分子在生命活动中的转化过程。所以，我们适当补充了新陈代谢的实验项目，以完善生物化学实验知识结构。此外，也增加了综合性实验，以提高培养学生综合运用知识的能力。

本书的出版得到了兰州大学教材建设基金的资助，在此表示感谢。本书新增了七个实验，其中陈玉辉参与了实验十二、实验二十一、实验三十七、实验三十九的编写。全书在编写过程中参阅了大量的书籍和其他资料，在参考文献中恕不能一一列出。由于知识水平有限，难免存在纰漏之处，编者诚恳希望读者指正。

沈剑敏

2019年11月

目　录

第一篇　基本技能训练

第二篇　生物化学实验

附　录

第一篇
基本技能训练

第一章　实验室规则

一、学生实验守则

（一）学生每次实验前，必须按照实验教学计划和教材规定的实验项目认真预习实验内容，做好预习报告，明确实验目的，了解原理和操作规程。

（二）按时进入实验室，不得将与实验无关的物品带入室内，在教师的指导下认真操作。实验时不准做无关的事情，中途不得无故擅自离开。

（三）不准穿背心、拖鞋进入实验室。每次实验结束离开时，按要求洗净双手。

（四）室内保持安静，不得高声喧哗、接打手机、听音乐、谈笑打闹。实验室内严禁抽烟，不准随地吐痰，不准吃零食和乱扔果皮纸屑。

（五）实验中，实事求是地记录数据，不抄袭、不伪造，保持严谨的科学态度。欲增加或改变实验内容，需事先征得教师同意。每次实验结束后，应将实验记录交实验指导教师审查、签字认可后，方可离开实验室。

（六）与本次实验无关的仪器设备及材料未经教师允许不得擅自动用。不得将实验室内的仪器、材料及药品等带出实验室，违者通报批评并按其原值加倍罚款。损坏了仪器、设备必须立即向教师报告，并做出书面检查。责任事故者按《兰州大学实验室仪器设备的借用、损坏、丢失赔偿处理办法》进行赔偿处理。

（七）操作易燃性有机溶剂时，不能邻近明火或用明火直接加热；沸水浴加热时，要放沸石或一端封死的毛细管，若在加热时发现无沸石则应冷却后再加，防止暴沸冲出。

（八）实验中，如有毒气或腐蚀性气体产生时，应在通风橱中进行操作。必要时可戴好防护用具进行操作。起封易挥发溶剂瓶盖时，脸面要避开瓶口慢慢启开，以防气体冲在脸上。

（九）爱护仪器设备，节约用水、用电及实验材料。实验结束后应将实验用的器材摆放整齐或交回，试剂用完后立即放回原处，不可调错瓶塞，以免污染。在实验过程中随时要做到仪器、水槽、实验柜、桌面、地上的清洁整齐，养成良好的习惯。

（十）做实验时注意安全，防止人身及设备事故的发生。若发生事故，要保持镇定，迅速切断电源，及时向指导教师报告，并保护现场，不得自行处理。

（十一）实验结束时，值日生负责当天实验室卫生，应将门、窗、水、电关好，室内打扫干净，并清点仪器后方可离去。

二、实验室安全防护知识

在生物化学实验室中，经常需要接触毒性强、有腐蚀性、易燃烧和具有爆炸性的化学药品，常常使用易碎的玻璃器皿以及在煤气、水、电等高温电热设备的环境下进行着紧张而细致的工作，因此，必须十分重视安全工作。

（一）进入实验室首先应观察水阀门及电闸所处的位置。离开实验室时，一定要将室内检查一遍，应将水、电的开关关好，门窗锁好。

（二）使用电器设备（如烘箱、恒温水浴、离心机、电炉、电泳槽等）时，严防触电；绝不可用湿手或在眼睛旁视时开关电闸和电器开关。应该用试电笔检查电器设备是否漏电，凡是漏电的仪器，一律不能使用。

（三）对于其他气体存放容器使用的压力表、减压阀及管路都可能会由于损坏造成气体泄漏，在空气中达到一定浓度后，遇明火有可能引发爆炸。所以，使用前要仔细检查气密性和防爆部件，定时对压力容器检验试压，发现气体泄漏及时处理。

（四）使用浓酸、浓碱时要小心谨慎，防止溅出。用移液管量取这些试剂时，必须使用洗耳球，绝对不能用口吸取。稀释浓酸、浓碱时要严格按照操作规程进行。若不慎溅在实验台上或地面，必须及时用湿抹布擦洗干净。如果触及皮肤应立即科学治疗。

（五）使用可燃物，特别是易燃物（如乙醚、丙酮、乙醇、苯、金属钠等）时，应特别小心。不要大量放在桌上，更不要在靠近火焰处。只有在远离火源时，或将火焰熄灭后，才可大量倾倒易燃液体。低沸点的有机溶剂不准在明火上直接加热，只能在加热套或水浴上加热。不得在烘箱内存放、干燥、烘焙有机物。

（六）如果不慎倾出了相当量的易燃液体，首先要镇定，然后按下法处理：

1.立即关闭室内所有的火源和电加热器。

2.关门，打开窗户。

3.用毛巾或抹布擦拭洒出的液体，并将液体拧到大的容器中，然后再倒入带塞的玻璃瓶中。

（七）动物尸体或被解剖的动物器官应及时用专用塑料袋将废弃物密封，集中焚烧或深埋处理。使用挥发性有毒有害的生化试剂时必须在通风橱内进行。至于生物化学实验经常用到的溴化乙锭等卤化物，其残留物按要求进行无害化处理。

（八）易燃和易爆炸物质的残渣（如金属钠、白磷、火柴头）不得倒入污物桶或水槽中，应收集在指定的容器内。废有机溶剂不得倒入废物桶，只能倒入回收瓶，再集中处理。

（九）强酸和强碱之类的废液不能直接倒在水槽中，应先稀释，然后倒入水槽，再用大量自来水冲洗水槽及下水道。

（十）毒物应按实验室的规定办理审批手续后领取，使用时严格操作，用后妥善处理。

三、实验室灭火法

实验中一旦发生了火灾，切不可惊慌失措，应保持镇静。首先立即切断室内一切火源、电源和气源，然后根据具体情况正确地进行抢救和灭火或立即报火警（火警电话119）。常用的方法有：

（一）在可燃液体燃着时，应立即拿开着火区域内的一切可燃物质，关闭通风器，防止扩大燃烧面积。若着火面积较小，可用抹布、湿布、铁片或沙土覆盖，隔绝空气使之熄灭。但覆盖时要轻，避免碰坏或打翻盛有易燃溶剂的玻璃器皿，导致更多的溶剂流出而再着火。

（二）乙醇及其他可溶于水的液体着火时，可用水灭火。

（三）汽油、乙醚、甲苯等有机溶剂着火时，应用石棉布、灭火毯或砂土扑灭。绝对不能用水，否则反而会扩大燃烧面积。

（四）金属钠着火时，可把砂子倒在它的上面。

（五）导线、电器和仪器着火时不能用水和二氧化碳灭火器灭火，应先切断电源，然后用1211灭火器灭火。

（六）个人衣服着火时，切勿慌张奔跑，以免风助火势，应迅速脱衣，用水龙头浇水灭火，火势过大时可用衣服、大衣等包裹身体或就地卧倒打滚压灭火焰。

（七）发生火灾时应注意保护现场。较大的着火事故应立即报警。

第二章　玻璃仪器的洗涤

一、生物化学实验常用玻璃仪器

生物化学实验中常用的普通玻璃仪器有试管、烧杯、研钵、容量瓶等，如图2-1所示。

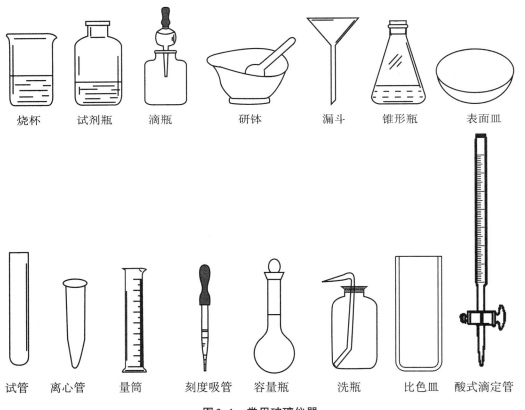

烧杯　　试剂瓶　　滴瓶　　研钵　　漏斗　　锥形瓶　　表面皿

试管　离心管　量筒　刻度吸管　容量瓶　洗瓶　比色皿　酸式滴定管

图2-1　常用玻璃仪器

二、实验室常用的洗涤溶液

（一）一般洗涤溶液

肥皂水、合成洗涤剂、洗衣粉、去污粉是最常用的洗涤剂，它们的特点是使用方便、去污性好。这些洗涤剂含有十二烷基硫酸钠和十二烷基磺酸钠，属于阴离子表面活性剂，适合洗涤油脂或其他有机物沾污的容器。使用时配制成 1%～2% 的温水溶液，直接用毛刷刷洗，即可除去一般玻璃仪器的污物。

（二）重铬酸钾洗液

称取 10 g 工业纯重铬酸钾置于 500 mL 烧杯中，加少量水溶解后，慢慢加入 200 mL 浓硫酸（工业纯），边加边搅，如发现升温过高可放慢加硫酸的速度（注意：绝不可将上述水溶液往浓硫酸里加，以免发生危险）。配制好的溶液应呈深红色。待溶液冷却后转入玻璃瓶中备用，因浓硫酸易吸水，应用磨口塞子塞好。容量仪器使用铬酸洗液时应特别小心。铬酸溶液为强氧化剂，腐蚀性很强，易烫伤皮肤，烧坏衣物；铬有毒，使用时应注意安全，绝对不能用口吸，只能用洗耳球吸。具体操作如下：

1.使用洗液前，必须先将仪器用自来水和毛刷洗刷，倾尽水，以免洗液稀释后降低洗液的效率。

2.用过的洗液不能随意乱倒，应倒回原瓶，以备下次再用。当洗液变绿而失效时，绝对不能倒入下水道，只能倒到废液缸内，另行处理。

3.用洗液洗涤后的仪器，应先用自来水冲净，再用蒸馏水润洗内壁 2～3 次。

（三）5%磷酸三钠溶液

称取磷酸钠（$Na_3PO_4 \cdot 12H_2O$）50 g，加 1000 mL 蒸馏水溶解，该溶液呈碱性，有油污的玻璃器皿放在此溶液中浸泡数小时，油污即可除去。

（四）45%尿素溶液

该液对蛋白质有较好的清除能力。有时玻璃器皿中残留的血液蛋白质难以洗去，用此液浸泡，可得满意效果。

（五）$NaOH-KMnO_4$ 水溶液

称取 10 g $KMnO_4$ 于 250 mL 烧杯中，加入少量水使之溶解，向该溶液中慢慢加入 100 mL 10% NaOH 溶液，混匀后储存在带有橡皮塞的玻璃瓶中备用。此洗涤液适用于洗涤油污及有机物沾污的器皿。用此洗涤液洗后的器皿上如残留有沉淀物，可用 $HCl-NaNO_2$ 混合液洗涤。

（六）$KOH-$乙醇溶液

该液适合于洗涤被油脂或其他有机物沾污的器皿。

（七）HNO$_3$-乙醇溶液

该液适用于洗涤油脂或其他有机物沾污的酸式滴定管。使用时先在滴定管中加入3 mL乙醇，沿管壁加入4 mL浓硝酸，用小表面皿或小滴帽盖住滴定管。让溶液在管中保留一段时间，即可除去污垢。

（八）HCl-乙醇（1∶2）洗涤液

该液适合于洗涤染有颜色的有机物质的比色皿。

除了使用上述洗涤溶液洗涤仪器外，还可使用超声波洗涤。在超声波清洗器中放入需要洗涤的仪器，再加入合适洗涤剂和水，接通电源，利用声波的能量和振动，就可把仪器清洗干净，既省时又方便。

三、常用玻璃仪器的洗涤

玻璃仪器是生物化学实验中必不可少的器材，它的清洁度直接影响着实验结果的准确性，因此，必须掌握仪器的清洗技术。

（一）新购玻璃仪器的清洗

新购玻璃仪器，其表面附有碱性物质，可先用肥皂水刷洗，再用流水冲净，浸泡于1%～2%盐酸中过夜，再用流水冲洗，最后用蒸馏水冲洗2～3次，干燥备用。

（二）使用过的玻璃仪器的清洗

1.一般玻璃仪器

如试管、烧杯、锥形瓶等，用自来水刷洗后，用肥皂水或去污粉刷洗，再用自来水反复冲洗，去尽肥皂水或去污粉，最后用蒸馏水淋洗2～3次。干燥备用。

2.移液管和吸量管

（1）清洗时，先用自来水冲洗，待晾干后，再用铬酸洗液浸泡数小时，然后用自来水充分冲洗，最后用蒸馏水淋洗2～3次。干燥备用。

（2）润洗：移取溶液前，可用吸水纸将管的尖端内、外的水除去，然后用待吸溶液润洗三次。方法是：将待吸液吸至管长的四分之一处（注意：勿使溶液流回，以免稀释溶液），将管横持于手，反复摇摆转动荡洗三次，润洗过的溶液应从尖口放出、弃去。荡洗这一步骤很重要，它是保证管的内壁及有关部位与待吸溶液处于同一体系浓度状态。

3.容量瓶

先用自来水洗几次，倒出水后，内壁不挂水珠，即可用蒸馏水荡洗三次后，备用。否则，就必须用铬酸洗液洗涤。为此，先尽量倒出瓶内残留的水（以免稀释洗液），再加入10～20 mL洗液，倾斜转动容量瓶，使洗液布满内壁，可放置一段时间，然后将洗液倒回原瓶中，再用自来水充分冲洗容量瓶和瓶塞，洗净后用蒸馏水荡洗三次。用蒸馏水荡洗时，一般每次用15～20 mL左右，不要浪费。

4.比色皿

分光光度法中所用的比色皿，是光学玻璃或石英玻璃制成的，切忌用试管毛刷或粗糙布（纸）擦拭。用毕立即用自来水反复冲洗。洗不净时，通常用HCl-乙醇、合成洗涤剂等洗涤后，再用自来水冲洗净，然后用蒸馏水润洗几次。避免用碱液或强氧化剂清洗。

5.酸式滴定管

酸式滴定管的洗涤可以采用以下几种方法：

（1）用自来水冲洗。

（2）用滴定管刷蘸合成洗涤剂刷洗，但铁丝部分不得碰到管壁（如果用泡沫塑料刷代替更好）。

（3）用前面方法不能洗净时，可用铬酸洗液洗涤。加5～10 mL洗液于酸式滴定管中，通过两手使酸式滴定管边转动、边放平，直至洗液布满全管。转动滴定管时，将管口对着洗液瓶口或烧杯口，以防洗液洒出。然后，打开活塞，将洗液从出口管放回原瓶中。必要时也可加满洗液浸泡一段时间。

（4）可根据具体情况采用针对性洗液进行清洗。如MnO_2可采用亚铁盐溶液或过氧化氢加酸溶液等进行清洗。无论用哪种清洗方法清洗后，都必须用自来水冲洗干净，再用蒸馏水荡洗3次，每次10～15 mL。将管外壁擦干后，酸式滴定管内壁应完全被水均匀润湿而不挂水珠。如内壁不是均匀润湿而挂了水珠，应重新洗涤。

6.碱式滴定管

如需用铬酸洗液洗涤时，可将管端胶管取下，用塑料乳头堵住碱式滴定管下口进行洗涤。如需用铬酸洗液浸泡一段时间时，可将碱式滴定管倒立，将管口插入洗液瓶中并用滴定管夹固定，将碱式滴定管嘴口连接抽气泵（或水泵），打开抽气泵，用手捏挤玻璃珠处的橡皮管，使洗液缓慢上升，直至碱式滴定管充满后，停止捏挤玻璃珠并使碱式滴定管嘴口脱离抽气泵，任其浸泡一段时间，然后用手轻捏玻璃珠，使洗液放回原瓶中。用自来水冲洗和蒸馏水荡洗后，应观察到碱式滴定管内壁为一均匀润湿水层而不挂水珠。否则应重新清洗。

7.离心管

离心管的洗涤应先用自来水润湿，用刷子蘸去污粉刷洗管壁，再用自来水冲洗，最后用蒸馏水洗2～3次。洗净的仪器应是清洁透明不挂水珠。

8.烧杯、锥形瓶、量筒等一般的玻璃器皿

可用毛刷蘸去污粉或合成洗涤粉刷洗，再用自来水洗干净，然后用蒸馏水或去离子水润洗。

（三）安全注意事项

洗液具有很强的腐蚀性，配制及使用过程中应特别注意应在通风橱中进行，戴好防护镜和防护手套。

四、玻璃器皿的干燥

洗净的玻璃仪器常用下列几种方法干燥。

（一）自然晾干

将洗净的仪器，沥尽水分，倒立放置在无尘干燥的仪器架上或仪器柜内，让其在空气中自然晾干。

（二）烘干

1.将洗净的仪器倒置去水后，用电烘箱烘干，烘箱温度通常保持在105～110 ℃，烘1 h左右。

2.有盖（塞）的玻璃仪器，如称量瓶、分液漏斗等，应去盖（塞）后才能放入烘箱中烘干。

3.有刻度的量具（如移液管、容量瓶、滴定管等）不宜放在烘箱中烘干，因高热可使玻璃变形而影响容量，故宜自然干燥，但常用的定量吸管又很难自然晾干，可置于80～100 ℃烘箱中烤干。

4.一些厚玻璃器皿（如研钵、量筒等），或壁厚不等或结构复杂的玻璃仪器，不可烘烤，以防破裂。

5.烘干的仪器最好等烘箱冷却到室温后再取出。如果热时就要取出仪器，应注意用干抹布垫手以防烫伤。热玻璃仪器切勿碰水，以防炸裂。

（三）用有机溶剂快速干燥

将洗净的仪器用少量乙醇、丙酮等低沸点溶剂淌洗后（倒出溶剂予以回收），用电吹风冷风吹1～2 min，去除大部分溶剂，再用热风吹至完全干燥，最后吹冷风使仪器逐渐冷却，即可使用（此干燥方式一般只适用于紧急需要干燥仪器时使用，且仪器容积不能太大）。

（四）热空气浴烘干

把仪器放在两层相隔10 cm的石棉铁丝网的上层，仪器口朝下，用煤气灯加热下层石棉铁丝网，控制火焰，勿让上石棉铁丝网温度超过120 ℃。仪器绝不能直接用火焰烤干或放在直接和火焰接触的石棉铁丝网上加热烘干，否则仪器易破裂。但试管可直接用小火烤，操作时，试管略为倾斜，试管口向下，先加热试管底部，逐渐向管中移动。

第三章 常用容量器的正确使用

一、吸管

吸管是生物化学实验常用的精密吸量容器，常将单刻度吸管称为移液管，而多刻度吸管称为吸量管。移液管用来准确移取一定体积的溶液，先使溶液的弯月面下缘与移液管标线相切，再让溶液按一定方法自然流出，则流出的溶液体积与管上所标明的体积相同。吸量管一般只用于量取小体积的溶液，其上带有分度，可以用来吸取不同体积的溶液。

1.使用移液管和吸量管时，以左手执洗耳球，将食指或拇指放在洗耳球的上方，右手拿住吸管管径标线以上的地方，将洗耳球紧接在吸管口上。管尖贴在吸水纸上，用洗耳球打气，吹去残留水。

2.然后排出吸管中的空气，轻轻松开洗耳球吸取液体超过刻度线后，移去洗耳球，用右手食指按住，轻轻放液至刻度线。

3.然后将吸量管下端靠在容器内壁上，垂直放液，并且适当转动。放完后，静置15 s取出吸管（图3-1）。

注意：如果在吸管上标有"吹"字，当溶液流到管尖后，立即从管口轻轻吹下最后一段溶液；如没有标"吹"字，管尖最后所留的少量溶液不能吹入接液容器内，因为在鉴定吸管体积时，没有计算这部分溶液的体积。

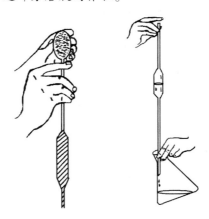

图3-1 吸管的移液和放液

4.移液管和吸量管用完后应立即放回移液管架上。如短时间内不再使用，应立即用自来水冲洗，再用蒸馏水冲洗，然后放回移液管架。

二、微量移液器

微量移液器是一种移取微量液体的实验工具，常用规格有10 μL、200 μL、1000 μL、5 mL四种。微量移液器相对其他液体吸取工具（量筒、移液管）具有快速、准确、微量等特点。

（一）使用

首先按照实际吸取液体的体积，选择合适量程的微量移液器。一个完整的移液过程，包括吸头安装、容量设定、预洗吸头、吸液、放液、卸去吸头六个步骤。每一个步骤都有需要遵循的操作规范。

1.吸头安装

正确的安装方法叫旋转安装法，具体的做法是，把移液器顶端插入吸头，在轻轻用力下压的同时，把手中的移液器按逆时针方向旋转180°。切忌用力过猛，更不能采取剁吸头的方法来进行安装，以免对移液器造成不必要的损伤。

2.容量设定

正确的容量设定分为两个步骤：一是粗调，即通过排放按钮将容量值迅速调整至接近的预想值；二是细调，当容量值接近预想值以后，应将移液器横置，水平放在自己的眼前，通过调节轮慢慢地将容量值调至预想值，从而避免视觉误差所造成的影响。

3.预洗吸头

安装新吸头或增大容量值以后，应把需要转移的液体吸取、排放2～3次，这样做是为了让吸头内壁形成一道同质液膜，确保移液工作的精确性，使整个移液过程具有极高的重现性。

4.吸液

先将移液器排放按钮按至第一停点，再将吸头垂直浸入液面，将枪头插入液面下2～3 mm。平稳松开按钮，切记不能过快。

5.放液

放液时，吸头紧贴容器壁，先将排放按钮按至第一停点，略作停顿以后，再按至第二停点，这样做可以确保吸头内无残留液体。如果这样操作还有残留液体的话，就该考虑更换吸头。

以上4、5步骤是前进移液法。另外，用于转移高黏液体、生物活性液体、易起泡液体或极微量的液体时，最好采用反向移液法，就是先吸入多于设置量程的液体，转移液体的时候不用吹出残余的液体。先按下按钮至第二停点，慢慢松开按钮至原点。接着将按钮按至第一停点排出设置好量程的液体，继续保持按住按钮位于第一停点（千万别再往下按）。

6.卸去吸头

卸掉的吸头一定不能和新吸头混放，以免产生交叉污染。

（二）保养和注意事项

1.使用完毕，可以将其竖直挂在移液器架上，注意别掉下来。当移液器枪头里有液体时，切勿将移液器水平放置或倒置，以免液体倒流腐蚀活塞弹簧。

2.如不使用，要把移液枪的量程调至最大值的刻度，使弹簧处于松弛状态以保护弹簧。

3.最好定期清洗移液枪，可以用肥皂水或60%的异丙醇洗，再用蒸馏水清洗，自然晾干。

三、容量瓶

容量瓶主要用于配制一定体积的溶液，使用前应先检查瓶塞的密封效果。配制溶液的方法是：

1.准确称取一定量的固体置于小烧杯中，加溶剂溶解后，将溶液定量转移到容量瓶中。转移时，烧杯口紧靠伸入容量瓶的玻璃棒（其上部不要碰到瓶口，下端靠着瓶颈内壁），使溶液沿着玻璃棒和内壁流入（图3-2）。

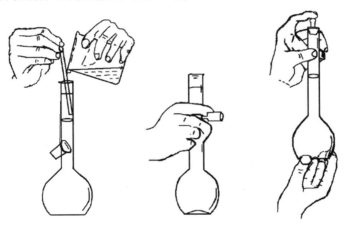

图3-2　溶液的转移、容量瓶的持法和摇动

2.溶液全部转移后，将玻璃棒和烧杯稍微向上提起，再将玻璃棒放回烧杯。用同种溶剂润洗玻璃棒和烧杯内壁，如前将洗涤液转移至容量瓶中，如此重复多次，完成定量转移。

3.当加水至容量瓶的二分之一左右时，用右手食指和中指夹住瓶塞的扁头，将容量瓶在水平方向旋转几周，使溶液大体混匀。继续加水至距离标线约1 cm处，等1～2分钟，使附在瓶颈内壁的溶液流下后，再用细长的滴管加溶剂至弯月面下缘与标线相切。如果所配制的是氨基酸、蛋白质、核酸等容易发泡的样品，要等气泡全部破掉流下后再定容。

4.塞上瓶塞，左右旋转几下塞子，以确保塞紧。用一只手的食指按住瓶塞上部，其余四指拿住瓶颈标线以上部分。用另一只手的指尖托住瓶底边缘，将容量瓶倒转，使气泡上升到顶，将瓶振荡数次，正立后，再次倒转过来进行振荡。如此反复多次，将溶液混匀。轻轻打开塞子，让溶液流下去。

5.如果配好的溶液腐蚀性很强，一定要马上将其转移至试剂瓶内，并及时洗净容量瓶，晾干，以防腐蚀磨口。

四、滴定管

滴定管是用于滴定分析的玻璃仪器。它是一根具有精密刻度、内径均匀的细长玻璃管，可连续地根据需要放出不同体积的液体，并准确读出液体体积。根据长度和容积的不同，滴定管可分为常量滴定管、半微量滴定管和微量滴定管。

常量滴定管容积有50 mL、25 mL，最小刻度为0.1 mL，最小可读到0.01 mL。半微量滴定管容量为10 mL，最小刻度为0.05 mL，最小可读到0.01 mL。其结构一般与常量滴定管较为类似。微量滴定管容积有1 mL、2mL、5 mL、10 mL，最小刻度为0.01 mL，最小可读到0.001 mL。此外，还有半微量半自动滴定管，它可以自动加液，但滴定仍需手动控制。滴定管一般分为酸式滴定管和碱式滴定管两种。

酸式滴定管又称具塞滴定管，它的下端有玻璃旋塞开关，用来装酸性溶液与氧化性溶液及盐类溶液，不能装碱性溶液如NaOH等。碱式滴定管又称无塞滴定管，它的下端有一根橡皮管，中间有一个玻璃珠，用来控制溶液的流速，它用来装碱性溶液与无氧化性溶液，凡可与橡皮管发生反应的溶液均不可装入碱式滴定管中，如$KMnO_4$溶液、$K_2Cr_2O_7$溶液碘液等。

（一）滴定管使用前的准备

1.检查试漏

滴定管洗净后，先检查旋塞转动是否灵活，是否漏水。先关闭旋塞，将滴定管充满水，用滤纸在旋塞周围和管尖处检查。然后将旋塞旋转180°，直立2 min，再用滤纸检查。如漏水，酸式滴定管涂凡士林。碱式滴定管使用前应先检查橡皮管是否老化，检查玻璃珠大小是否适当，若有问题，应及时更换。

2.润洗

滴定管在使用前还必须用操作溶液润洗3次，每次10～15 mL。润洗液弃去。

3.装液排气泡

洗涤后再将操作溶液注入至零线以上，检查活塞周围是否有气泡。若有，开大酸式滴定管的活塞使溶液冲出，排出气泡。碱式滴定管排气泡的方法是将碱式滴定管管体竖直，左手拇指捏住玻璃珠，使橡胶管弯曲，管尖斜向上约45°，挤压玻璃珠处胶管，使溶液冲出，以排出气泡。滴定剂的装入必须直接注入，不能使用漏斗或其他器皿辅助。

4.读初读数

放出溶液后（装满或滴定完后）需等待1～2 min后方可读数。读数时，视线与弯月面最低点刻度水平线相切。视线若在弯月面上方，读数就会偏高；若在弯月面下方，读数就会偏低。若为有色溶液，其弯月面不够清晰，则读取液面最高点。一般初读数为0.00或0～1 mL之间的任一刻度，以减小体积误差。

有的滴定管背面有一条蓝带，称为蓝带滴定管。蓝带滴定管的读数与普通滴定管类似，当蓝带滴定管盛溶液后将有两个弯月面相交，此交点的位置即为蓝带滴定管的读数位置。

（二）滴定

1.滴定操作

（1）酸式滴定管操作方法

将滴定管垂直地夹在滴定管夹上，滴定台应呈白色。滴定管离锥形瓶口约1 cm，用左手控制旋塞，拇指在前，食指、中指在后，无名指和小指弯曲在滴定管和旋塞下方之间的直角中。转动旋塞时，手指弯曲，手掌要空。右手三指拿住瓶颈，瓶底离台约2～3 cm，滴定管下端伸入瓶口约1 cm，微动右手腕关节摇动锥形瓶，边滴边摇使滴下的溶液混合均匀。摇动锥形瓶的规范方式为：右手执锥形瓶颈部，手腕用力使瓶底沿顺时针方向画圆，要求使溶液在锥形瓶内均匀旋转，形成旋涡，溶液不能有跳动。管口与锥形瓶应无接触。

（2）碱式滴定管操作方法

滴定时，以左手握住滴定管，拇指在前，食指在后，用其他指头辅助固定管尖。用拇指和食指捏住玻璃珠所在部位，向前挤压胶管，使玻璃珠偏向手心，溶液就可以从空隙中流出。

2.滴定速度的控制

液体流速由快到慢，起初可以"连滴成线"，之后逐滴滴下，快到终点时则要半滴半滴地加入。半滴的加入方法是：小心放下半滴滴定液悬于管口，用锥瓶内壁靠下，然后用洗瓶冲下。

3.终点操作

当锥形瓶内指示剂指示终点时，立刻关闭活塞停止滴定。洗瓶淋洗锥形瓶内壁。使管垂直，目光与液面平齐，读出读数。读数时应估读一位。滴定结束，滴定管内剩余溶液应弃去，洗净滴定管，夹在夹上备用。

（三）注意事项

1.滴定时，左手不允许离开活塞，不能放任溶液自由流下。

2.滴定时目光应集中在锥形瓶内的颜色变化上，不要去注视刻度变化而忽略反应的进行。

3.一般每个样品要平行滴定三次，每次均从零线开始，每次均应及时记录在实验记录表格上，不允许记录到其他地方。

4.使用碱式滴定管注意事项：

（1）用力方向要平，以避免玻璃珠上下移动。

（2）不要捏到玻璃珠下侧部分，否则有可能使空气进入管尖形成气泡。

（3）挤压胶管过程中不可过分用力，以避免溶液流出过快。

五、量筒

量筒为粗量器，不能用来配制标准溶液，只能粗略地度量液体的体积。用量筒时，要根据所量溶液的体积大小来选择，不可使用过大量筒量取较小体积，也不可用过小量筒多次累加量取大体积的溶液，以免造成较大的误差。读数时，视线必须和溶液的弯月面下缘成一水平面，不可过高、过低。

第四章 试剂的配制

一、溶液浓度的表示及配制

溶液浓度是指在一定质量或一定体积的溶液中所含溶质的量。常用的浓度有：质量分数、体积分数、物质的量浓度等。

（一）质量分数（%）

质量分数（%）是100 g溶液中所含溶质的质量（g）。

即：溶质（g）+溶剂（g）=100 g溶液

若溶质为固体，需要仔细称量溶质和溶剂的质量，然后将溶质溶解在溶剂中，混合均匀即可，如配制10%的NaCl溶液100 g，须称取10 g NaCl，使之溶解在90 g蒸馏水中，用玻棒搅拌使之完全溶解即可。

若溶质为液体，则要考虑该液体的密度，计算出需要量取的体积，然后将其与所需质量的溶剂混合均匀即可。

另外，一般配制溶质为固体的稀溶液时，习惯上用100 mL溶液中所含溶质的质量（g）表示溶液的浓度。如配制1%NaCl溶液，只需称取1 g NaCl，溶解后定容至100 mL即可。

（二）体积分数

体积分数是每100 mL溶液中所含溶质的体积（mL）。如各种浓度的乙醇溶液等。如配制100 mL 75%的乙醇溶液，量取75 mL的无水乙醇，再加上25 mL的蒸馏水，混合均匀后即可。

（三）物质的量浓度

物质的量浓度是指1 L溶液中含有溶质的物质的量，单位为mol/L。如配制1 mol/L的NaOH溶液，需要称量40 g NaOH（NaOH的相对分子质量为40），用蒸馏水溶解后定容至1000 mL即可。

（四）溶液浓度互换公式

$$溶质质量分数（\%）=\frac{溶质的物质的量浓度 \times 相对分子质量}{溶液体积 \times 相对密度}$$

$$溶质的物质的量浓度（mol/L）=\frac{溶质质量分数 \times 溶液体积 \times 相对密度}{相对分子质量}$$

二、溶液浓度的调整

（一）高浓度溶液的稀释

将溶液从高浓度稀释为低浓度的溶液可根据浓度与体积成反比的原理进行计算，公式为：

$$C_1 \times V_1 = C_2 \times V_2$$

其中，C_1 为高浓度溶液的浓度；V_1 为高浓度溶液的体积；C_2 为低浓度溶液的浓度；V_2 为低浓度溶液的体积。

（二）低浓度溶液的调整

将一种低浓度的溶液和另一种高浓度的溶液混合得到一种中间浓度的溶液，也可以根据浓度和体积成反比的原理进行计算，公式如下：

$$C \times (V_1 + V_2) = C_1 \times V_1 + C_2 \times V_2$$

其中：C 为中间浓度溶液的浓度；C_1 为低浓度溶液的浓度；V_1 为低浓度溶液的体积；C_2 为高浓度溶液的浓度；V_2 为高浓度溶液的体积。

三、试剂配制中的注意事项

1.称量一定要准确，尤其是在配制标准溶液和缓冲溶液时，更应该注意严格称量。所配制的溶液有特殊要求的，要按规定进行干燥、恒重、纯化等。

2.一般溶液要用蒸馏水或去离子水配制，有特殊使用要求的除外，如用于配制色谱样品溶液，需用更纯净的水。

3.化学试剂根据其质量（纯度）分为色谱纯、分析纯、化学纯、工业纯，配制溶液时，应根据实验要求选择不同规格的试剂。

4.药品一经取出不能再放回药品瓶内，称取完毕马上盖上瓶盖。

5.试剂应根据需要配制，不宜过多，避免浪费和过期失效。

6.配制试剂时，要将量器或者药勺洗涤干净，并干燥，以免发生污染。

7.存放试剂的瓶子需要清洗干净，还要根据情况进行干燥处理。分装试剂时，除用常规方法清洗小试剂瓶外，还要用试剂润洗。

8.试剂瓶上要贴上标签，注明试剂名称和配制日期。

9.试剂用后要妥善保存，保证塞子不被污染。

10.按要求保存试剂，如有的试剂需避光保存，有的要放入冰箱内低温保存。

11.试剂配制完成后，要清洁天平和桌面。

第五章　制备生命大分子物质的基本操作

生命大分子的制备过程包括选材、细胞的破碎和细胞器的分离、有效成分的提取和分离、样品的纯化以及样品的浓缩干燥和储存等方面。制备生命大分子物质是一件十分细致的工作，既要设法得到它们的纯品，又要努力保持其生物活性。其制备方法的选择是以生命大分子物质的性质（如分子大小、形状、溶解度、带电性质等）为依据的（表5-1）。本章介绍基本的制备操作技术。

表5-1　生命大分子物质的理化性质与分离、纯化方法的比较

理化性质	相应的分离、纯化方法
分子大小和形态	差速离心、超滤、分子筛、透析
溶解度	盐析、萃取、分配层析、结晶
电荷差异	电泳、等电聚焦电泳、离子交换层析
生物功能专一性	亲和层析

一、实验材料的选择和处理

在生物化学实验过程中，材料的选择是一个重要环节。根据本课程的特点，对于糖、脂质、氨基酸、蛋白质、酶、维生素、核酸、激素等生命大分子物质的研究，相应实验材料的选择首先必须满足实验要求，此外，要遵循易于获得、目标物含量丰富、杂质容易除去、无毒、无传染病源、便于破碎提取等原则，科学地选择合适的材料。

微生物、植物和动物都可作为生物化学实验分析研究的原材料，所选用的材料主要依据实验目的来确定。

（1）在微生物的对数生长期，蛋白质、核酸和胞内酶等生化物质含量较高，可以利用菌体的内含物进行研究。

（2）选用植物材料时，必须根据研究的分子特点和实验方法的适用性对材料做相应处理，如洗净、去壳、脱脂、脱色等，同时还要注意植物所含生命大分子物质的量与植物品种、生长季节、发育状况以及生长地域等有着密切的关系。

（3）对动物组织，必须选择有效成分含量丰富的脏器组织为原材料，先脱去血渍，然后进行绞碎等处理。另外，预处理好的材料，若不立即进行实验，会释放出多种酶类，应冷冻保存；对于易分解的生命大分子物质，应加入相应的酶抑制剂后再冷冻保存；对

于特别容易降解、变性的生命大分子物质，则要选用新鲜材料制备。

二、细胞的破碎

对生命大分子物质进行定性、定量分析，首先要将细胞和组织破碎，使这些物质充分地释放出来。不同的生物体或同一生物体的不同组织，细胞破碎难易程度不一，根据作用方式不同一般分为机械法、物理法和化学法三大类。具体使用的方法有以下几种：

（一）研磨法

将洗净的植物组织（如松针等）、清除血渍的动物组织（如兔肝等）实验材料剪碎，置于研钵中，将研钵放在平稳的实验台上，左手指呈开握状固定住研钵，右手握紧研杵按一个方向研磨。如在研磨时加入一定量的石英砂（直径45～50 μm）可提高研磨效率，但是石英砂会对目标物有一定程度的吸附。

（二）匀浆法

该法一般在冰浴里操作，用于破碎量少的动物脏器组织。先将剪碎的适量组织置于玻璃匀浆器中（有时可加小量抽提液），再套入研杆，左手握住匀浆器的外套，右手紧握研杆上下移动，左右转动研磨（动作要缓慢，以免匀浆液外溢），即可将细胞研碎。

（三）组织捣碎法

这种破碎方法较为剧烈，捣碎器的转速一般可达10 000 r/min，适用于动物内脏组织、植物肉质种子等。操作时先将实验材料处理成小块，放入捣碎器筒内约1/3高度，盖紧筒盖，将调速器先拨至最慢处，开动开关后，逐步加速至所需速度。每转动30 s停顿下来，根据实验材料的易碎程度，反复转动数次。注意要等仪器完全停止转动后才能打开筒盖。

（四）反复冻融法

先将细胞置于-20 ℃以下冰冻一定时间，然后取出，在室温下融化，如此反复几次，由于细胞内形成冰粒和剩余细胞液的盐浓度增高，使细胞溶胀、破碎。

（五）超声波破碎法

该法通过电能转换成一定频率的声能，使液体介质（如水）变成一个个密集的小气泡，这些小气泡迅速炸裂而使细胞急剧振荡破裂。它能用于各种动植物细胞、病毒细胞、细菌及组织的破碎。此法的缺点是在处理过程中会产生大量的热，应采取相应的降温措施。此外，此法不适用于破碎对超声波敏感的核酸。

（六）化学处理法

有些有机溶剂（如苯、甲苯等）可以改变细胞壁或细胞膜的通透性，使内含物有选择性地渗透出来。丙酮是常用的有机试剂，它可以有效地破碎细胞膜。十二烷基磺酸钠（SDS）、Triton X-100、NP-40和去氧胆酸钠等表面活性剂也能破坏细胞膜。

（七）生物酶解法

用生物酶将细胞壁和细胞膜消化溶解的方法称为酶解法。常用的生物酶有溶菌酶、蛋白酶、甘露糖酶、糖苷酶、肽链内切酶等。酶解时要根据细胞的结构特点选用适当的酶，例如，细菌的细胞壁较厚，一般采用溶菌酶处理，而酵母需用几种酶复合处理。酶解时应注意控制温度、pH、离子强度、酶用量、使用顺序及时间，以适合于目的物质的提取。

三、有效成分的提取

通常采用适当的溶液进行反复萃取，将有效成分最大限度地从实验材料中分离出来。例如，水溶性维生素可以利用水将其抽提出来；而蛋白质（包括酶）可溶于水、稀盐、稀酸或碱溶液，少数与脂类结合的蛋白质则溶于乙醇、丙酮、丁醇等有机溶剂，因此，可采用不同溶剂提取、分离和纯化蛋白质及酶。为了达到最好的提取效果，可利用有效成分与杂质在等电点、相对分子质量、溶解度、亲和性等理化性质上的差异，设计出合理的提取方法。

选用的提取液应该满足以下条件：

1.有效成分溶解度大，容易从纷杂的混合物中分离出来；

2.对有效成分的破坏小，能最大限度地保持目标物的天然活性和结构完整性；

3.杂质的溶解度小；

4.价格低廉、便于取得、毒性小。

四、振荡与搅拌

振荡和搅拌是使液体与固体或液体与液体之间加速溶解或使反应物充分混合，形成均匀体系的操作。

1.振荡试管中的液体时，液体的量不能超过试管高度的1/3。振荡时，用拇指、食指和中指捏住试管的上部，用手腕的力量进行振荡操作。

2.振荡烧瓶和锥形瓶中的液体时，液体的量不能超过容器体积的1/2，振荡时，一般是手持瓶颈，用手腕的力量做同一个方向的圆周运动。

3.大口径的烧杯须用两头烧圆的玻璃棒搅拌，借助腕部的力量在溶液中做圆周运动，玻璃棒和它的端点不能接触容器的内壁，不能使溶液外溅。

振荡和搅拌的速度要适中，要避免速度太快溶液产生泡沫，造成有效成分的变性失活。对于一些需较长时间、特殊振荡和搅拌的步骤，可利用摇床和电动磁力搅拌机，如可在摇床上对电泳凝胶进行脱色，在磁力搅拌机搅拌下透析，均可达到理想的效果。

五、离心

借助离心力使大小、形状不同的物质分离的技术称为离心法，此法适用于混合样品中各沉降系数差别较大组分的分离。离心法主要包括差速离心法和速度区带离心法。

（一）差速离心法

逐渐增加离心速度，可以使样品中沉降速度不同的颗粒逐步分离开。该法主要适用于相对分子质量或沉降系数相差较大的颗粒，一般用作粗分离。

（二）速度区带离心法

此法又称为沉降速度离心法。混合样品中不同颗粒的大小和沉降速度不同，在一定的离心力作用下，沉降的颗粒各自以一定的速度沉降而逐渐分开。在密度梯度介质（一般用蔗糖、聚蔗糖）的不同位置上，分别形成界面清楚的不连续区带的方法，称为速度区带离心法。离心时间的选择非常重要，离心时间太长颗粒全部沉入管底；离心时间太短，颗粒之间未完全分开。

六、沉淀的过滤与洗涤

（一）选择滤纸

应根据沉淀的性质选择不同的滤纸。胶状沉淀应使用质松孔大的滤纸；一般大小颗粒的沉淀应使用致密孔小的滤纸；而极细的沉淀，则应使用致密孔最小的滤纸。滤纸越致密，过滤就越慢。滤纸的大小要由沉淀量来决定，通常使用直径为7～9厘米的圆形滤纸。沉淀量应装到滤纸高度的1/3左右，最多不应超过1/2。

（二）滤纸的折叠与安放

将滤纸先整齐地对折，错开一点再对折，形成一面三层一面一层的圆锥体，三层的折叠处撕去一小块，放入漏斗中，润湿滤纸，使之边缘完全吻合，并紧贴于漏斗内壁而无气泡，下面部分则有空隙以利于提高过滤速度。滤纸上缘一般应低于漏斗口上周0.5～1 cm。

（三）倾泻法过滤

用烧圆的玻璃棒的下端对准滤纸三层厚的一边尽可能地近，但不能接触滤纸，使上层清液沿玻璃棒慢慢流入漏斗中，倾入的溶液一般只充满滤纸的三分之二或者离滤纸上缘6 mm，以免少量沉淀因毛细管作用通过滤纸上沿渗入漏斗壁。为了防止沉淀堵塞滤纸的孔洞，通常采用倾泻法，即先小心地把溶液倾入漏斗而不使沉淀流入，过滤到最后再把沉淀转入漏斗。

（四）倾注法洗涤烧杯中的沉淀

每次取出洗涤液约10 mL洗涤烧杯四周，使附着的沉淀集中在烧杯底，放置澄清后再过滤。本着少量多次的原则，洗涤重复3～4次。

（五）转移沉淀

在沉淀中加入少量洗涤液，搅拌成混悬液后立即倾入漏斗中，如此重复几次，将大部分沉淀转入漏斗内，少量在烧杯上的沉淀用洗瓶洗入漏斗中。

（六）滤纸上沉淀的洗涤

用滴管将洗涤液从滤纸的边沿开始往下螺旋形移动，将沉淀冲刷到滤纸的底部。待漏斗中洗涤液完全漏出后，再进行第二次洗涤。

（七）检验沉淀

用一小试管接 2 mL 左右滤液加入试剂检验。确保沉淀已洗净。

七、生命大分子物质的浓缩

生命大分子物质在制备过程中往往需要从低浓度溶液中除去水或溶剂而进行浓缩。由于生物活性物质容易热变性，故不能采取加热沸腾浓缩，多采用透析、超滤、加吸水剂、盐析、加沉淀剂等方法达到浓缩的目的。

（一）透析和超滤

透析和超滤是利用生命大分子物质不能通过半透膜的性质，使之与其他小分子物质如无机盐、单糖、水等分开。透析是将待提纯浓缩的溶液装入半透膜的透析袋内，透析袋置于蒸馏水中，更换透析外液，直到透析袋内的无机盐等小分子物质含量降到最低为止。超滤是利用压力或离心力，迫使水和其他小分子溶质分子通过半透膜而使目标物保留下来。可以选择不同载留相对分子质量的超滤膜，分离不同相对分子质量的物质分子。

（二）聚乙二醇法

1.选择透析袋管或制作透析袋，放入含有 2% Na_2CO_3 的 10 mmol/L EDTA 溶液中煮沸 10 min，然后在蒸馏水中煮 10 min。用蒸馏水漂洗后保存于 70% 乙醇中。用前检查透析袋是否漏水。

2.将待浓缩的大分子物质溶液测量体积和浓度后装入透析袋。袋内装入 1～2 粒小玻璃珠，扎住袋口。

3.将透析袋放入小烧杯内，外面撒上经粉碎的干的聚乙二醇或埋入 30% 聚乙二醇溶液。不断摇动透析袋，可以加快浓缩过程。

4.浓缩完毕后（根据需要浓缩到不同浓度。平均 100 mL 样品经 6～7 h 可以浓缩到 10 mL）倒出浓缩液，测量体积和浓度。

5.将使用后的透析袋洗净，浸在含 0.02% NaN_2 的蒸馏水中，4 ℃保存。

（三）葡聚糖凝胶法

1.测量欲浓缩的生物活性物质的体积和浓度。

2.根据葡聚糖凝胶的得水值和欲从稀溶液中除去的水分量，计算需要的凝胶质量。例如，要将 10 mL 0.4% 的稀蛋白质溶液浓缩为 1%，如果浓缩过程中没有损失，浓缩后的体积应为 4 mL，也就是要除去 6 mL 的水。葡聚糖凝胶 G-25 的得水值为 2.5 mL/g 干胶，因此，需要凝胶的质量是 6÷2.5=2.4（g）。

3.将凝胶加到稀溶液中，不断搅动，使凝胶充分吸水溶胀。6 h 后，2000 r/min 离心

5 min。测定浓缩后的溶液体积和浓度。

（四）盐析

盐析是通过添加中性盐使某些蛋白质（或酶）从稀溶液中沉淀出来，从而达到浓缩样品的目的。最常用的中性盐是硫酸铵，其次是硫酸钠、氯化钠、硫酸镁等。

（五）有机溶剂沉淀法

在生命大分子物质的水溶液中，逐渐加入乙醇、丙酮等有机溶剂，可以使生命大分子物质的溶解度明显降低，从溶液中沉淀析出。此法虽不必透析除盐，但对某些蛋白质或酶容易造成变性失活，操作时要慎重。

八、生命大分子物质的冷冻干燥

各种有生物活性的材料，在低温冰冻情况下可以保存很长时间，如果在冰冻情况下干燥，就可以长期保存于室温或普通冰箱中而不失活。得到的制品复水性能好，易溶解。例如，常用的冰冻干燥法就是先将蛋白质溶液急冷而冻结，然后在真空状态下，使冻块直接升华汽化而干燥。

1.将欲干燥的蛋白质配制成水溶液或挥发性缓冲溶液，定量分装到事先称重的安瓿瓶内，每瓶装量不超过容量的1/5，厚度不超过10 mm。

2.将盛样的安瓿瓶在普通冰箱中预冷至0 ℃左右，再迅速移入低温（-20 ℃）冰箱中速冻。

3.将安瓿瓶转入保干器内的平皿内，同时在一平皿内放一个装有1%～2%氯化钴的小容器。按要求接好冷冻干燥装置，打开真空泵，开启仪器。

4.当氯化钴呈淡蓝色时，表示已接近干燥，再经过氯化钴变淡蓝所需时间的一半，样品已经完全干燥。被干燥物从管壁剥离下来，一般约需9～10 h。

5.打开放气口，慢慢通入空气，关闭真空泵。打开干燥器，取出安瓿瓶，测定其中一个安瓿瓶内的样品含量。其余安瓿瓶在火焰上熔封瓶口或加橡皮塞再用蜡密封，保藏于普通冰箱内。

第六章　实验误差和数据处理

生物化学的定性分析或定量分析是指对组成生物机体的几类主要化学物质（如糖、脂质、氨基酸、蛋白质、酶、维生素、核酸、激素等）进行分析和测定，从而确定它们的性质或比例。由于实验方法和实验设备等的不完善，周围环境的影响，以及人的观察力和测量程序等的限制，实验测得值和真实值之间总是存在一定的差异。人们常用绝对误差、相对误差或有效数字来说明一个近似值的准确程度。

一、实验误差

在进行实验的定量分析过程中，无法使测量得到的数值与客观存在的真实值完全一致。真实值与测量值之间的差异称为误差。

（一）真实值与平均值

真实值是待测物理量客观存在的确定值，也称理论值或定义值。通常真实值是无法测得的。若在实验中，测量的次数无限多，根据误差的分布定律，正、负误差的出现概率相等。再经过细致地消除系统误差，将测量值加以平均，可以获得非常接近真实值的数值。但是，实际上实验测量的次数总是有限的。用有限测量值求得的平均值只能是近似真实值，算术平均值是最常见的平均值表示方式。设x_1、x_2、$\cdots$、x_n为各次测量值，n代表测量次数，则算术平均值为：

$$\bar{x} = \frac{x_1 + x_2 + \cdots + x_n}{n} = \frac{\sum_{i=1}^{n} x_i}{n}$$

（二）误差的分类、产生的原因和校正方法

1.系统误差

它与分析结果的准确度有关，是由分析过程中某些经常发生的原因所引起的，所造成的影响往往是一维的，其大小及符号在同一组实验测定中完全相同，实验条件一经确定，系统误差就获得一个客观上的恒定值。

系统误差产生的原因：测量仪器不良，如刻度不准、反应滞后；周围环境的改变，如温度、压力、湿度等偏离校准值；实验人员的习惯和偏向，如读数偏高或偏低等引起的误差；方法本身不够完善，如质量分析中沉淀物少量溶解；试剂配制不准或蒸馏水不

纯。针对这些原因可以通过设计空白实验、测定回收率以及校正仪器来清除系统误差。

2.偶然误差

它与分析结果的精密度有关，它来源于难以预料的因素。偶然误差的绝对值和符号时大时小，时正时负，没有确定的规律，因此也被称为随机误差。偶然误差产生的原因不明，因而无法控制和补偿。但是随着测量次数的增加，随机误差的算术平均值趋近于零，所以多次测量结果的算术平均值将更接近于真实值。

（三）精密度和准确度

利用任何量具或仪器进行测量时，总存在误差，测量结果总不可能准确地等于被测量的真实值，而只是它的近似值。根据多次测量后所得数据的相近程度来估计测量的精密度。测量结果的误差愈小，则认为测量就愈精确。反映测量结果与真实值接近程度的量，称为准确度。它与误差大小相对应，测量的精度越高，其测量误差就越小。"精度"应包括准确度和精密度两层含义。

1.准确度

测量值与真实值相接近的程度，称为准确度，常用误差表示，它反映系统误差的影响程度，准确度高就表示系统误差小。误差又分为绝对误差和相对误差。

（1）绝对误差

测量值X和真实值A_0之差为绝对误差D，通常称为误差。记为：

$$D = X - A_0$$

（2）相对误差

衡量某一测量值的准确程度，一般用相对误差来表示。示值绝对误差d与被测量的实际值A的百分比值称为实际相对误差。记为：

$$\delta_A = \frac{d}{A} \times 100\%$$

2.精密度

测量中所测得数值重现性的程度，称为精密度。它反映偶然误差的影响程度，精密度高就表示偶然误差小。由于在实验中并不知道真实值，因此无法求出准确度，只能用精密度来评价分析的结果。精密度一般用偏差来表示，偏差也分为绝对偏差和相对偏差：

$$绝对偏差 = 个别测定值 - 算术平均值的绝对值$$

$$相对偏差 = \frac{绝对偏差}{算术平均值} \times 100\%$$

二、数据处理

在生物化学实验的定量分析中，除了要采用准确度好和精密度高的实验方法外，在记录数据和进行计算过程中应注意有效数字的取舍。有效数字是指在实验过程中实际能够测量到的数字。所谓能够测量到的数字是包括最后一位估计的、不确定的数字，这取决于实验方法与所用仪器的精确程度。

（一）有效数字

一个数据，其中除了起定位作用的"0"外，其他的数都是有效数字。如0.0042只有2位有效数字，而420.0则有4位有效数字。一般要求测试数据有效数字为4位。要注意有效数字不一定都是可靠数字。如对于1 mL的吸管来说，其最小刻度是0.01 mL，但我们可以读到0.001 mL，如0.635 mL。此时有效数字为3位，而可靠数字只有2位，最后一位是不可靠的，称为可疑数字。

（二）数据处理

1.记录测量数值时，只保留1位可疑数字。

2.当有效数字位数确定后，其余数字一律舍弃。舍弃办法是四舍六入，即末位有效数字后边第一位小于5，则舍弃不计；大于5则在前一位数上增1；等于5时，前一位为奇数，则进1为偶数，前一位为偶数，则舍弃不计。这种舍入原则可简述为："小则舍，大则入，正好等于奇变偶。"如：保留4位有效数字3.71729→3.717。

3.在加减计算中，各数所保留的位数，应与各数中小数点后位数最少的相同。例如将24.65、0.0082、1.632三个数字相加时，应写为24.65 + 0.01 + 1.63 = 26.29。

4.在乘除运算中，各数所保留的位数，以各数中有效数字位数最少的那个数为准，其结果的有效数字位数亦应与原来各数中有效数字最少的那个数相同。例如：0.0121×25.64×1.05782应写成0.0121×25.6×1.06 = 0.328。上例说明，虽然这三个数的乘积为0.3283456，但只应取其积为0.328。

5.在对数计算中，所取对数位数应与真数有效数字位数相同。

（三）数据整理

对实验中所得到的一系列数据，采用适当的处理方法进行整理、分析，才能准确地反映被研究对象的数量关系。在生物化学实验中，采用列表法或作图法表示实验结果，可使结果表达得直观，且便于统计。

第七章　实验记录、实验报告及考评方式

一、实验记录

实验记录常常包括预习报告和实验原始记录。每次实验要做到课前认真预习，实验时应认真操作，仔细观察，积极思索，并且应不断地将观察到的实验现象及测得的各种数据及时、如实地记录下来，课后及时完成实验报告。

（一）课前预习

实验课前要将实验名称、目的和要求、实验原理与内容、操作方法和步骤等简明扼要地写在记录本中，并且理解、领会和消化整个实验设计，做到心中有数。对于一些操作步骤繁多的实验，可以事先画出操作流程，并标注出每一步的注意事项。对于预期可得到大量实验数据或多种实验现象的实验，可预先设计好表格，便于实验过程中记录。

（二）实验记录

实验课是培养基本操作技能与训练创新能力的好机会，是对课堂知识的延伸和升华。要培养严谨的科学作风，养成良好的习惯。对实验条件下观察到的现象应仔细地记录下来，对实验中观测的每个结果和数据都应及时、如实地直接记在记录本上。

1.记录时必须使用钢笔或圆珠笔，有差错的记录只能打叉而不能涂掉。原始记录要准确、简练、详尽、清楚，如称量样品的质量、滴定管的读数、分光光度计的吸光值等，都应设计一定的表格准确记下正确的读数，并根据仪器的精确度准确记录有效数字。例如，吸光值为0.160，不应写成0.16。

2.每一个结果至少要重复观测2次以上，当符合实验要求并确知仪器工作正常稳定后再写在记录本上。

3.实验中使用仪器的型号、编号以及试剂的规格、化学式、相对分子质量、准确的浓度等，以及所用实验材料的名称、来源、采摘的时间与部位等，都应记录清楚，以便总结实验、完成报告时进行核对、比较，也是作为查找失败原因的参考依据。如果发现记录的结果有怀疑、遗漏、丢失等，都必须重做实验。

二、实验报告

（一）实验报告的内容

1. 基本情况

学院 ＿＿＿＿＿＿＿＿＿＿＿＿＿　　　年级 ＿＿＿＿＿＿＿＿＿＿＿＿＿

专业 ＿＿＿＿＿＿＿＿＿＿＿＿＿　　　班级 ＿＿＿＿＿＿＿＿＿＿＿＿＿

姓名 ＿＿＿＿＿＿＿＿＿＿＿＿＿　　　学号 ＿＿＿＿＿＿＿＿＿＿＿＿＿

实验时间 ＿＿＿＿＿＿＿＿＿＿＿＿　　实验地点 ＿＿＿＿＿＿＿＿＿＿＿＿

组号 ＿＿＿＿＿＿＿＿＿＿＿＿＿　　　同组人 ＿＿＿＿＿＿＿＿＿＿＿＿＿

指导教师 ＿＿＿＿＿＿＿＿＿＿＿＿

2. 实验报告正文

（二）实验报告正文的格式

1. 实验项目名称；

2. 目的和要求；

3. 实验原理；

4. 试剂、器材和实验材料；

5. 操作方法；

6. 实验结果；

7. 思考题；

8. 讨论。

（三）书写实验报告的具体要求

1. 实验报告应写在相同规格的纸上，等实验结束后，装订成册，便于保存。

2. 实验原理应简明扼要，用简练的语言加以概括，所涉及的化学反应最好用化学反应式表示。

3. 列出的试剂、器材和实验材料必须是本次实验操作中实际用到的，不应照抄书本，因为每次实验都有可能根据实际情况做调整。所列试剂要注明具体的浓度、配方、配制时间、特殊要求等，避免用商品名和俗称；仪器设备要记下实际所用的名称、型号，特殊的仪器和装置要画出图解，并注明部件结构；实验材料应注明来源。

4. 操作方法部分不能照抄书本，要根据实际操作步骤条理清楚地用自己的语言书写。对于步骤繁多的实验可以设计成直观的操作流程或分点叙述。

5. 实验结果中要处理数据，给出结论。应包括实验数据的记录、曲线的绘制、现象的描述等内容。对于定性实验可以设计成表格的形式概括实验结果，对于定量实验可以绘出曲线加以总结；有些还可以将原始的实验记录附在实验报告里，如仪器拍摄的照片、电泳谱图、仪器记录的数据等。

6. 每个实验结束后，应主动完成书上的思考题，帮助巩固知识。

7. 如有必要可对本次实验进行分析、讨论，对实验的设计方案、操作步骤提出改进意见，还可以写实验心得体会。

8.写好实验报告应该按时集体上交。

三、考核方式与评分方法

采取"平时考核"的方式进行实验考核。评分方法采用百分制，评分标准根据预习情况、实验操作（包括动手能力和实验结果）以及实验报告制定。实验课的最终成绩由各实验项目总成绩的平均值构成。

实验总成绩 = 预习成绩×10% + 实验操作×30% + 实验报告×30% + 考试成绩×30%

【参考文献】

［1］赵永芳，黄健.生物化学技术原理及应用[M].北京：科学出版社，2008.

［2］北京大学生物系生物化学教研室.生物化学实验指导[M].北京：高等教育出版社，1979.

［3］崔福斋，冯庆玲.生物材料学[M].2版.北京：清华大学出版社，2004.

［4］萧能庆，余瑞元，袁明秀，等.生物化学实验原理和方法[M].北京：北京大学出版社，2004.

第二篇
生物化学实验

第八章　糖

实验一　硅胶G薄层层析法分离鉴定糖类

【目的和要求】

1.了解并初步掌握吸附层析的原理。

2.学习薄层层析的一般操作及定性鉴定的方法。

【实验原理】

薄层层析是一种广泛应用于氨基酸、多肽、核苷酸、脂肪、糖脂和生物碱等多种物质的分离和鉴定的层析方法。由于层析是在吸附剂或支持介质均匀涂布的薄层上进行的，所以称之为薄层层析。

薄层层析的主要原理是，根据样品组分与吸附剂的吸附力及其在展层溶剂中的分配系数的不同而使混合物分离。当展层溶剂移动时，会带着混合样品中的各组分一起移动，并不断发生吸附与解吸作用以及反复分配作用。根据各组分在溶剂中溶解度的不同和吸附剂对样品各组分吸附能力的差异，最终将混合物分离成一系列的斑点。如果把标准样品在同一层析薄板上一起展开，便可通过在同一薄板上的已知标准样品的R_f值和未知样品各组分的R_f值进行对照，就可初步鉴定未知样品各组分的成分。

薄层层析根据支持物的性质和分离机制的不同分为吸附层析、离子交换层析和凝胶过滤层析等。糖的分离、鉴定可用吸附剂或支持剂中添加适宜的黏合剂后再涂布于支持板上，可使薄层粘牢在玻璃板（或涤纶片基）这类基底上。

硅胶G是一种已添加了黏合剂——石膏（$CaSO_4$）的硅胶粉，糖在硅胶G薄层上的移动速度与糖的相对分子质量和羟基数等有关，经适当的溶剂展开后，糖在硅胶G薄层板上的移动距离为戊糖>己糖>双糖>三糖。若采用硼酸溶液代替水调制硅胶G制成的薄板可提高糖的分离效果。展层后对已分开的斑点显色，而将与它位置相当的另一个未显色的斑点从薄层上与硅胶G一起刮下，以适当的溶液将糖从硅胶G上洗脱下来，就可用糖的定量测定方法测出样品中各组分的糖含量。

薄层层析的展层方式有上行、下行和近水平等。一般采用上行法，即在具有密闭盖子的玻璃缸（即层析缸）中进行，将适量的展层溶液倒于缸底，把点有样品的薄层板放入缸中即可（如图8-1所示）。保证层析缸内有充分展层溶剂的饱和蒸气是实验成功的关键。

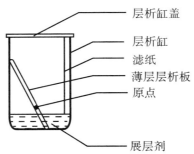

图8-1　薄层层析装置示意图

与纸层析、柱层析等方法比较，薄层层析有明显的优点：操作方便，层析时间短，可分离各种化合物，样品用量少（0.1 μg至几十微克的样品均可分离），比纸层析灵敏度高10～100倍，显色和观察结果方便，如薄层由无机物制成，可用浓硫酸、浓盐酸等腐蚀性显色剂。因此，薄层层析是一项实验常用的分离技术，其应用范围主要在生物化学、医药卫生、化学工业、家业生产、食品和毒理分析等领域，对天然化合物的分离和鉴定也已广泛应用。

【试剂、器材和实验材料】

一、试剂

1.1% 糖标准溶液：取木糖（或棉籽糖）、葡萄糖、蔗糖各 1 g，分别用75% 乙醇溶解并定容到100 mL。

2.1% 糖标准混合溶液：取上述各种糖各 1 g，混合后用75% 乙醇溶解并定容至100 mL。

3. 0.1 mol/L 硼酸（H_3BO_3）溶液。

4. 展层溶剂：V（氯仿）：V（甲醇）=60：40。

5. 苯胺-二苯胺-磷酸显色剂：1 g 二苯胺溶于由 1 mL 苯胺、5 mL 85% 磷酸、50 mL 丙酮组成的混合溶液中。

二、器材

1. 烧杯

2. 玻璃板（8 cm ×12 cm）

3. 层析缸（ø 15 cm×30 cm）

4. 毛细管（ø 0.5 mm）

5. 玻璃棒

6. 喷雾器

7. 烘箱

8. 尺子、铅笔

9. 干燥器

10.电吹风机

三、实验材料

木糖（或棉籽糖）、葡萄糖、蔗糖、混合样品、硅胶G

【实验操作】

（一）硅胶G薄层板的制备

将制备薄层用的玻璃板预先用洗液洗干净并烘干，玻璃板要求表面光滑。

称取硅胶G粉6 g，加入12 mL 0.1 mol/L硼酸溶液，用玻璃棒在烧杯中慢慢搅拌至硅胶G浆液分散均匀、黏稠度适中，然后倾倒在干净、干燥的玻璃板上，倾斜玻璃板或用玻璃棒将硅胶G由一端向另一端推动，使硅胶G铺成厚薄均匀的薄层。待薄板表面干燥后置于烘箱内，待温度升至110 ℃后活化30 min。冷却至室温后取出，置于干燥器中备用（注意：避免薄板骤热、骤冷使薄层断裂或在展层过程中脱落）。制成的薄层板，要求表面平整、厚薄均匀。

手工涂布薄板的方法：

（1）玻璃棒涂布：选用一根直径为1～1.2 cm的玻璃棒或玻璃管在两端绕几圈胶布，胶布的圈数视薄层的厚度而定，常用厚度为0.56～1.0 mm，把吸附剂倒在玻璃板上，用这根玻璃棒在玻璃上将吸附剂向一个方向推动，即成薄板。

（2）倾斜涂布：将吸附剂浆液倒在玻璃板上，然后倾斜使吸附剂漫布于玻璃板上面成薄层。

（二）点样

取制备好的薄板一块，在距底边1.5 cm处画一条直线，在直线上每隔1.5～2 cm做一记号（用铅笔轻点一下，不可将薄层刺破），共4个点。用直径0.5 mm的毛细管吸取糖样品约5～50 μg，点样体积约为1～1.5 μL，可分次滴加，控制点样斑点直径不超过2 mm。在点样过程中可用吹风机冷、热风交替吹干样品，也可以让样品自然干燥。

（三）展层

将已点样薄板的点样一端放入盛有展层溶剂（氯仿-甲醇）的层析缸中，展层液面不得超过点样线，层析缸密闭，自下向上展层，当展层溶剂到达距薄板顶端约1 cm处时取出薄板，前沿用铅笔或小针做一记号。60 ℃烘箱内烘干或晾干。

（四）显色

将苯胺-二苯胺-磷酸显色剂均匀喷雾在薄层上，置85 ℃烘箱内加热至层析斑点显现，此显色剂可使各种糖显现出不同的颜色，如表8-1所示。

表8-1　不同糖的显色

糖的种类	木糖	葡萄糖	蔗糖
显色	黄绿色	蓝绿色	蓝褐色

【结果处理】

薄层显色后，根据各显色斑点的相对位置，测算 R_f 值，从而对样品中的糖进行定性鉴定。

$$R_f = \frac{原点至层析点中心的距离}{原点至溶剂前沿的距离}$$

具体是将混合样品图谱与标准样品图谱相比较或通过混合样品与标准样品 R_f 值的比较，确定混合样品中所分离的各个斑点分别为何种糖。

【注意事项】

1.制备薄板时，薄板的厚度及均一性对样品的分离效果和 R_f 值的重复性影响很大，普通薄层厚度以 250 μm 为宜。若用薄层层析法制备少量的纯物质，薄板厚度可稍大些，常见为 500～700 μm，甚至 1～2 mm。

2.活化后的薄层板在空气中不能放置太久，否则会因吸潮降低活性。

3.用于薄层层析的样品溶液的质量要求非常高，样品中必须不含盐，若含有盐分则会引起严重的拖尾现象，有时甚至得不到正确的分离效果。

4.样品溶液应具有一定的浓度，一般为 1～5 g/L，若样品太稀，点样次数太多，就会影响分离效果，所以必须进行浓缩处理。

5.样品的溶剂最好使用挥发性的有机溶剂（如乙醇、氯仿等），不宜用水溶液，因为水分子与吸附剂的相互作用力较弱，当它占据了吸附表面上的活性位置时，就使吸附剂的活性降低，从而使样品斑点扩散。

6.样品点样量不宜太多，若点样量超载（即超过该吸附剂负载能力），则会降低 R_f 值，层析斑点的形状被破坏。点样量一般为几微克到几十微克，体积为 1～20 μL。

7.展层必须在密闭的器皿中进行，器皿预先用展层溶剂饱和，把薄板的点样端浸入展层剂中，深度约为 0.5～1.0 cm。千万勿使点样斑点浸入展层溶剂中。

8.在薄层层析时，层析缸溶剂饱和度对分离效果影响较大，在不饱和层析缸中展层易引起边缘效应，因为极性较弱的溶液和沸点较低的溶剂在边缘挥发得快，从而使样品组分在边缘的 R_f 值大于中部的 R_f 值，用饱和的层析缸可以消除边缘效应。

9.为了获得更好的薄层层析的效果，也可采用双向展层、多次展层和连续展层。多次展层是指选用一种溶剂展开至一定距离后，将薄层板取出，待溶剂挥发后再按同一方向用第二种溶剂展开。

【思考题】

1.本实验在操作过程中哪些方面是实验成功的关键？
2.分析本实验的层析图谱。
3.薄层层析与其他层析法比较有哪些优点？
4.选用展层剂的依据是什么？
5.糖的显色剂还有哪些？

【参考文献】

[1] 赵宝贞，文德成，黄芬.用柱层析与薄层层析从面粉中分离糖脂[J].生物化学与

生物物理进展，1986（4）：56-57.

　　[2] 赵永芳.生物化学技术原理及应用[M].北京：科学出版社，2008.

　　[3] 邵雪玲，毛歆，郭一清.生物化学与分子生物学实验指导[M].武汉：武汉大学出版社，2003.

实验二　植物水溶性总糖的提取和含量测定（蒽酮比色法）

【目的和要求】

1.学习一种植物可溶性糖的提取方法。

2.了解蒽酮法测定可溶性糖含量的原理和方法。

3.掌握分光光度计的使用。

【实验原理】

糖类在较高温度下可被浓硫酸作用而脱水生成糠醛或羟甲基糖醛后，与蒽酮（$C_{14}H_{10}O$）脱水缩合，形成糠醛的衍生物，呈蓝绿色。该物质在 620 nm 处有最大吸收，在 10～150 μg/mL 范围内，其颜色的深浅与可溶性糖含量成正比。

这一方法快速而简便，且有很高的灵敏度，对于糖含量在 30 μg 左右的样品就能进行测定，因此可作为微量测糖之法。对于糖含量低的样品，采用这一方法比较适合。

【试剂、器材和实验材料】

一、试剂

1.标准葡萄糖溶液：100 μg/mL（可加几滴甲苯做防腐剂）。

2.浓硫酸。

3.蒽酮试剂：0.2 g 蒽酮溶于 100 mL 浓 H_2SO_4 中。临用时配制。

二、器材

1.电子天平

2.超声波提取器

3.电热恒温水浴锅

4.抽滤设备

5.容量瓶

6.试管

7.吸量管

8.UNICO 7200 型可见光分光光度计（上海 UNICO）和比色皿

三、实验材料

甜高粱，甘草

【实验操作】

一、蒽酮法葡萄糖标准曲线的制作

取 7 支试管，按表 8-2 操作，并测定各管在 620 nm 处的吸光值。

注意：配制好一系列不同浓度的葡萄糖溶液后，在每支试管中立即加入蒽酮试剂 4.0 mL，迅速浸于冰水浴中冷却，各管加完后一起浸于沸水浴中，管口加盖，以防蒸发。自水浴沸腾起计时，准确煮沸 10 min，取出，用冰浴冷却至室温，在 620 nm 波长下以 "0" 号管为空白，迅速测其余各管吸光值。以标准葡萄糖含量（μg）为横坐标，以吸光值为纵坐标，绘出标准曲线。

表 8-2

操 作	管号						
	0	1	2	3	4	5	6
标准葡萄糖溶液 （100 μg/mL）/mL	0.0	0.1	0.2	0.3	0.4	0.6	0.8
H_2O /mL	1.0	0.9	0.8	0.7	0.6	0.4	0.2
葡萄糖含量 /μg	0	10	20	30	40	60	80
蒽酮试剂 /mL	4.0	4.0	4.0	4.0	4.0	4.0	4.0
显色反应条件	各管同时在沸水浴中加热 10 min						
A_{620}							

二、植物样品中可溶性糖的提取

将样品洗净、粉碎，105 ℃烘干至恒重，精确称取 1～5 g，置于 50 mL 锥形瓶中，加沸蒸馏水 25 mL，加盖，超声提取 10 min，冷却后过滤（抽滤），残渣用沸蒸馏水反复洗涤并过滤（抽滤），滤液收集在 50 mL 容量瓶中，定容至刻度，得可溶性糖的提取液。

三、稀释

吸取提取液 2 mL，置于另一 50 mL 容量瓶中，以蒸馏水定容，摇匀。

四、测定

吸取 1 mL 样品提取稀释液于试管中，加入 4.0 mL 蒽酮试剂，平行三份；空白管以等量蒸馏水替代样品提取液。以下操作同标准曲线制作。

【结果处理】

1.绘制标准曲线：

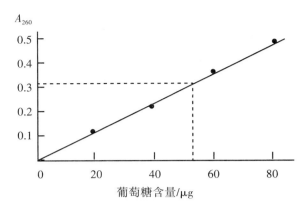

图8-2　蒽酮法测定可溶性糖含量标准曲线

2.根据样品的A_{620}平均值在标准曲线上查出葡萄糖的含量（μg），计算出样品的含糖量。

$$样品含糖量(\%) = \frac{C \times V_a \times D}{W \times V_x \times 10^6} \times 100\%$$

式中：C为在标准曲线上查出的糖含量（μg）；

V_a为提取液总体积（mL）；

V_x为测定时取用体积（mL）；

D为稀释倍数；

W为样品质量（g）；

10^6为样品质量单位由g换算成μg的倍数。

【注意事项】

1.该显色反应非常灵敏，需要在洁净的环境下测定，防止溶液中混入纸屑及尘埃。

2.实验中要采用纯度高的H_2SO_4。

3.不同糖类与蒽酮的显色反应差异很大，也具有不同的稳定性。一次测定中反应条件要一致，加热、比色时间要严格控制。

4.当样品中存在含有较多色氨酸的蛋白质时，反应不稳定，呈现红色。

【思考题】

1.哪些糖类可以直接用水提取？

2.什么样品可以采用该法测定？

3.为什么加入蒽酮试剂前、后要将试管置于冰浴中？

4.血糖和水果中的还原糖是否可以用此法测定？为什么？

5.绘制标准曲线时应注意哪些问题？

【参考文献】

[1] 北京大学生物系生物化学教研室.生物化学实验指导[M].北京：高等教育出版社，1984.

［2］ 魏晓明.硫酸蒽酮比色法测定鹿龟酒中多糖含量[J].中成药，2000，22（2）：380.

［3］ 国家药典委员会.中华人民共和国药典：2000年版 二部[M].北京：中国医药科技出版社，2000.

［4］ 陈毓荃.生物化学实验方法和技术[M].北京：科学出版社，2002.

实验三 3,5–二硝基水杨酸比色定糖法

【目的和要求】

1.掌握3,5–二硝基水杨酸比色法定糖的原理和测定方法。

2.用3,5–二硝基水杨酸定糖法测定马铃薯中的还原糖及总糖。

3.了解多糖的水解。

4.熟悉和掌握可见光分光光度计的原理及使用方法。

【实验原理】

还原糖是指含自由醛基或酮基的单糖和某些具有还原性的双糖。蔗糖和淀粉是非还原糖。植物体内的还原糖，主要是葡萄糖、果糖和麦芽糖。它们在植物体内的分布，不仅反映植物体内糖的运转情况，而且也是呼吸作用的基质。还原糖还能形成其他物质，如有机酸等；此外，水果、蔬菜中含糖量的多少，也是鉴定其品质的重要指标。

在碱性条件下，还原糖可变成非常活泼的烯二醇，与3,5–二硝基水杨酸（3,5- Dinitrosalicylic Acid，DNS）共热后，烯二醇本身被氧化成糖酸及其他产物，而DNS则被还原成棕红色的氨基化合物，在一定范围内，还原糖的量和棕红色化合物颜色深浅的程度成正比例关系，在540 nm波长处进行比色测定，可以求出还原糖的量。

利用溶解度的不同，可将植物样品中的单糖、双糖和多糖分别提取出来，再用酸水解法使没有还原性的双糖和多糖彻底水解成有还原性的单糖，从而可依据还原性分别测得样品中总糖和还原糖的含量。该方法是半微量定糖法，操作简便，快速，杂质干扰较少。

反应方程式如下：

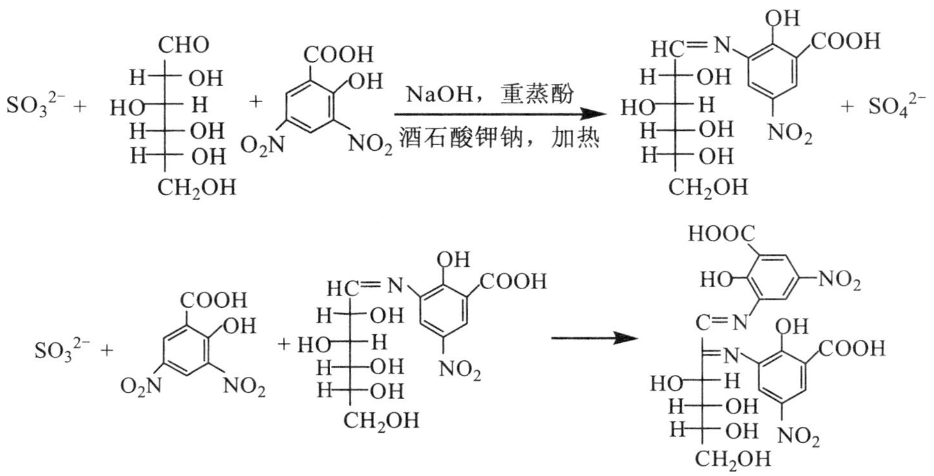

【试剂、器材和实验材料】

一、试剂

1.标准葡萄糖溶液

准确称取500 mg分析纯的葡萄糖（预先在105 ℃干燥箱内干燥至恒重），用少量蒸馏水溶解后加1.0 mL 12 mol/L的HCl溶液（防止微生物生长），用蒸馏水定容至1000 mL，即得500 μg/mL的葡萄糖应用液，冰箱贮存。

2.3,5-二硝基水杨酸试剂（又称DNS试剂）

将6.3 g 3,5-二硝基水杨酸和262 mL 2 mol/L的NaOH溶液，加到500 mL含有185 g酒石酸钾钠的热水溶液中，再加5 g结晶酚和5 g亚硫酸钠，搅拌溶解。冷却后加蒸馏水定容至1000 mL，贮于棕色试剂瓶中备用。

3.6 mol/L HCl溶液

4.6 mol/L NaOH溶液

二、器材

1.电子天平

2.研钵

3.滤纸

4.玻璃漏斗

5.锥形瓶

6.10 mL量筒

7.广泛pH试纸

8.酚红指示剂

9.烧杯

10.沸水浴

11.容量瓶（50 mL）

12.恒温水浴

13.试管

14.吸量管

15.UNICO 7200型可见光分光光度计（上海UNICO）和比色皿

三、实验材料

马铃薯

【实验操作】

一、3,5-二硝基水杨酸定糖法标准曲线的制作

取6支试管，按表8-3操作。在540 nm波长下以0号管为空白，测定其余各管吸光值。以标准葡萄糖含量（μg）为横坐标，以吸光值为纵坐标，绘出标准曲线。

表8-3

管号	操作						
	标准葡萄糖溶液 /mL（500 μg/mL）	H₂O/mL	葡萄糖含量/μg	DNS试剂 /mL	反应条件	H₂O/mL	A_{540}
1	0.0	0.5	0	0.5	沸水浴中加热5 min后冷却	4.0	
2	0.1	0.4	50	0.5		4.0	
3	0.2	0.3	100	0.5		4.0	
4	0.3	0.2	150	0.5		4.0	
5	0.4	0.1	200	0.5		4.0	
6	0.5	0.0	250	0.5		4.0	

二、马铃薯中还原糖和总糖的提取与测定

1.还原糖的提取

在电子天平上准确称取5 g马铃薯于研钵中，研碎，转移到100 mL锥形瓶中，量取30 mL蒸馏水，分3次涮洗研钵后均转移到锥形瓶中，于50 ℃恒温水浴中保温提取20 min，取出后冷却，过滤入50 mL容量瓶内，用水稀释到刻度，即为还原糖提取液，备用。

2.总糖的提取

表8-4

管号	操作						
	还原糖提取液/mL	H₂O/mL	总糖提取液/mL	DNS试剂/mL	反应条件	H₂O/mL	A_{540}
0	—	0.5	—	0.5	沸水浴中加热5 min后冷却	4.0	
1	0.5	—	—	0.5		4.0	
2	0.5	—	—	0.5		4.0	
3	0.5	—	—	0.5		4.0	
4	—	—	0.5	0.5		4.0	
5	—	—	0.5	0.5		4.0	
6	—	—	0.5	0.5		4.0	

准确称取1 g马铃薯于研钵中，研碎，转移到100 mL锥形瓶中，量取15 mL蒸馏水，分3次涮洗研钵后均转移到锥形瓶中，再加入10 mL 6 mol/L的HCl溶液，沸水浴加热提取30 min，取出后冷却。滴加6 mol/L的NaOH溶液中和至pH=7～8，过滤，滤渣再用蒸

馏水涮洗2次。将滤液合并，移入50 mL容量瓶中，用水稀释到刻度，即为总糖提取液。滤液再稀释10倍，即为总糖应用液。

3.还原糖和总糖的测定

取7支试管，按表8-4操作，并以0号管为空白，测定各管在540 nm处的吸光值。

【结果处理】

1.绘制标准曲线。

2.在标准曲线上查出相应的糖含量，按下述公式计算出马铃薯内还原糖与总糖的百分含量。

$$还原糖(\%) = \frac{还原糖质量(mg) \times 样品稀释倍数}{样品质量(mg)} \times 100\%$$

$$总糖(\%) = \frac{水解后还原糖质量(mg) \times 样品稀释倍数}{样品质量(mg)} \times 0.9 \times 100\%$$

【注意事项】

1.多糖水解后，葡萄糖分子残基上加了一份水，因而在计算结果中须扣除已加入的水量，测定所得总糖量乘以0.9即为实际样品中总糖量。

2.滴加NaOH溶液中和时，不可过量，否则酚红指示剂在碱性条件下呈现的红色会对比色测定产生干扰。

3.为了防止沉淀堵塞滤纸的孔洞，采用倾泻法，即先小心地把上清液倾入漏斗而不使沉淀流入，过滤到最后再把沉淀转入漏斗。

【思考题】

1.写出3,5-二硝基水杨酸的化学结构式。

2.举例说明哪些糖叫作还原糖？总糖包括哪些化合物？

3.如何用简单的方法分离单糖和多糖？

4.在提取糖时，其他杂质是否会影响测定？

【参考文献】

[1] 张龙翔，张庭芳，李令媛.生化实验方法和技术[M].北京：高等教育出版社，1996.

[2] 北京大学生物系生物化学教研室.生物化学实验指导[M].北京：高等教育出版社，1979.

[3] 陈毓荃.生物化学实验方法和技术[M].北京：科学出版社，2002.

实验四　旋光法测定淀粉含量

【目的和要求】

1.了解旋光仪的工作原理，掌握旋光仪的正确使用方法。

2.了解糖的旋光性以及糖浓度与旋光度之间的关系。

2.学习利用旋光仪测定淀粉含量的基本原理和操作技术。

【实验原理】

凡是具有不对称碳原子的化合物都有旋光性。当偏振光通过含有不对称碳原子的溶液时，其透射光也是线偏振光，而且偏振方向与原入射光的偏振方向有一个夹角，使偏振光的平面向左或向右旋转，引起旋光现象，此种旋动在一定的条件下，有一定的度数，称为旋光度。单糖、二糖、三糖、四糖以及淀粉的分解产物糊精都具有稳定的旋光特性，通过测量透射光的偏转角，就可以得出糖的含量。

用旋光仪测出的旋光度值，与溶液中旋光物质的旋光能力、溶剂的性质、溶液的浓度、样品管长度、光源波长、温度等因素有关，固定其他条件，可以认为旋光度 α 与反应物浓度 c 呈线性关系。物质的旋光能力用比旋光度来度量：

$$[\alpha]_D^{20} = \frac{\alpha \times 100}{L \times c}$$

式中：α 为测得的旋光度；L 为液层厚度（常以 10 cm 为单位）；c 为每 100 mL 溶液中所含糖的质量（g/100 mL）；$[\alpha]_D^{20}$ 为被测定糖的比旋光度（度）；20 为实验温度 20 ℃；D 是指所用的钠光灯光源波长 589 nm。

由上述公式得出，被测量样品的糖浓度与偏转角度呈线性关系，这样，如果试样光程一定，只要测量出旋光度，即可计算出糖溶液的浓度。

比旋光度的定义是溶液每 1 mL 含有 1 g 旋光性物质，放在 10 cm 长的测定管中所偏振的角度，此数值可从手册或有关参考书中查得。常见糖类的比旋光度 $[\alpha]_D^{20}$ 见表 8-5。

本实验以酸性氯化钙溶液提取马铃薯中的淀粉，应用旋光仪测其旋光度，根据旋光度的大小及淀粉的比旋光度，计算淀粉的百分含量。

脂肪与蛋白质对旋光度有很大的影响，故在样品处理过程中，要脱去脂肪与蛋白质，并且要测定回收率。

表8-5 常见糖类的比旋光度$[\alpha]_D^{20}$

糖名称	$[\alpha]_c^{20}$	糖名称	$[\alpha]_D^{20}$
D-葡萄糖	$+52.5°$	蔗糖	$+66.5°$
D-果糖	$-92.3°$	乳糖	$+52.5°$
D-半乳糖	$+81.5°$	麦芽糖	$+137.0°$
D-甘露糖	$+14.2°$	棉籽糖	$+104.0°$
L-阿拉伯糖	$+104.5°$	糊精	$+195.0°$
D-木糖	$+19.0°$	淀粉(可溶性)	$+196.0°$

【试剂、器材和实验材料】

一、试剂

1.酸性氯化钙溶液

称取分析纯氯化钙（$CaCl_2·2H_2O$）274 g，溶于380 mL蒸馏水中，用相对密度计调整相对密度至1.3±0.02；用冰醋酸调整pH至2.3±0.05，过滤备用。

2.氯化锡溶液

称取分析纯氯化锡（$SnCl_4·5H_2O$）2.5 g，溶于97.5 g酸性氯化钙溶液中。

3.85％的甲醇溶液。

二、器材

1.Autopol Ⅳ旋光仪1台（美国鲁道夫）

2.旋光管2只

3.电子天平

4.台秤

5.研钵

6.烧杯（100 mL）

7.容量瓶（25 mL）

8.移液管或量筒（50 mL）

9.锥形瓶：1个

10.沸水浴

11.漏斗：1个

12.烘箱

三、实验材料

马铃薯

【实验操作】

一、样品中淀粉的提取

将马铃薯洗净，削皮，称取 5 g，在研钵中研碎，用 10 mL 蒸馏水转移至 100 mL 的锥形瓶中。加入 20 mL 酸性氯化钙溶液，摇匀，用表面皿盖好，在沸水浴中煮 30 min。取出，冷至室温，将其全部转移至 50 mL 的容量瓶中，加入 85% 的甲醇溶液和氯化锡溶液各 5 mL，以脱去脂肪和蛋白质，最后用酸性氯化钙溶液定容，过滤，收集滤液备用。

二、旋光仪零点的校正

打开旋光仪电源开关，旋光仪先预热 20 min。用酸性氯化钙溶液校正仪器的零点（$\alpha = 0$ 时仪器对应的刻度）。校正时，先将已洗净的旋光管（长 10 cm）的一端的盖子旋紧，由另一端向管内装满酸性氯化钙溶液，使溶液形成一凸出的液面，取玻璃盖片从旁边轻轻推入盖好，再旋紧套盖，勿使漏水，管内应避免有气泡存在。若有微小气泡，应设法赶至管的凸肚部分（玻璃盖子勿在水槽中洗涤，防止丢失）。用纸揩干旋光管外部，再用擦镜纸擦两端玻片。将旋光管置于旋光仪内，凸肚一端位于靠光源方，盖上槽盖，在 20 ℃ 条件下，调节（圆盘旋光仪）目镜使视野清晰，旋转检偏镜至观察到的三分视野暗度相等为止，记下检偏镜之旋转角 α，重复测量数次取其平均值，即为旋光仪的零点。

三、样品旋光度 α_1 的测定

与上述同样的方法将淀粉提取滤液装满 10 cm 的旋光管，20 ℃ 下在旋光仪上测其旋光度。计算淀粉含量。

四、回收率的测定

准确称取同一马铃薯样品 5 份，每份 5 g。其中两份分别准确加入 105 ℃ 烘干 3 h 的可溶性淀粉 0.5 g，再按前述方法进行提取、脱去脂肪与蛋白质，在同样的条件下测定旋光度。计算回收率。

五、结束整理

关闭旋光仪。将旋光管中的溶液倒去，及时洗净。

【结果处理】

1. 计算回收率。
2. 计算马铃薯中的淀粉含量。

【注意事项】

1. 装样品时，旋光管管盖旋至不漏液体即可，不要用力过猛，过度地旋扭会损坏旋光管，或因玻片受力而产生假旋光。
2. 在使用前必须将旋光管洗干净；由于被测液酸度较大，对仪器有腐蚀性，因此旋光管外面必须擦干后才能放入旋光仪内测量；实验结束后必须立即将旋光管洗净。

3. 旋光仪中的钠光灯（波长 589.3 nm）不宜长时间开启（不超过 4 h），以免损坏。若时间较长，可停用 10～15 min，使钠光灯冷却后，再重新开启使用。

4. 转动检偏镜至三分视野均匀且较暗处，即为溶液在该时刻的旋光度。注意与三分视野均匀且很亮处的区别。

5. 样品中所含的脂肪与蛋白质对旋光度有影响，测定前必须脱脂、脱蛋白质，并且测定其回收率。

【思考题】

1. 实验中，为什么用酸性氯化钙溶液来校正旋光仪的零点？能否用蒸馏水代替调零？为什么？

2. 溶液的旋光度与哪些因素有关？

3. 能不能用淀粉酶水解淀粉后，采用旋光法测定葡萄糖的含量？如果可以，该实验应怎样设计？

【参考文献】

［1］东北师范大学等校. 物理化学实验[M]. 2 版. 北京：高等教育出版社，2003.

［2］兰州大学化学化工学院. 大学化学实验：基础化学实验 Ⅱ [M]. 兰州：兰州大学出版社，2008.

［3］王洪，蒋明峰，崔建国，等. 基于光学旋光法的血糖浓度测量[J]. 激光杂志，2006，27（1）：80-82.

［4］北京大学生物系生物化学教研室. 生物化学实验指导[M]. 北京：高等教育出版社，1979.

［5］顾大明. 用旋光法测定蜂蜜主要成分含量的研究[J]. 哈尔滨建筑大学学报，2000，33（4）：124-126.

［6］陈旭红. 旋光法测定木薯粗淀粉的含量[J]. 食品工业科技，2000，21（2）：64-65.

第九章 脂

实验五 脂肪碘值的测定

【目的和要求】

1.学习测定脂肪碘值的原理和操作方法。

2.了解测定脂肪碘值的意义以及几种油脂的碘值。

【实验原理】

在油脂分析中常以碘值来表示油脂或脂肪酸的不饱和程度。在一定条件下，每100 g脂肪所吸收的碘的质量（g）称为该脂肪的"碘值"。碘值越高，表明不饱和脂肪酸的含量越高，它是鉴定油脂品质的一个重要参数。测定碘值可以帮助我们了解各种油脂的组分是否正常、有无混杂现象，判断油脂的新陈程度，为确定油脂的用途提供依据。

在脂肪中，不饱和脂肪酸链上含有不饱和键，可以与卤素（Cl_2、Br_2、I_2）发生加成反应，而且不饱和键的数目越多，加成的卤素量就越多，通常用"碘值"表示。本实验中，先用四氯化碳溶解油脂，再加入过量的溴化碘（IBr）溶液，利用IBr中的碘离子与脂肪酸中的不饱和双键作用，发生加成反应。过剩的IBr与碘化钾溶液作用放出碘，然后用硫代硫酸钠标准溶液滴定碘，进而计算出碘值。具体反应过程如下：

$$加成反应：—CH=CH— + IBr \rightarrow C_2H_2IBr$$

$$释放碘：IBr + KI = KBr + I_2$$

$$滴定：I_2 + 2Na_2S_2O_3 = 2NaI + Na_2S_4O_6$$

实验时取样的量和作用时间取决于样品油脂的碘值。可参考表9-1与表9-2。

表9-1 几种油脂的碘值

名 称	亚麻子油	鱼肝油	棉籽油	花生油	猪 油	牛 油
碘值/g	175～210	154～170	104～116	85～100	48～64	25～41

表9-2 样品最适量和碘值的关系

碘值/g	30以下	30～60	60～100	100～140	140～160	160～210
样品量/g	约1.1	0.5～0.6	0.3～0.4	0.2～0.3	0.15～0.26	0.13～0.15
作用时间/h	0.5	0.5	0.5	1.0	1.0	1.0

【试剂、器材和实验材料】

一、试剂

1.溴化碘溶液（Hanus溶液）

称取 12.2 g 碘，放入 1500 mL 锥形瓶内，慢慢加入 1000 mL 冰乙酸（99.5%），边加边摇，同时在水浴中温热，使碘溶解。冷却后，加溴约 3 mL。贮于棕色瓶中。

注意：对所用冰乙酸要进行检验，不应含有还原性物质。检验方法如下：量取 2 mL 冰乙酸，加入少许重铬酸钾及硫酸，若呈现绿色，则证明有还原性物质存在。

2.0.25 mol/L 标准硫代硫酸钠溶液

取结晶硫代硫酸钠 62.5 g，溶于经煮沸后冷却的蒸馏水（无 CO_2）中。添加 Na_2CO_3 约 0.5 g（硫代硫酸钠溶液在 pH 9～10 时最稳定）。稀释到 1000 mL 后，用标准 0.1 mol/L 碘酸钾溶液按下法标定：

准确量取 0.1 mol/L 碘酸钾溶液 20 mL、10% 碘化钾溶液 10 mL 和 1 mol/L 硫酸溶液 20 mL，混合均匀。以 1% 淀粉溶液作为指示剂，用硫代硫酸钠溶液进行标定，按下面所列反应式计算硫代硫酸钠溶液的浓度后，用水调整稀释至 0.25 mol/L。

$$KIO_3 + 5KI + 3H_2SO_4 \Longrightarrow 3K_2SO_4 + 3I_2 + 3H_2O$$

$$I_2 + 2Na_2S_2O_3 \Longrightarrow 2NaI + Na_2S_4O_6$$

3.纯四氯化碳

4.1% 淀粉溶液（溶于饱和氯化钠溶液中）

5.10% 碘化钾溶液

二、器材

1.碘瓶（或带玻璃塞的锥形瓶）
2.棕色滴定管、无色滴定管各 1 支
3.吸量管
4.量筒
5.电子天平

三、实验材料

花生油或菜籽油

【实验操作】

一、碘化反应

准确称取 0.3～0.5 g 花生油 3 份，置于 3 个干燥的碘瓶内，切勿使油粘在瓶颈或壁上。各加入 10 mL 四氯化碳，轻轻摇动，使油全部溶解。用滴定管仔细地加入 25 mL 溴化碘溶液（Hanus溶液），勿使溶液接触瓶颈。盖好瓶塞，在玻璃塞与瓶口之间加数滴 10% 碘化钾溶液封闭缝隙，以免碘挥发损失。在 20～30 ℃ 暗处放置 30 min，并不时轻轻摇动。放置30 min后，立刻小心地打开玻璃塞，使塞旁碘化钾溶液流入瓶内，切勿丢失。用新配制的10%碘化钾10 mL和蒸馏水50 mL把玻璃塞和瓶颈上的液体冲洗入瓶内，混匀。

二、滴定

用0.25 mol/L硫代硫酸钠溶液迅速滴定至浅黄色。加入1%淀粉溶液约1 mL，继续滴定。将近终点时，用力振荡，使碘由四氯化碳层全部进入水溶液内。再滴定至蓝色消失为止，即达滴定终点。

三、测定空白

另做3份空白对照，除不加油样品外，其余操作同上。滴定结束后，将废液倒入废液缸内，以便回收四氯化碳。

【结果处理】

按下式计算碘值：

$$碘值=（A-B）\times T\times 100/C$$

式中，A为滴定空白用去的$Na_2S_2O_3$溶液的平均体积（mL）；

B为滴定碘化后样品用去的$Na_2S_2O_3$溶液的平均体积（mL）；

C为样品的质量（g）；

T为1 mL 0.25 mol/L硫代硫酸钠溶液相当的碘的质量（g）：在本实验中

$$T = \frac{0.25 \times 126.9}{1000} = 0.03173\,(g/mL)$$

【注意事项】

1.碘瓶必须洗净、干燥，否则瓶中的油中含有水分，引起反应不完全。加入溴化碘试剂后，如发现碘瓶中颜色变成浅褐色，表明试剂不够，必须再添加10~15 mL试剂。

2.如加入溴化碘试剂后，液体变浑浊，这表明油脂在CCl_4中溶解不完全，可再加些CCl_4。

3.卤素加成反应是可逆反应，只有在卤素绝对过量时，该反应才能进行完全，所以，油吸收的碘量不应超过溴化碘溶液所含碘量的一半。若瓶内混合液的颜色很浅，表示油用量过多，应重新称取较少量的油后继续测定。

4.淀粉溶液不宜加得过早。否则，滴定值偏高。

5.将近滴定终点时，用力振荡是本滴定成功的关键之一，否则容易滴过头或不足。如振荡不够，CCl_4层会出现紫色或红色。此时应当用力振荡，使碘进入水层。

6.该法在测定过程中需在暗处放置30 min后方可进行滴定，对于碘值高的油脂则需放置1 h甚至更长时间，测定时间较长，不利于生产跟踪分析。如果在溴化碘溶液配方中加入纯度为97%的ICl_3，改良为"韦氏试剂"，测定时加入韦氏试剂后再加入醋酸汞溶液，使其与氯离子生成氯化汞沉淀，以促使碘离子与脂肪酸中不饱和双键的反应，从而可以加快反应速度。

【思考题】

1.测定碘值有何意义？液体油脂和固体脂肪的碘值有何区别？

2.加入溴化碘溶液后，为何要在暗处存放30 min？

3.滴定过程中，淀粉溶液为何不能过早加入？

4.滴定完毕放置一些时间后，溶液返回蓝色，否则表示滴定过量，为什么？

5.本实验方法测定碘值是反滴定法吗？

6.脂肪碘值的测定是利用标准硫代硫酸钠溶液滴定碘化反应后被碘化钾置换出的单质碘。请解释4个碘的意义。

【参考文献】

［1］李建武，萧能庆.生物化学实验原理和方法[M].北京：北京大学出版社，1994

［2］北京大学生物系生物化学教研室.生物化学实验指导[M].北京：高等教育出版社，1979.

［3］张传芳，王晓燕.脂肪酸碘值的快速测定法[J].齐鲁石油化工，1995（2）：148-149.

［4］佚名.植物油脂和塔罗脂肪酸碘值的快速测定法[J].日化情报，1973（3）：48-49.

实验六　磷硫铁法测定血清总胆固醇含量

【目的和要求】

1.掌握血清总胆固醇测定原理和方法。

2.了解血清总胆固醇的正常值及其临床意义。

【实验原理】

胆固醇是环戊烷多氢菲的衍生物，主要由体内合成，也能直接从食物中摄取。胆固醇在体内的生理作用是不仅参与血浆脂蛋白的合成，而且可转变为胆汁酸盐、维生素 D3 及某些类固醇激素（性激素、肾上腺皮质激素等）。血液中的胆固醇包括游离胆固醇和胆固醇酯两种，二者总称"总胆固醇"，其中胆固醇酯占 70%～75%。

总胆固醇含量的测定有化学法和酶学法两类，本实验介绍化学法。采用本实验方法测得的正常人血清总胆固醇在空腹时其含量为 2.9～6.0 mmol/L （110～230 mg/dL）。糖尿病昏迷患者几乎都有血清胆固醇浓度的增加。胆固醇增加还见于动脉粥样硬化、肾病综合征、胆总管阻塞及黏液性水肿。黏液性水肿胆固醇增加的主要原因是甲状腺机能减退而垂体前叶有继发性活动过度所致。其他如肥大性骨关节炎、老年性白内障、牛皮癣等，血清胆固醇浓度间或也有增加。在恶性贫血、溶血性贫血以及甲状腺功能亢进时，血清胆固醇含量降低。其他如严重肝病、感染、营养不良等情况，胆固醇总量常见降低。近年来大量文献报道表明，血清胆固醇含量过高与动脉粥样硬化的发病机制有关，更引起了人们的注意。

本实验利用无水乙醇破坏胆固醇与蛋白质之间的化学键，使人或动物的血清胆固醇溶解，同时将血清蛋白质变性沉淀，从而提取出血清中的总胆固醇。在提取液中加入磷硫铁试剂，胆固醇和胆固醇酯与浓硫酸及三价铁反应生成比较稳定的紫红色磺酸化合物，在 550 nm 波长处其颜色的深浅与总胆固醇含量成正比例关系，因此可用来定量测定。

【试剂、器材和实验材料】

一、试剂

1.标准胆固醇贮存液（1.0 mg/mL）

精确称取干燥重结晶胆固醇 100 mg，溶于无水乙醇内（可置于 40 ℃水浴中稍加热助溶），然后转移到 100 mL 容量瓶中，用无水乙醇定容至刻度，摇匀后贮于棕色瓶中，用密封带密封瓶塞，置 4 ℃冰箱内保存。配制应用液时，应将其预先恢复至室温。

2.标准胆固醇应用液（0.1mg/mL）

取上述贮存液 10 mL 于 100 mL 容量瓶中，用无水乙醇稀释至 100 mL 刻度，贮于棕色瓶内，置冰箱中保存，使用时将其恢复至室温。

3.铁贮存液

称取三氯化铁（$FeCl_3 \cdot 6H_2O$）2.5 g 溶于 87%浓磷酸内，并加磷酸至 100 mL，贮于棕

色瓶中。此液在室温下可长期保存。

4.磷硫铁显色剂（2 mg铁/mL）

取铁贮存液8 mL，加浓硫酸至100 mL，此液在室温可保存6～8周。

5.浓硫酸（分析纯）

6.无水乙醇（分析纯）

二、器材

1.试管及试管架

2.刻度吸量管

3.离心机

4.UNICO 7200型可见光分光光度计（上海UNICO）和比色皿

三、实验材料

人或动物血清

【实验操作】

一、无蛋白提取液的制备

准确吸取血清0.30 mL，放入干燥的离心管中，对准血清分两次吹入无水乙醇，第一次加入5.7 mL，第二次加入3.0 mL，使蛋白质分散成细小的沉淀，加盖后用力振荡约10 s，放置15 min，再次摇匀沉淀，置3000 r/min离心约8 min。吸取上清液放入另一干燥洁净的具塞试管中，待测。

三、标准曲线的绘制

取干燥洁净的试管7支，编号后按下表操作。

操　作	管　号						
	0	1	2	3	4	5	6
标准胆固醇应用液(0.1 mg/mL)/mL	0.0	0.2	0.4	0.6	0.8	1.0	1.2
无水乙醇 /mL	2.0	1.8	1.6	1.4	1.2	1.0	0.8
标准胆固醇含量 /μg	0.0	20	40	60	80	100	120
显色剂(沿管壁慢慢加入)/mL	2.0	2.0	2.0	2.0	2.0	2.0	2.0
反应条件	立即振摇15～20次，置室温下冷却15 min						
A_{550}							

显色剂加毕，逐管振摇，然后用550 nm波长以空白管调零点，测出各管吸光值。以标准胆固醇含量（μg）为横坐标，以吸光值为纵坐标，绘出标准曲线。

三、样品的测定

操　作	管　号			
	0	7	8	9
无蛋白提取液 /mL	0.0	2.0	2.0	2.0
无水乙醇 /mL	2.0	—	—	—
显色剂(沿管壁慢慢加入)/mL	2.0	2.0	2.0	2.0
反应条件	立即振摇15～20次,置室温下冷却15 min			
A_{550}				

根据样品的A_{550}平均值在标准曲线上查出胆固醇的含量（μg）。

【结果处理】

$$血清总胆固醇(\mathrm{mg}\%) = \frac{C \times V_a}{V_x \times V_b} \times 10^{-3} \times 100\%$$

式中：C为在标准曲线上查出的胆固醇含量（μg）；

　　　V_x为测定时取用体积（mL）；

　　　V_a为无蛋白提取液总体积（mL）；

　　　V_b为吸取的血清样品的体积（mL）；

　　　10^{-3}为胆固醇含量由μg换算成mg的倍数。

【注意事项】

1.在试剂配制及操作过程中要涉及浓硫酸、浓磷酸，必须十分小心。

2.离心后上清液必须清亮透明，不能混有细微沉淀颗粒，否则要重新离心。

3.颜色反应与加显色剂后混合时的产热程度有关，因此操作中应注意：

（1）加入显色剂必须与乙醇分成明显的两层，不能边加边摇，否则显色不完全；

（2）显色剂要加一管立即混匀一管，不能等全加完后再振摇，混合的手法和时间也要一致；

（3）混合时试管发热，注意勿使管内液体溅出，以免损伤衣服、皮肤、眼睛。

4.该显色反应受水分的影响严重，所用吸量管、小试管、比色皿均要干燥。

【思考题】

1.脂类难溶于水，将它们均匀分散在水中则形成乳浊液，为什么正常人血浆或血清中含有脂类虽多，却清澈透明？

2.请查阅《临床生物化学手册》，归纳无蛋白提取液的制备方法。

【参考文献】

［1］李建武，萧能庆.生物化学实验原理和方法[M].北京：北京大学出版社，1994.

［2］北京大学生物系生物化学教研室.生物化学实验指导[M].北京：高等教育出版社，1979.

［3］上海市医学化验所.临床生化检验（上）[M].上海：上海科学技术出版社，1979.

［4］邵雪玲，毛歆，郭一清.生物化学与分子生物学实验指导[M].武汉：武汉大学出版社，2003.

实验七 粗脂肪的提取及含量的测定

【目的和要】

1.学习和掌握粗脂肪提取的原理和测定方法。

2.熟悉和掌握质量分析的基本操作。

【实验原理】

脂肪不溶于水，易溶于乙醚、石油醚和氯仿等有机溶剂。根据这一特性，选用低沸点的石油醚（沸点30～60 ℃）或乙醚（沸点35 ℃）做溶剂，用索氏提取器可对样品中的脂肪进行提取。

索氏提取器为一回馏装置，由浸提管、提取瓶和冷凝管三部分连接而成，见图9-1。浸提管两侧有虹吸管及通气管，装有样品的滤纸包放在浸提管内，溶剂加入提取瓶中。当加热时，溶剂蒸气经过通气管至冷凝管，冷凝后的溶剂滴入浸提管对样品进行浸提。当浸提管中溶剂高度超过虹吸管高度时，浸提管内溶有粗脂肪的溶剂即从虹吸管流入提取瓶。如此经过多次反复抽提，样品中的脂肪全部浓集在提取瓶中。抽提完毕，可以利用提取瓶的增重来计算样品的脂肪含量，也可以通过样品滤纸包脱脂前后减少的质量来计算。由于有机溶剂从样品中抽提出的不单纯为中性脂肪，还会有游离脂肪酸、蜡、磷脂、固醇、芳香油及色素等脂溶性物质，因此本实验测定的结果应为粗脂肪的含量。

【试剂、器材和实验材料】

一、试剂

石油醚（沸点30～60 ℃）

二、器材

1.索氏提取器

2.恒温水浴锅

3.烘箱

4.干燥器

5.脱脂滤纸

6.脱脂棉

7.脱脂线

8.电子天平

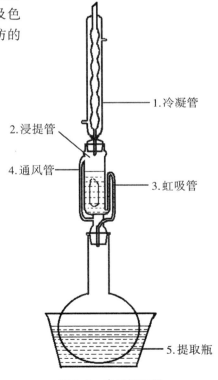

1.冷凝管

2.浸提管

4.通风管

3.虹吸管

5.提取瓶

图9-1 索氏提取器

三、实验材料

谷物油料籽粒或其他样品

【实验操作】

1.将洗净的索氏提取器提取瓶用铅笔在磨口处编号，103～105 ℃烘2 h至恒重，冷却后准确称重，并记录瓶重。

2.在烘箱100～105 ℃条件下将样品原料烘干至恒重，粉碎、过40目筛，准确称取2～4 g，用滤纸包好（不可扎得太紧，以样品不散漏为宜），放入浸提管内，纸包长度不能超过虹吸管高度。

3.于已称重的提取瓶内倒入1/3～1/2体积的石油醚（其量应略大于浸提管内体积），连接索氏提取器各部分（不能涂凡士林）。置于约70 ℃恒温水浴锅内（锅内的水必须是蒸馏水），打开冷却水，开始加热抽提。控制加热温度，使每小时虹吸回馏6～8次较宜，一般提取10 h左右。以浸提管内石油醚滴在滤纸上不显油迹为止。

4.提取完毕，待石油醚完全流入提取瓶时取出滤纸包，再回馏一次以洗涤浸提管。继续加热，待浸提管内石油醚面接近虹吸管上端而未流入提取瓶前，倒出浸提管中的石油醚，如果提取瓶中尚留石油醚，则继续加热蒸发，直至提取瓶中溶剂基本蒸完。停止加热，取下提取瓶，用吹风机在通风橱中将瓶中残留石油醚吹尽，再用脱脂棉蘸取酒精擦净其外壁。放入103～105 ℃烘箱中烘0.5 h，取出，放入干燥器内，冷却后立即称重。

【结果处理】

计算出样品中粗脂肪的含量：

$$粗脂肪含量(\%) = \frac{提取瓶的增重(g)}{样品质量(g)} \times 100\%$$

【注意事项】

1.提取瓶置于烘箱烘干溶剂时，为防止石油醚燃烧着火，烘箱应先半开门。

2.石油醚为易燃品，切忌明火加热，同时要注意提取器各连接处是否漏气以及冷凝管效果是否良好，可在冷凝管口处松松地塞一脱脂药棉以免大量石油醚外逸。

3.本法是利用称量提取瓶增重来计算粗脂肪含量的，也可以通过称量滤纸包失重计算粗脂肪含量。

4.因为该法为质量法，任何在提取瓶上的附着物都会使结果产生误差，所以水浴锅内的水必须是蒸馏水，以免在瓶外壁附着水垢。

【思考题】

1.简述粗脂肪的提取和含量测定的基本原理。

2.索氏提取器是由哪几部分组成的？

3.简述粗脂肪的提取和含量测定的操作步骤。

4.粗脂肪的提取实验中如何减少误差？

5.索氏提取器各部分的连接处为什么不能涂凡士林?

6.列举几种理想的脂肪溶剂。

【参考文献】

[1] 北京大学生物系生物化学教研室.生物化学实验指导[M].北京：高等教育出版社，1979.

[2] 陈毓荃.生物化学实验方法和技术[M].北京：科学出版社，2002.

[3] 陈钧辉.生物化学实验[M].北京：科学出版社，2003.

[4] 杨建雄.生物化学与分子生物学实验技术教程[M].北京：科学出版社，2002.

实验八　蛋黄中卵磷脂的提取、纯化与鉴定

【目的和要求】

1.掌握从鲜鸡蛋中提取卵磷脂的原理和方法。

2.学习卵磷脂的鉴定原理与方法。

3.加深了解磷脂类物质的结构和性质。

【实验原理】

卵磷脂（Lecithin）是一种混合物，是存在于动植物组织以及卵黄之中的一组黄褐色的油脂性物质。卵磷脂是生物体组织细胞的重要成分，主要存在于大豆等植物组织及动物的肝、脑、脾、心、卵等组织中，尤其在蛋黄中含量较多（10%左右）。其构成成分包括磷酸、胆碱、脂肪酸、甘油、糖脂、甘油三酸酯和磷脂。卵磷脂被誉为与蛋白质、维生素并列的"第三营养素"。通常卵磷脂就是指磷脂酰胆碱，为蛋黄中的主要磷脂。卵磷脂可调节血脂，预防、解除心脑血管等疾病，促进脂肪代谢，防止脂肪肝，是肝脏的保护神。磷脂广泛应用于食品、医药、化妆品等行业。

卵磷脂为两性分子，既具有脂溶性，又具有亲水性，其等电点为pH 6.7。纯净的卵磷脂为淡黄色，液态，有清淡柔和的风味和香味。卵磷脂能溶于乙醇、甲醇、氯仿、乙醚等有机溶剂中，也能溶于水中成为胶体状态。但是不溶于丙酮。而且不同的磷脂在有机溶剂中的溶解度不同，故可利用这些有机溶剂来提取、分离卵磷脂。

卵磷脂的提取方法有有机溶剂法、无机盐复合沉淀法、乙酸乙酯纯化法、超临界CO_2萃取法、色谱法和酶法等。有机溶剂法是根据蛋黄中各组分在溶剂中的溶解度不同而进行分离的，该方法提取卵磷脂分离效率高，但所得卵磷脂纯度不高。本实验利用乙醇将其与脑磷脂和中性脂肪分离开，再用丙酮进一步纯化。

卵磷脂为白色，当与空气接触后，其所含不饱和脂肪酸会被氧化而使卵磷脂呈黄褐色。卵磷脂被碱水解后可分解为脂肪酸盐、甘油、胆碱和磷酸盐。甘油与硫酸氢钾共热，可生成具有特殊臭味的丙烯醛；磷酸盐在酸性条件下与钼酸铵作用，生成黄色的磷钼酸沉淀；胆碱在碱的进一步作用下生成无色且具有氨和鱼腥味的三甲胺。这样通过对分解产物的检验可以对卵磷脂进行鉴定。

【试剂、器材和实验材料】

一、试剂

1.95%乙醇

2.乙醚

3.丙酮

4.10% $ZnCl_2$溶液

5.无水乙醇

6. 10% 氢氧化钠溶液

7. 3% 溴的四氯化碳溶液

8. 硫酸氢钾

9. 钼酸铵溶液：将 6 g 钼酸铵溶于 15 mL 蒸馏水中，加入 5 mL 浓氨水，另外将 24 mL 浓硝酸溶于 46 mL 蒸馏水中，两者混合静置 1 d 后使用。

二、器材

1. 滤纸

2. 红色石蕊试纸

3. 蛋清分离器

4. 恒温水浴锅

5. 蒸发皿

6. 漏斗

7. 铁架台

8. 磁力搅拌器

9. 天平

10. 50 mL 量筒

11. 100 mL 量筒

12. 试管

13. 玻璃棒

14. 小烧杯

三、实验材料

鲜鸡蛋

【实验操作】

一、卵磷脂的提取

取一枚鲜鸡蛋，用蛋清分离器分离出蛋黄，置于小培养皿中，于 50～55 ℃ 真空干燥器中烘干，磨成粉末。称取 10 g 于锥形瓶中，加入 40 ℃ 的 95% 乙醇 30 mL，边加边搅拌均匀，搅拌 30 min 后至蛋黄粉末与乙醇完全互溶，过滤。如滤液仍然混浊，可再次过滤至滤液透明。将滤液置于蒸发皿内，于 95 ℃ 水浴锅中蒸干，所得产品即为淡黄色固体状的卵磷脂粗品。计算出卵磷脂粗品的提取率。

二、卵磷脂的纯化

称取 2 g 卵磷脂粗品于一小烧杯中，用 20 mL 无水乙醇溶解，得到约 10% 的乙醇粗提液，加入 2 mL 10% $ZnCl_2$ 溶液，室温搅拌 0.5 h，抽滤，收集沉淀物，加入 25 mL 预冷至 4 ℃ 的丙酮，搅拌 0.5 h，抽干，再用冷丙酮重复洗涤一次，直到丙酮洗液近于无色为止，得到白色蜡状的精卵磷脂。干燥，称重。

三、卵磷脂的溶解性实验

取一支干燥洁净的试管，加入少许卵磷脂，再加入 1 mL 乙醚，用玻璃棒搅动使卵磷脂溶解，逐滴加入丙酮 2 mL，观察实验现象。

四、卵磷脂的鉴定

1. 三甲胺的检验

取一支干燥、洁净的试管，加入少许卵磷脂，再加入 3 mL 10% 氢氧化钠溶液，放入水浴中加热 15 min，在管口放一片用蒸馏水湿润过的红色石蕊试纸，观察颜色有无变化，并嗅其气味。将加热过的溶液过滤，滤液供后面实验用，记录滤液性状。

2. 不饱和性检验

取一支干燥洁净的试管，加入 10 滴上述滤液，再加入 1～2 滴 3% 溴的四氯化碳溶液，振摇试管，观察有何现象产生。

3. 磷酸的检验

取一支干燥、洁净的试管，加入 10 滴上述滤液和 5～10 滴 95% 乙醇，再加入 5～10 滴钼酸铵试剂，观察现象；最后将试管放入热水浴中加热 5～10 min，观察有何变化。

4. 甘油的检验

取一支干燥、洁净的试管，加入少许卵磷脂和 0.2 g 硫酸氢钾，用试管夹夹住并先在小火上略微加热，使卵磷脂和硫酸氢钾混熔，然后再集中加热，待有水蒸气放出时，嗅一下有何气味产生。

【结果处理】

1. 计算出卵磷脂粗品的提取率：

粗品提取率=（提取后卵磷脂质量÷蛋黄质量）×100%

2. 计算出精卵磷脂的提取率：

精卵磷脂提取率=（提取后精卵磷脂质量÷蛋黄质量）×100%

3. 记录卵磷脂的鉴定实验中的各个现象。

【注意事项】

1. 在用有机溶剂提取粗卵磷脂时，找到最适有机溶剂萃取的溶剂或多元溶剂系统最为重要，其应具有良好的溶解性及针对目标产物的选择性。这种方法的优点在于易连续操作，生产周期适中。缺点是处理时间长，成本相对较高，且回收有一定困难等。本实验方案采取乙醇浸提浓缩后再用丙酮脱油。

2. 可以选用不同提取条件对提取卵磷脂所得提取率、纯度和含量进行比较。

3. 本实验中用到的乙醇、丙酮均为易燃有机溶剂，氯化锌具有腐蚀性，要注意安全。

4. 实验过程要细致观察，仔细记录各种现象。

【思考题】

1. 请上网查阅有关资料，总结卵磷脂的生理作用。

2.根据查阅的有关资料，归纳出制备卵磷脂的方法有哪几种。

3.卵磷脂均能溶于乙醇和乙醚，为什么本实验中利用乙醇提取，而不用乙醚？

【参考文献】

［1］李巧枝，程绎南.生物化学实验技术[M].北京：中国轻工业出版社，2010.

［2］肖雪梅，王明辉.蛋黄中卵磷脂的提取条件研究[J].江西化工，2016（6）：54-57.

实验九　卵磷脂的制备及气相色谱分析

【目的和要求】

1.了解并掌握从卵黄中提取卵磷脂的原理和方法。

2.学习脂肪酸的甲酯化方法。

3.掌握用气相色谱仪（GC）分析脂肪酸以及外标定量计算的方法。

4.熟悉气相色谱分析的工作软件。

【实验原理】

卵磷脂是磷脂酸的衍生物。磷脂酸中的磷酸基与羟基化合物——胆碱中的羟基连接成酯，故卵磷脂也称磷脂酰胆碱，它和磷脂酰乙醇胺一起是细胞膜中最丰富的脂质。机体的各种组织和细胞均含卵磷脂，在卵黄（约含10%）、神经、精液、脑髓、骨髓、肾上腺、心脏和大豆等组织内含量更高。卵磷脂具有乳化、分解油脂的作用，可增进血液循环，清除过氧化物，使血液中胆固醇及中性脂肪含量降低。纯卵磷脂是白色蜡状块，不溶于水和丙酮。但易溶于乙醇、甲醇和氯仿中，这些极性有机溶剂既能降低脂质分子间的疏水作用，又能减弱膜脂与膜蛋白之间的氢键结合和静电相互作用，因此常用作卵磷脂的提取剂。

卵磷脂所含不饱和脂肪酸常见的有亚麻酸、油酸、亚油酸和棕榈油酸，它们是人体重要的脂肪酸，其中亚麻酸和亚油酸为人体必需脂肪酸，亚麻酸可明显调节人体血脂平衡，有效地预防心血管疾病的诱发，具有免疫调节、延缓衰老等作用。卵磷脂内富含这些不饱和脂肪酸，对其含量测定一般多用气相色谱法。

除某些脂质具有天然挥发性外，大多数脂质沸点很高，极性较强，而且在高温下容易发生聚合、脱羧、裂解等副反应，直接进行气相色谱分析，柱温很高，固定相难以选择，色谱峰易拖尾，保留时间不易重复，有时还有假峰出现。因此，进行分析前必须先将脂质衍生为易挥发的甲酯以降低沸点。

气相色谱仪由气路系统、进样系统、分离系统、温控系统以及检测和记录系统五部分组成，其分析方法是利用气体作为流动相（载气），携带由进样口进入的样品进入分离柱（填充柱或毛细管柱）。由于样品中各组分在色谱柱固定相（液相或固相）和流动相（气相）间分配或吸附系数间存在差异，不同组分样品在两相间经过反复多次分配，到达检测器的时间也因此存在一定顺序，从而达到分离、检测的目的。

本实验采用乙醇冷浸法制备卵磷脂，浓缩抽提液后，用丙酮沉淀卵磷脂并洗净蛋黄油，经干燥制得卵磷脂。在室温下用氢氧化钾-甲醇溶液法使脂肪酸发生转酯作用（transesterification），从甘油酯转变为甲酯，然后进行气相色谱分析。甲酯混合物进样后通过毛细管色谱柱被分离，经氢火焰离子化检测器（Flame Ionization Detector，FID）鉴定。根据保留时间和峰面积进行定性、定量分析。

【试剂、器材和实验材料】

一、试剂

1.乙醇（95%）、甲醇（98.5%）、丙酮：均为分析纯。

2.亚麻酸、油酸、亚油酸、棕榈油酸标准品：均为 Sigma 公司产品。

3.标准脂肪酸（甲酯化）混合储备液：准确称取亚麻酸、油酸、亚油酸、棕榈油酸标准品各 10 mg，按"实验操作"三中甲酯化处理后，上清液转入 10 mL 容量瓶内，用甲醇稀释并定容至刻度，其浓度为 1 mg/mL 混合溶液。

4.标准脂肪酸（甲酯化）混合应用液：吸取 10 μL 标准混合储备液（1 mg/mL），用甲醇定容至 10 mL，使其浓度为 1 μg/mL。

5.标准脂肪酸溶液：依次准确称取亚麻酸、油酸、亚油酸、棕榈油酸标准品各 10 mg，分别按"实验操作"三中甲酯化处理后，上清液转入 10 mL 容量瓶内，用甲醇稀释并定容至刻度。再各吸取 10 μL，分别用甲醇定容至 10 mL，使各种标准脂肪酸（甲酯化）溶液的浓度均为 1 μg/mL。

6.卵磷脂提取液：V（乙醇）：V（甲醇）=1：1。

7.乙醚-正己烷溶液：V（乙醚）：V（正己烷）=2：1。

8.1 mol/L KOH-甲醇溶液。

9.饱和 NaCl 溶液。

10.无水硫酸钠。

11.氩气。

二、器材

1.美国 Varian CP-3800 型气相色谱仪

2.氢火焰离子化检测器

3.电子天平

4.容量瓶（10 mL）

5.小烧杯（10 mL、50 mL）

6.磁力搅拌器

7.离心管

8.低速离心机

9.恒温水浴

10.干燥、洁净试管

11.具塞试管中（25 mL）

12.旋转蒸发仪

13.低温冰箱

14.烘箱

15.研钵

16.真空干燥箱

17.微量移液器（10 μL）

18.蒸馏装置

三、实验材料

新鲜鸡蛋

【实验操作】

一、原料处理

将鸡蛋置于低温冰箱（-10 ℃），使其内容物凝固，然后破壳，分离出蛋黄。蛋黄原料放入烘箱内，55 ℃下烘干6 h左右，捣碎研磨成蛋黄粉，储存备用。

二、卵磷脂的制备

称取蛋黄粉1.0 g，放入一小烧杯内，加入乙醇-甲醇（1∶1体积比）15 mL，搅拌4～5 h，置室温下继续浸泡24～48 h。由于卵磷脂及部分卵黄油被浸提出来，醇浸液逐渐变为金黄色。转移至离心管内，3000 r/min离心10 min。收集上清液，在旋转蒸发仪上蒸发浓缩。收集醇液，待蒸馏回收。取10 mL丙酮加到蒸馏瓶中，调和油状沉淀，静置，待其分层后，将上层混浊的丙酮洗液倾出，再加入10 mL丙酮，搅拌、静置、分层、倾出，如此重复洗涤2～3次，使蛋黄油脱净。收集淡黄色沉淀，摊开，在避光下迅速放入底层已预置氯化钙的真空干燥箱内，维持25～30 ℃，真空干燥24～48 h，称重，即获得干燥的卵磷脂制品。

三、脂肪酸的甲酯化

本实验采取室温KOH-甲醇溶液法。称取20 mg上述提取的卵磷脂于25 mL具塞试管中，加入3 mL乙醚-正己烷溶液溶解，加入2 mL甲醇和2 mL 1 mol/L KOH-甲醇溶液，振荡5 min后，加入2 mL饱和NaCl溶液，静置10 min分层，取上清液，加入少量无水硫酸钠，充入氩气，密封，冷藏备用。

四、色谱条件

色谱柱：SE-54（15 mL，内径为0.25 mm，孔径为0.25 μm）石英弹性毛细管色谱柱；

载气：氮气，恒流模式，流速1.2 mL/min；

分流比：10∶1；

氢火焰检测器（FID）检测，最高温度290 ℃；

柱温：采用程序升温，测试温度开始为80 ℃，以8 ℃/min的速度升至200 ℃，保持2 min，再以3 ℃/min的速度升至280 ℃；

进样量：5 μL；

采用色谱峰的保留时间定性，外标法峰面积定量。

五、开机、设置参数

1.打开空气发生器、氮气发生器电源开关，电解20 min后旋紧氮气发生器排空阀，打开氢气发生器电源开关并旋紧排空阀，待柱前压力表显示稳定后，打开主机电源开关，单击计算机工作站中的"系统控制/自动化"图标，连接色谱仪与工作站。

2.单击"查看/编辑方法"图标，确认创建一个新的方法。单击"下一步"；确认"仪器1"，再单击"下一步"；确认"中间"后单击"完成"。按分析条件依次输入中间通道进样口温度，单击"保存"；设置柱箱温度，单击"保存"；设置检测器温度，保存。从文件选择"SAVE AS"，输入方法名，保存。退出方法编辑。

3.从文件激活该方法，待仪器稳定。

六、样品分析

1.标准曲线的绘制

用10 μL微量移液器按下表依次吸取标准脂肪酸（甲酯化）混合应用液（1 μg/mL），注入气相色谱仪进行分析测定。采其相应的色谱图，并在工作软件上进行数据处理，得其相应的峰面积。以各种标准脂肪酸的含量为横坐标，相应的峰面积为纵坐标作标准曲线。

操 作		峰 号				
		1	2	3	4	5
标准脂肪酸混合应用液 / μL		1.0	3.0	5.0	7.0	9.0
标准混合液中各脂肪酸含量 /μg	亚麻酸	0.001	0.003	0.005	0.007	0.009
	油酸	0.001	0.003	0.005	0.007	0.009
	亚油酸	0.001	0.003	0.005	0.007	0.009
	棕榈油酸	0.001	0.003	0.005	0.007	0.009
峰面积	亚麻酸					
	油酸					
	亚油酸					
	棕榈油酸					

2.四种脂肪酸的判断

分别进标准亚麻酸、油酸、亚油酸、棕榈油酸（甲酯化）溶液5 μL，用保留时间判断出标准脂肪酸混合液谱图中相应物质的色谱峰。

3.样品分析

吸取5 μL样品甲酯混合物注入色谱仪进行分析。与标准谱图比较，根据保留时间判断出样品谱图中相应脂肪酸的色谱峰，并根据各峰的面积进行定量（参考图9-2）。

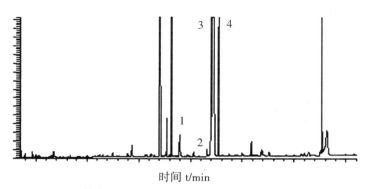

时间 t/min

1.棕榈油酸；2.亚麻酸；3.亚油酸；4.油酸

图9-2　卵磷脂中脂肪酸色谱图

【结果处理】

1.对照标准脂肪酸峰的保留时间，确定样品中是否存在亚麻酸、油酸、亚油酸、棕榈油酸。

2.根据样品峰面积在工作曲线上查出亚麻酸、油酸、亚油酸、棕榈油酸的含量，再计算出在卵磷脂中的含量（%），进一步计算出在卵黄中的实际含量（%）。

【注意事项】

1.提取卵磷脂过程中，必须除尽样品中的蛋白质、核酸、多糖等，以防止这些物质进入色谱柱，高温焦化堵塞色谱柱。可以通过适当多加些卵磷脂的提取液（乙醇-甲醇），以简化除杂步骤。

2.抽提卵磷脂时要注意实验室通风。

3.浸泡提取卵磷脂时，必须加盖以防止醇浸液蒸发改变浓度。

4.丙酮处理的目的是脱净卵磷脂中的油脂和水，为此使用的丙酮含水量越低越好，否则沉淀物较湿，脱水困难。

5.FID检测器需要氢气支持，务必在仪器操作前进行气路检漏，以防止氢气泄漏发生危险。

6.若标准物质没分开，色谱峰有拖尾，应适当降低载气流速；反之，分离慢，则应适当提高载气流速。载气的流量增大将会减小仪器的灵敏度；载气流量的选择应综合标准物质的分离情况而定。

7.气相色谱分析中，温度、压力不但影响分析速度、样品的分离度、色谱柱效能，还直接影响结果的准确性。因此，在测定过程中要保持分析条件的稳定，以消除偶然误差。

【思考题】

1.写出卵磷脂的分子结构式，指出哪一部分为极性部分，哪一部分为非极性部分。

2.为什么卵磷脂是一个良好的乳化剂？

3.高级脂肪酸气相色谱分析的原理是什么？分析前为什么要进行甲酯化处理？

4.怎样定性判断色谱峰中的各种不同物质？根据色谱峰的哪些参数可进行定量计算？

5.沸点温度过高的样品是否适宜用气相色谱检测？

【参考文献】

［1］ Shen J M，Li R D，Gao F Y. Effects of ambient temperature on lipid and fatty acid composition in the oviparous lizards[J]. Phrynocephalus przewalskii. Comp Biochem Physiol，2005，142/143：293-301.

［2］李建武，萧能庆.生物化学实验原理和方法[M].北京：北京大学出版社，1994.

［3］王镜岩，朱圣庚，徐长法.生物化学[M].北京：高等教育出版社，2002.

［4］ Albert L，David L N，Michael M C. Lehninger Principles of Biochemistry[M]. New York：W. H. Freeman，2004.

［5］ Jaroslav J E，Stranska E P，Francisci R. Blood cultures evaluation by gas chromatography of volatile fatty acids[J]. Med Sc Monit，2000，6：605-610.

［6］兰州大学化学化工学院.大学化学实验：基础化学实验Ⅱ[M].兰州：兰州大学出版社，2008.

［7］ Erwin E S，Marco G J，Emery E M. Volatile fatty acid analyses of food and rumen fluid by gas chromatography[J]. J Dairy Sci，1961，44：1768-1771.

［8］ Johnston P V，Roots B I. Brain liquid fatty acids and temperature acclimation[J]. Comp. Biochem Physiol，1964，11：303-309.

［9］ Cyril J，Powell G L，Baird W V. Changes in membrane fatty acid composition during cold acclimation and characterization of fatty acid desaturase genes in bermudagrass[J]. In Turfgrass Soc Res J，2001，9：259-267.

第十章 氨基酸

实验十 甲醛滴定法测定氨基氮

【目的和要求】

掌握甲醛滴定氨基氮法测定氨基酸含量的原理和操作要点。

【实验原理】

氨基酸分子中含有碱性氨基和酸性羧基，氨基酸是两性电解质，在水溶液中以兼性离子存在。氨基酸在水溶液中有如下平衡：

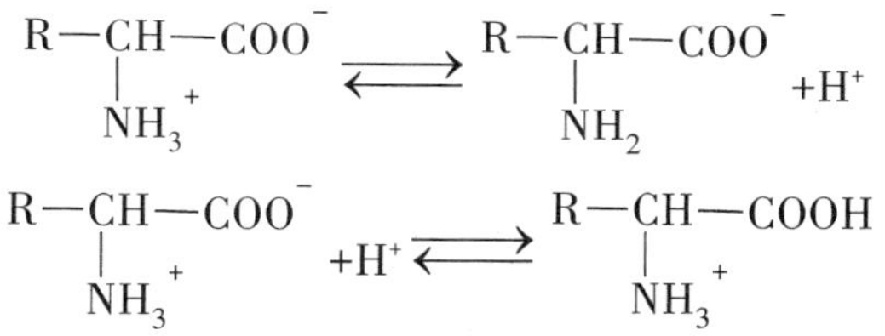

$$R-\underset{\underset{NH_3^+}{|}}{CH}-COO^- \rightleftharpoons R-\underset{\underset{NH_2}{|}}{CH}-COO^- + H^+$$

$$R-\underset{\underset{NH_3^+}{|}}{CH}-COO^- + H^+ \rightleftharpoons R-\underset{\underset{NH_3^+}{|}}{CH}-COOH$$

—NH_3^+是弱酸，完全解离时pH为11～12或更高，若用碱滴定—NH_3^+所释放的H^+来测定氨基酸，一般指示剂变色范围小于10，很难准确指示滴定终点，因此不能直接用碱滴定氨基。而—COOH完全解离时pH为1～2或更低，也没有合适的指示剂可以指示滴定终点（图10-1）。

对此，沙伦逊提出了在常温下，先用中性甲醛水溶液处理氨基酸水溶液，使甲醛与氨基酸上的—NH_3^+结合，形成—$NH-CH_2OH$、—$N(CH_2OH)_2$等羟甲基衍生物，使上述前一平衡向右移动，增加—NH_3^+上的酸性解离，使溶液的酸度增加，滴定的终点移至酚酞的变色范围之内（pH 9.0左右）。因此可以用酚酞做指示剂，直接用标准氢氧化钠溶液滴定，测出氨基氮，进而计算出氨基酸的含量。

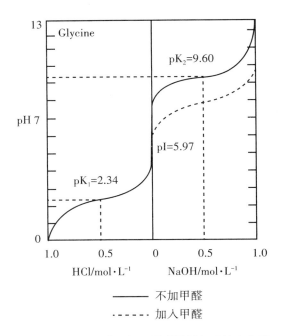

图 10-1　不加甲醛和加入甲醛的甘氨酸滴定曲线

如此滴定的结果表示 α-氨基的含量，其准确度仅达氨基酸理论含量的 90%。

用甲醛滴定法测定氨基酸含量，存在一定的局限性，例如，若样品中只含有单一的已知氨基酸，则可由此法滴定的结果算出氨基酸的含量，但是，如果样品为多种氨基酸的混合物如蛋白质水解液，则滴定结果不能作为氨基酸的定量依据。尽管如此，此法简便快速，常用来测定蛋白质的水解程度，随水解程度的增加滴定值也增加，滴定值不再增加时，表明水解作用已完全。

甲醛滴定法，一般所采用的甲醛浓度是 2.0～3.0 mol/L，即滴定后最终浓度为 6%～9%。

【试剂和器材】

一、试剂

1.标准甘氨酸溶液（0.05 mol/L）

2.0.02 mol/L标准氢氧化钠溶液

3.酚酞指示剂：0.5%酚酞的50%乙醇溶液

4.中性甲醛溶液：在50 mL 36%～37%分析纯甲醛溶液中加入1 mL 0.5%酚酞–乙醇水溶液，用0.2 mol/L的氢氧化钠溶液滴定到微红，贮于密闭的玻璃瓶中。

5.未知浓度的甘氨酸溶液

二、器材

1.锥形瓶（50 mL）

2.碱式滴定管（10 mL）

3.吸管

4.滴定台

5.洗瓶

【实验操作】

1.取3个50 mL的锥形瓶，编号。向1、2号瓶内各加入0.05 mol/L标准甘氨酸溶液2 mL和水5 mL，混匀。向3号瓶内加入7 mL蒸馏水作为空白组。在2、3号瓶内各加4 mL中性甲醛溶液。然后向3个瓶中各加入2滴酚酞指示剂，混匀后分别用0.02 mol/L标准氢氧化钠溶液滴定至溶液显微红色。

2.重复以上实验2次，记录每次每瓶消耗的标准氢氧化钠溶液的体积（mL）。取平均值，计算甘氨酸氨基氮的回收率。

3.另取3个50 mL的锥形瓶为4号瓶，各加未知浓度的甘氨酸溶液2 mL、水5 mL，以及中性甲醛溶液4 mL，酚酞指示剂2滴。混匀后依上述方法进行测定，记录每瓶消耗的标准氢氧化钠溶液的体积（mL）。

以上操作归纳成下表：

瓶号	操作								
	0.05mol/L标准Gly/mL	未知浓度Gly/mL	H_2O/mL	中性甲醛/mL	酚酞/滴	耗用0.02 mol/L NaOH /mL			
						1次	2次	3次	平均
1	2	—	5	—	2				V_1
2	2	—	5	4	2				V_2
3	—	—	7	4	2				V_3
4	—	2	5	4	2				V_4

【结果处理】

1.回收率计算：

$$甘氨酸氨基氮回收率(\%) = \frac{实际测得量}{加入理论量} \times 100\%$$

公式中实际测得量为滴定2号瓶耗用的标准氢氧化钠溶液体积（mL）的平均值V_2与第3号瓶耗用的标准氢氧化钠溶液体积（mL）V_3之差乘以标准氢氧化钠的物质的量浓度，再乘以14.008。

2.氨基氮计算：

$$氨基氮(mg/mL) = \frac{(V_4 - V_3) \times N_{NaOH} \times 14.008}{2 \times 回收率}$$

公式中V_4为滴定待测液耗用标准氢氧化钠溶液的平均体积（mL）。V_3为滴定对照液（3号瓶）耗用标准氢氧化钠溶液的平均体积（mL）。N_{NaOH}为标准氢氧化钠溶液的物质的量浓度。

【注意事项】

1.标准氢氧化钠溶液应在使用前标定，并在密闭瓶中保存。不可使用隔日贮在微量滴定管中的剩余氢氧化钠溶液。

2.中性甲醛溶液在临用前配制，若已放置一段时间，则使用前需要重新中和。

3.本实验为定量实验，甘氨酸和氢氧化钠的浓度要严格标定，加量要准确，全部操作要按定量分析要求进行。

4.脯氨酸与甲醛作用后，生成的化合物不稳定，导致滴定后结果偏低；酪氨酸含酚基结构，导致滴定结果偏高。

【思考题】

1.甲醛滴定法为什么不能准确测定含有多种氨基酸样品中的氨基氮？

2.中性甲醛滴定时，加入NaOH溶液滴定的是氨基而不是羧基，为什么？

3.为什么不能用一般的酸碱指示剂来指示NaOH溶液滴定氨基酸的氨基？用实验数据说明。

【参考文献】

［1］北京大学生物系生物化学教研室.生物化学实验指导[M].北京：高等教育出版社，1979.

［2］王镜岩，朱圣庚，徐长法.生物化学[M].北京：高等教育出版社，2002：103-120.

［3］Albert L，David L N，Michael M C. Lehninger Principles of Biochemistry[M]. New York：W. H. Freeman，2004.

［4］张龙翔，张庭芳，李令媛.生化实验方法和技术[M].北京：高等教育出版社，1996.

实验十一　纸层析法分离鉴定氨基酸

【目的和要求】

1.学习氨基酸纸层析法的基本原理和用途。

2.掌握氨基酸纸层析的操作技术（包括点样、平衡、展层、显色、鉴定和定量）。

【实验原理】

纸层析法（paper chromatography）是生物化学中分离、鉴定氨基酸混合物的常用技术，可用于蛋白质的氨基酸成分的定性鉴定和定量测定；也是定性鉴定或定量测定多肽、核酸碱基、糖、有机酸、维生素、抗生素等物质的一种分离、分析方法。纸层析法是用滤纸作为惰性支持物的分配层析法，其中滤纸纤维素上吸附的水是固定相，展层用的有机溶剂是流动相。在层析时，将样品点在距滤纸一端约2～3 cm处，该点称为原点；然后在密闭容器中层析溶剂沿滤纸的一个方向进行展层，这样混合氨基酸在两相中不断分配，由于分配系数（K_d）不同，结果它们分布在滤纸的不同位置上（图10-2）。物质被分离后在纸层析图谱上的位置可用迁移率（rate of flow, R_f）来表示。所谓R_f，是指在纸层析中，从原点至氨基酸停留点（又称为层析点）中心的距离（X）与原点至溶剂前沿的距离（Y）的比值：

$$R_f = \frac{原点至层析点中心的距离}{原点至溶剂前沿的距离} = \frac{X}{Y}$$

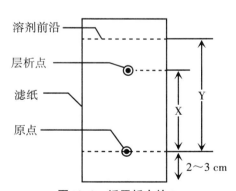

图10-2　纸层析中的R_f

以上这种操作常称作单向层析。为了得到更好的分离结果，还可以做双向层析，即在滤纸的一角上点样品，先用一种溶剂系统展层后，使滤纸干燥，将纸调转90°角，再用另一个溶剂系统展层。

在一定条件下某种物质的R_f值是常数。R_f值的大小与物质的结构、性质、溶剂系统、温度、湿度、层析滤纸的型号和质量等因素有关。

【器材和试剂】

一、试剂

（一）单向层析试剂

1.扩展剂（水饱和的正丁醇和乙酸混合液）

将正丁醇和乙酸以体积比4∶1在分液漏斗中进行混合，所得混合液再按体积比5∶3与蒸馏水混合；充分振荡，静置后分层，放出下层水层，漏斗内即为扩展剂。

2.氨基酸样品溶液

0.5%赖氨酸、0.5%脯氨酸、0.5%亮氨酸以及它们的混合液（各组分浓度均为0.5%）。

3.显色剂

0.1%水合茚三酮正丁醇溶液。

（二）双向层析试剂

1.混合氨基酸标准溶液（1000 μg/mL）

6种氨基酸是天门冬氨酸、丙氨酸、酪氨酸、蛋氨酸、胱氨酸、亮氨酸，分别配制成上述浓度的溶液。

2.8 mmol/L天门冬氨酸溶液。

3.第一向碱系统

正丁醇–12%氨水–95%乙醇（13∶3∶3，体积比）。

4.第二向酸系统

正丁醇–80%甲酸–水（15∶3∶2，体积比）。

5.显色剂

0.5%茚三酮丙酮溶液。

6.0.1%硫酸铜（$CuSO_4 \cdot 5H_2O$）–75%乙醇（2∶38）的洗脱液，临用前配制。

二、器材

1.层析缸

2.点样毛细管

3.小烧杯

5.量筒

7.吹风机（或烘箱）

9.直尺及铅笔

4.培养皿

6.喷雾器

8.层析滤纸（新华一号）

【实验操作】

一、单向层析

1.准备滤纸

取层析滤纸（长22 cm、宽14 cm）一张，在纸的一端距边缘2~3 cm处用铅笔画一条直线，在此直线上每间隔3 cm做一记号，标出4个点。

2.点样

用毛细管将各氨基酸样品分别点在这4个位置上，干后重复点样2~3次。每点在纸上扩散的直径最大不超过3 mm。

3.扩展

用线将滤纸缝成筒状，纸的两边不能接触。将盛有约20 mL扩展剂的培养皿迅速置于密闭的层析缸中，并将滤纸直立于培养皿中（点样的一端在下，扩展剂的液面需低于点样线1 cm）。待溶剂上升15~20 cm时即取出滤纸，用铅笔描出溶剂前沿界线，自然干燥或用吹风机热风吹干。

4.显色

用喷雾器均匀喷上0.1%茚三酮正丁醇溶液，然后用吹风机吹干或者置烘箱中（100 ℃）烘烤5 min即可显出各层析斑点。

二、氨基酸标准曲线的制作

1.准备滤纸

取层析滤纸（长22 cm、宽28 cm）一张。

2.点样

将8 mmol/L天门冬氨酸在纸上点上不同的量：5 μL、10 μL、15 μL、20 μL，留一空白点作对照。点样操作同前。

3.展层

采用酸性溶剂系统，即正丁醇–80%甲酸–水（15∶3∶2）。

4.显色

用喷雾器均匀喷上显色剂（0.5%茚三酮丙酮溶液），自然干燥后，置于65 ℃烘箱中，准确计时烘30 min，即可显出各层析斑点。

5.比色测定

剪下层析谱上天门冬氨酸各斑点，其面积大小相仿，再剪下一块大小相仿的空白纸作对照，把剪下的纸片再剪成梳状细条，分别装入干燥试管内，加入5 μL 0.1%硫酸铜（$CuSO_4 \cdot 5H_2O$）–75%乙醇（2∶38）的溶液洗脱，间歇摇荡，洗脱液呈粉红色，待15 min后在520 nm下比色测定。以氨基酸含量（μg）为横坐标、吸光值为纵坐标作图。

三、双向层析

1.准备滤纸

取层析滤纸（长28 cm、宽28 cm）一张，在滤纸上距相邻的两边各2 cm处用铅笔轻画一条直线，在线的交点上点样。

2.点样

样品为混合氨基酸标准溶液，点样量15 μL或20 μL。

3.扩展

双向展层。

第一向碱系统，展层1次，必要时亦可展层2次；第二向酸系统，一般展层1次即可。进行双向层析时，先用第一向溶剂展层后，使干燥，将纸调转90°，再用第二向溶剂展层。

4.显色

显色剂采用0.5%茚三酮丙酮溶液。显色条件与标准曲线制作时相同。

5.定性鉴定与定量测定

双向层析R_f值由两个数值组成，即在第一向计量1次（碱系统）和在第二向计量1次（酸系统），分别与已知氨基酸在碱、酸系统的R_f值对比，即可初步肯定它为何种氨基酸。找出天门冬氨酸斑点，将它剪下，在同一张纸上再剪下一块大小相仿的空白纸作对照，如前所述，用硫酸铜-乙醇溶液洗脱并进行比色测定。

【结果处理】

1.层析纸显色后，根据各显色斑点的相对位置，计算各种氨基酸的R_f值，从而对样品中的氨基酸进行定性鉴定。具体是将混合样品图谱与标准样品图谱相比较或通过混合样品与标准样品R_f值的比较，确定混合样品中所分离的各个斑点分别为何种氨基酸。

2.剪下的氨基酸样品斑点进行洗脱、比色测定后，所得比色读数在标准曲线上查出天门冬氨酸的含量，计算出样品中天门冬氨酸的含量。

【注意事项】

1.取滤纸前，要将手洗净，这是因为手上的汗渍会污染滤纸，并尽可能少接触滤纸；如条件许可，也可戴上一次性手套取用滤纸。要将滤纸平放在洁净的纸上，不可放在实验台上，以防止污染。

2.点样点的直径不能大于5 mm，否则分离效果不好，并且样品用量大会造成"拖尾"现象。

3.在滤纸的一端用点样器点上样品，点样点要高于培养皿中扩展剂液面约1 cm。由于各氨基酸在流动相（有机溶剂）和固定相（滤纸吸附的水）的分配系数不同，当扩展剂从滤纸一端向另一端展开时，对样品中各组分进行了连续的抽提，从而使混合物中的各组分分离。

【思考题】

1.纸层析法的原理是什么？

2.何谓R_f值？影响R_f值的主要因素是什么？

【参考文献】

［1］北京大学生物系生物化学教研室.生物化学实验指导[M].北京：高等教育出版社，1979.

［2］王秀奇.基础生物化学实验[M].2版.北京：高等教育出版社，1999.

［3］李建武，萧能庆.生物化学实验原理和方法[M].北京：北京大学出版社，2004.

实验十二　茶叶中茶多酚及氨基酸的提取和定量测定

【目的和要求】

1.了解茶多酚的提取和含量的测定方法。

2.掌握茶叶中氨基酸含量的测定原理和操作方法。

3.熟练掌握和使用可见光分光光度计。

【实验原理】

茶多酚是茶叶中多酚类物质的总称，包括黄烷酮类、花色素苷、黄酮类、黄酮醇类及酚酸类等。其中儿茶素类化合物为茶多酚的主体成分，占茶多酚总量的65% ~ 80%。茶多酚又称茶鞣或茶单宁，是形成茶叶色、香、味的主要成分之一，也是茶叶中有保健功能的主要成分之一。1989年茶多酚被中国食品添加剂协会列入食品添加剂使用标准，1997年茶多酚被列为中成药原料。

茶多酚在常温下为浅黄色至红褐色或茶褐色粉末，味涩，易溶于水、乙醇和乙酸乙酯，在碱性条件下或遇铁离子时易变色。茶多酚能够与酒石酸亚铁发生络合反应，生成蓝紫色的络合物，该络合物在540 nm处有最大光吸收，在一定浓度范围内，该络合物颜色深浅与样品中茶多酚的含量成正比例关系，符合朗伯-比尔定律，因此可以用比色法测定。酒石酸亚铁比色法测定茶多酚作为茶多酚快速测定的常用方法，曾被列为茶多酚类物质国标检测方法。

茶叶中氨基酸含量与茶叶新鲜程度有密切关系，对茶汤的滋味、色泽也有较明显的影响，它是形成茶叶香气和鲜爽度的重要成分。茶叶中游离氨基酸有20多种组分，其中茶氨酸占茶叶中氨基酸总量的50%以上。

通过浸泡茶叶，其中的水溶性氨基酸能够从茶叶中溶出，可以用茚三酮比色法进行定量测定。在弱酸性条件下，氨基酸与茚三酮共热生成一分子氨和还原型茚三酮，氨与茚三酮和还原型茚三酮反应，生成紫色化合物。该化合物在570 nm处有最大的光吸收，在一定浓度范围内，化合物颜色深浅与样品中氨基酸含量成正比例关系，符合朗伯-比尔定律，可以用比色法定量测定。

茚三酮　　　　　　　氨基酸　　　　　　　　　　还原型茚三酮　　　　　　　　醛类

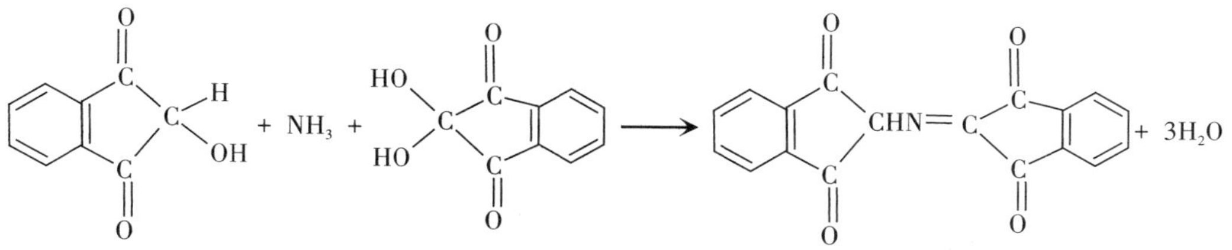

蓝紫色产物

【试剂、器材和实验材料】

一、试剂

1.酒石酸亚铁溶液

准确称取 1 g 硫酸亚铁和 5 g 酒石酸钾钠，用蒸馏水溶解并定容至 1 L（低温避光保存，有效期为 10 天）。

2.磷酸盐缓冲液（pH 7.5）

准确称取 9.078 g 磷酸二氢钠，用蒸馏水溶解，定容至 1 L，作为 A 液；准确称取 9.474 g 磷酸氢二钠，用蒸馏水溶解，定容至 1 L，作为 B 液；取 A 液 150 mL 和 B 液 850 mL 混合均匀，用 pH 计检查校正。

3.标准氨基酸溶液（100 μg/mL）

准确称取 100 mg 标准氨基酸，用蒸馏水溶解，定容至 1 L。

4.茚三酮显色液

准确称取 10 g 茚三酮，用丙酮溶解，定容至 1 L（避光保存）。

5.乙酸缓冲液（pH 5.4）

准确称取 164.06 g 无水乙酸钠，用蒸馏水溶解，定容至 1 L，作为 A 液；准确量取 114.4 mL 冰乙酸，加蒸馏水定容至 1000 mL，作为 B 液；取 A 液 860 mL 和 B 液 140 mL 混合均匀，用 pH 计检查校正。

6.60% 乙醇。

二、器材

1.分析天平

2.UNICO 7200 型可见光分光光度计、比色皿

3.试管和试管架

4.恒温水浴锅

5.漏斗、定性滤纸

6.100 mL 锥形瓶

7.容量瓶

8.移液管

9.电磁炉

三、实验材料

绿茶

【实验操作】

一、样品提取

取2个100 mL锥形瓶，编号。分别量取20 mL蒸馏水置于锥形瓶内，并将锥形瓶在30 ℃和80 ℃恒温水浴锅中保温；准确称取0.1 g茶叶样品2份，分别置于已预热的锥形瓶中，摇匀。5 min后取出冷却至室温备用。

二、样品制备

将茶叶浸出液迅速滤入50 mL容量瓶中，用蒸馏水定容，作为待测液备用。

三、样品中茶多酚含量测定

取7支洁净干燥试管，按下表平行操作。其中1～3号管为30 ℃提取的待测液，4～6号管为80 ℃提取的待测液。

操作	管号						
	0	1	2	3	4	5	6
30 ℃茶叶提取液 /mL	—	0.2	0.2	0.2	—	—	—
80 ℃茶叶提取液 /mL	—	—	—	—	0.2	0.2	0.2
蒸馏水 /mL	1	0.8	0.8	0.8	0.8	0.8	0.8
酒石酸亚铁溶液 /mL	1	1	1	1	1	1	1
磷酸盐缓冲液 /mL	3	3	3	3	3	3	3
混匀，以0号管为空白对照，在540 nm处测定吸光值							
A_{540}							

四、氨基酸标准曲线的制作

取6支洁净、干燥的玻璃试管，按照下表操作：

操　作	管　号					
	0	1	2	3	4	5
标准氨基酸溶液 /mL	—	0.2	0.4	0.6	0.8	1.0
标准氨基酸含量 / μg	0	20	40	60	80	100
蒸馏水 /mL	1	0.8	0.6	0.4	0.2	—
乙醇 /mL	1	1	1	1	1	1
茚三酮显色液 /mL	1	1	1	1	1	1
反应条件	充分混匀后,沸水浴中保温 15 min					
60% 乙醇溶液 /mL	3	3	3	3	3	3
混匀,以 0 号管为空白对照,在 570 nm 处比色测定吸光值						
A_{570}						

五、样品中氨基酸含量的测定

取 7 支洁净、干燥的玻璃试管,按照下表进行操作。其中 1～3 号管为 30 ℃提取样品,4～6 号管为 80 ℃提取样品。

操　作	管　号						
	0	1	2	3	4	5	6
30 ℃茶叶提取液 /mL	—	1	1	1	—	—	—
80 ℃茶叶提取液 /mL	—	—	—	—	1	1	1
蒸馏水 /mL	1	—	—	—	—	—	—
乙醇 /mL	1	1	1	1	1	1	1
茚三酮显色液 /mL	1	1	1	1	1	1	1
反应条件	充分混匀后,沸水浴中保温 15 min						
60% 乙醇溶液 /mL	3	3	3	3	3	3	3
混匀,1 h 内,以 0 号管为空白对照,在 570 nm 处比色测定吸光值							
A_{570}							

根据样品的 A_{570} 平均值在标准曲线上查得或计算出 1 mL 茶叶提取液的氨基酸含量(μg)。

【实验结果】

1.茶叶中茶多酚含量以质量百分率表示，按下式计算：

$$茶多酚含量(\%) = \frac{A \times 3.914 \times V}{1000 \times M \times V_1} \times 100\%$$

式中：A 为茶叶中茶多酚的吸光值；

$\quad\quad V$ 为茶叶提取液定容的总体积（mL）；

$\quad\quad V_1$ 为测定时吸取的提取液的体积（mL）；

$\quad\quad M$ 为称取茶叶的质量（g）；

$\quad\quad$ 3.914 为用 1 cm 比色皿，当吸光值为 1 时，茶多酚的浓度为 3.914 mg/mL；

$\quad\quad$ 1000 为 g 与 mg 换算倍数关系。

2.茶叶中氨基酸含量

$$氨基酸含量(mg/100\,g) = \frac{m \times V_1}{V_2 \times M \times 1000} \times 100$$

式中：m 为通过吸光值测定，1 mL 待测液茶叶中氨基酸的含量（μg）；

$\quad\quad V_1$ 为茶叶提取液定容的总体积（mL）；

$\quad\quad V_2$ 为茶叶提取液测定时所取的体积（mL）；

$\quad\quad M$ 为称取茶叶的质量（g）；

$\quad\quad$ 1000 为 mg 与 μg 换算倍数关系；

$\quad\quad$ 100 为 100 g 茶叶。

【注意事项】

1.待测样品在缓冲体系中与酒石酸亚铁或茚三酮溶液进行的反应需充分混匀。

2.如果茶叶提取液中混入还原性物质，将对反应有干扰，应设法除去。

3.严格控制提取时间，迅速过滤，并立即定容。

4.茚三酮与氨基酸反应生成的紫色化合物在 1 h 内稳定。

【思考题】

1.茶多酚含量的测定有几种方法？有何特点？

2.茚三酮比色测定氨基酸含量的原理是什么？查阅资料，看还有哪些方法可以测定氨基酸含量。列举出两种方法，并比较优缺点。

【参考文献】

［1］王镜岩，朱圣庚，徐长法.生物化学教程[M].北京：高等教育出版社，2016.

［2］张正竹.茶叶生物化学实验教程[M].北京：中国农业出版社，2009.

［3］李俊，张太平，杨永华.高级生物化学实验[M].北京：科学出版社，2012.

第十一章　蛋白质

实验十三　蛋白质两性性质与等电点的测定

【目的和要求】

1.了解蛋白质的两性解离性质及等电点。

2.学习通过聚沉测定蛋白质等电点的方法。

【实验原理】

蛋白质由氨基酸组成。蛋白质分子除两端游离的氨基和羧基可解离外，其侧链上的某些酸性基团或碱性基团，如酚基、巯基、胍基、咪唑基等基团，在一定溶液pH条件下，可解离成相应的带负电荷或带正电荷的基团，因此，蛋白质是两性电解质。其解离存在着下列平衡：

$$\text{Pr} \begin{smallmatrix} \text{NH}_3^+ \\ \text{COOH} \end{smallmatrix} \quad \underset{\text{H}^+}{\overset{\text{OH}^-}{\rightleftharpoons}} \quad \text{Pr} \begin{smallmatrix} \text{NH}_3^+ \\ \text{COO}^- \end{smallmatrix} \quad \underset{\text{H}^+}{\overset{\text{OH}^-}{\rightleftharpoons}} \quad \text{Pr} \begin{smallmatrix} \text{NH}_2 \\ \text{COO}^- \end{smallmatrix}$$

（pH<pI）　　　　　　　　　（pH=pI）　　　　　　　　　（pH>pI）

蛋白质解离成阳离子　　　　蛋白质解离成兼性离子　　　　蛋白质解离成阴离子
电场中：移向阴极　　　　　　电场中：不移动　　　　　　　电场中：移向阳极

当溶液的pH值大于蛋白质的等电点时，蛋白质为带负电荷的阴离子；反之，当溶液的pH值小于蛋白质的等电点时，蛋白质为带正电荷的阳离子。调节溶液的pH使蛋白质分子的酸性解离与碱性解离相等，即蛋白质分子上面所带的正电荷数等于负电荷数时，净电荷为零，称为兼性离子或中性离子，此时溶液的pH称为该蛋白质的等电点（isoelectric point，pI）。在等电点时，蛋白质的溶解度和黏度急剧下降，容易聚集沉淀。当蛋白质处在非等电点的pH值溶液中时，由于蛋白质分子带有同种电荷而相互排斥，所以不易沉淀析出；溶液的pH值越靠近等电点，沉淀越多；越远离等电点，沉淀越少，直至消失。

本实验用醋酸与酪蛋白溶液中的醋酸钠配成各种不同pH值的缓冲液，观察酪蛋白在这些pH值溶液中的溶解度，当出现酪蛋白的析出沉淀量最多时，说明该缓冲液中的pH

值即为酪蛋白的等电点。

【试剂和器材】

一、试剂

1. 1 mol/L乙酸溶液

吸取99.5%乙酸（相对密度为1.05）5.75 mL，加水至100 mL。

2. 0.1 mol/L乙酸溶液

吸取1 mol/L乙酸10 mL，加水至100 mL。

3. 0.01 mol/L乙酸溶液

吸取0.1 mol/L乙酸10 mL，加水至100 mL。

4. 0.02 mol/L NaOH溶液

称取NaOH 4.000 g，加水至100 mL，配成1 mol/L的NaOH。然后量取1 mol/L的NaOH 2 mL加水至100 mL，配成0.02 mol/L NaOH。

5. 0.02 mol/L盐酸

吸取37.2%（相对密度为1.19）盐酸8.34 mL，加水至100 mL，配成1 mol/L的盐酸，然后吸取1 mol/L的盐酸2 mL，加水至100 mL，配成0.02 mol/L盐酸。

6. 0.01%溴甲酚绿指示剂

称取溴甲酚绿5 mg，溶于0.29 mL 1 mol/L的NaOH溶液，然后加水定容至50 mL。

7. 0.5%酪蛋白溶液（以0.01 mol/L氢氧化钠溶液做溶剂）。

8. 0.5%酪蛋白醋酸钠溶液

称取纯酪蛋白（干酪素）0.25 g，放入一50 mL的小烧杯中（烧杯要干燥，以免酪蛋白沾在壁上），加水20 mL，搅匀，再准确加入1 mol/L的NaOH溶液5 mL，搅拌使酪蛋白溶解后，准确加入1 mol/L乙酸5 mL，搅匀后转入50 mL容量瓶中，加蒸馏水稀释定容至50 mL，充分摇均。

二、器材

1. 试管
2. 试管架
3. 刻度吸量管
4. 胶头滴管

【实验操作】

一、蛋白质的两性反应

1. 取1支试管，加入0.5%的酪蛋白溶液1 mL，再加溴甲酚绿指示剂5滴，摇匀。此时溶液呈蓝色，无沉淀产生。

2. 用胶头滴管慢慢加入0.02 mol/L盐酸，边加边摇，直到有大量沉淀生成。此时溶液的pH值接近酪蛋白的等电点。观察溶液颜色的变化。

3.继续滴加0.02 mol/L盐酸，沉淀会逐渐减少直至消失。观察此时溶液颜色的变化。

4.缓慢滴加0.02 mol/L NaOH溶液进行中和，观察沉淀又出现。继续滴加0.02 mol/L NaOH溶液，沉淀又逐渐消失。观察溶液颜色的变化。

二、酪蛋白等电点的测定

1.取7支相同规格的试管，编号后按下表精确地加入各试剂进行操作。

操　作	管　号						
	1	2	3	4	5	6	7
1.00 mol乙酸溶液/mL	1.6	0.8	0	0	0	0	0
0.10 mol乙酸溶液/mL	0	0	4	1	0	0	0
0.01 mol乙酸溶液/mL	0	0	0	0	2.5	1.25	0.62
蒸馏水/mL	2.4	3.2	0	3	1.5	2.75	3.38
溶液最终pH	3.5	3.8	4.1	4.7	5.3	5.6	5.9
各管充分混合均匀							
0.5%酪蛋白乙酸钠溶液/mL	1.0	1.0	1.0	1.0	1.0	1.0	1.0
反应条件	在室温下静置20 min						
沉淀出现的情况							

2.充分摇匀后，立刻仔细观察各管的混浊程度，静置约20 min后，再观察其沉淀情况，以—、+、++、+++、++++符号表示沉淀的多少，根据观察的结果，指出哪一个pH值是酪蛋白的等电点（显著混浊或下部沉淀最多，上部溶液清亮一管的pH值，即为酪蛋白的等电点）。

【结果处理】

1.对蛋白质的两性反应中各步溶液颜色变化及沉淀出现与消失的原因加以解释。

2.描述酪蛋白等电点的测定实验中各管的状况，并指出酪蛋白的等电点。

【注意事项】

1.缓冲液的pH必须准确，故在使用刻度吸量管前应清楚每一刻度所代表的体积。

2.酪蛋白乙酸钠溶液每加一管后，立即摇匀，要随加随摇。

【思考题】

1.为什么说蛋白质是两性电解质？何谓蛋白质的等电点？

2.在等电点状态下，为什么蛋白质的溶解度最低？请结合你的实验结果和蛋白质的胶体性质加以说明。

3.该方法测定蛋白质等电点的原理是什么？

4.在本实验中，酪蛋白处于等电点时从溶液中沉淀析出，所以说凡是蛋白质在等电点时必然沉淀出来，这个结论对吗？为什么？请举例说明。

5.利用蛋白质沉淀反应的原理，如何用最简便的方法定性地检测牛奶中含有大量的非蛋白氮（如三聚氰胺)?

6.溴甲酚绿指示剂的变色范围及变色原理是什么？

【参考文献】

［1］北京大学生物系生物化学教研室.生物化学实验指导[M].北京：高等教育出版社，1979.

［2］李建武，萧能庆.生物化学实验原理和方法[M].北京：北京大学出版社，1994.

实验十四　蛋白质的沉淀、变性反应

【目的和要求】

1. 加深对蛋白质胶体性质以及蛋白质胶体溶液稳定因素的认识。
2. 区分蛋白质可逆的盐析沉淀作用及不可逆的沉淀作用。
3. 了解沉淀蛋白质的几种方法及其实用意义。
4. 了解蛋白质变性与沉淀的关系。

【实验原理】

蛋白质在某些物理和化学因素作用下其特定的空间构象被改变，从而导致其理化性质的改变和生物活性的丧失，这种现象称为蛋白质变性（protein denaturation）。影响蛋白质胶体分子稳定的因素有三：蛋白质分子的大小、所带电荷的性质和水化作用。蛋白质在水溶液中和亲水胶体溶液相类似，其分子表面形成水化层和双电层，因此成为稳定的胶体颗粒。但是这种稳定性是有条件的、相对的，如果改变溶液中蛋白质分子的电荷密度（即溶液的 pH 值）或蛋白质分子的水合程度（即溶液中的盐浓度），可以使蛋白质颗粒失去电荷，脱水，丧失其胶体稳定性，甚至变性，而从溶液中聚集沉淀，这种作用称为蛋白质的沉淀反应。

沉淀反应分为可逆沉淀和不可逆沉淀，两者在蛋白质的纯化和临床生化上都被广泛应用。在可逆沉淀反应中，蛋白质分子的结构并没有发生显著的变化，除去引起沉淀的因素后，蛋白质的沉淀仍能溶解于原来的溶剂中，并保持其天然性质而不变性。如大多数蛋白质的盐析作用或在低温下用乙醇（或丙酮）短时间作用于蛋白质。在不可逆沉淀反应中，蛋白质分子内部结构发生重大改变，蛋白质常变性而沉淀析出，不再溶于原来的溶剂中。加热造成的蛋白质沉淀与凝固，蛋白质与重金属离子、某些有机酸、无机酸、生物碱的反应都属于不可逆沉淀。值得注意的是，有时由于维持蛋白质胶体分子的稳定条件依然存在（如电荷），蛋白质虽已变性，但并不一定都表现为沉淀，而沉淀的蛋白质也未必都已变性。

1. 蛋白质的盐析作用

在高浓度中性盐（硫酸铵、硫酸钠、氯化钠等）存在下，蛋白质分子表面的水化层被破坏，同时其表面的电荷被中和，蛋白质的胶体稳定性遭到破坏而沉淀析出。当降低中性盐浓度时，沉淀又能溶解，故此过程是可逆的，析出的蛋白质仍然保持天然活性。该沉淀反应常用于分离、纯化蛋白质，如卵清球蛋白在加硫酸铵至半饱和度时沉淀析出，当加至饱和时清蛋白沉淀溶解。

2. 重金属沉淀蛋白质

当蛋白质溶液 pH 值大于其等电点时，蛋白质分子带负电荷，能和带正电荷的金属离子形成蛋白质盐。而由重金属离子（如 Pb^{2+}、Cu^{2+}、Hg^{2+} 及 Ag^+ 等）与蛋白质结合生成的盐不溶于水而沉淀析出（但由醋酸铅和硫酸铜形成的不溶性蛋白质盐，能溶解在过量的醋酸铅和硫酸铜溶液中）。这就是鸡蛋清可以解毒的依据，而且由于重金属盐类沉淀蛋白质通常比较完全，因此在临床生化检验中，常用重金属盐除去液体中的蛋白质。

3.有机酸沉淀蛋白质

当蛋白质溶液中加入有机酸后，蛋白质分子带正电荷，于是和带负电荷的有机酸根形成不溶性盐。如临床上常用三氯醋酸除去蛋白质来制备无蛋白滤液。

4.生物碱试剂沉淀蛋白质

凡能使生物碱沉淀或与生物碱作用生成有色产物的物质称为生物碱试剂，如鞣酸、苦味酸和磷钨酸等。生物碱是植物中具有显著生理作用的一类含氮的碱性物质。当蛋白质溶液 pH 值小于其等电点时，蛋白质分子带正电荷，能与带负电荷的生物碱试剂结合生成盐而沉淀。

5.有机溶剂沉淀蛋白质

可与水混合的有机溶剂，如酒精、甲醇、丙酮等，对水的亲和力很大，能破坏蛋白质颗粒的水化膜，在等电点时使蛋白质沉淀。在常温下，有机溶剂沉淀蛋白质往往引起变性。例如酒精消毒灭菌就是依据此原理。但若在低温条件下，则变性进行得较缓慢，可用于分离制备各种血浆蛋白质。

6.加热沉淀蛋白质

蛋白质的热变性是日常生活中最常见的一种蛋白质变性。热变性一般是不可逆的，往往发生沉淀和凝集现象。大多数蛋白质在加热时，由于空间结构被破坏而丧失其稳定性，因此变性凝固。通常热变性只涉及非共价键的变化，但在某些蛋白质中，热变性促使二硫键的断裂。蛋白质的热变性反应与加热时间平行，并随温度的升高而加快。加热时，离子强度及溶液酸碱度对蛋白质的凝固有很大影响。处于等电点状态的蛋白质加热时凝固最完全、最迅速。在强酸、强碱溶液中，蛋白质分子带有正电荷或负电荷，虽加热也不凝固。但溶液中若同时有足量的中性盐存在，则蛋白质可因加热而凝固。

【试剂、器材和实验材料】

一、试剂

1.5%蛋白质溶液

在鸡蛋尖端轻轻敲开一个小孔，取出 10 mL 蛋清，置于一 250 mL 烧杯中，加入 200 mL 蒸馏水，充分混匀后，用玻璃纸封口，放入冰箱过夜，用四层纱布过滤。

2.饱和硫酸铵溶液

3.硫酸铵晶体

4.2%$AgNO_3$溶液

5.5%$CuSO_4$溶液

6.饱和$CuSO_4$溶液

7.10%三氯乙酸溶液

8.1%磺基水杨酸溶液

9.5%鞣酸溶液

10.饱和苦味酸溶液

11.pH 4.7乙酸-乙酸钠缓冲溶液

12.0.1 mol/L氢氧化钠溶液

13.0.1 mol/L盐酸

14.95%乙醇

15.甲基红指示剂

16.0.1 mol/L乙酸溶液

17.0.05 mol/L碳酸钠溶液

18.0.1%乙酸溶液

19.1%乙酸溶液

20.10%乙酸溶液

21.10%氢氧化钠溶液

22.饱和氯化钠溶液

23.0.1%氢氧化钠溶液

二、器材

1.试管

2.刻度吸管

3.玻璃漏斗

4.滤纸

三、实验材料

新鲜鸡蛋

【实验操作】

一、蛋白质盐析作用

1.吸取4 mL蛋白质溶液置于一试管中，加入4 mL饱和硫酸铵溶液，微微摇动试管，使溶液混匀，静置10 min，出现球蛋白沉淀。倒出一半混浊液，加入少量蒸馏水，观察沉淀是否溶解。

2.用小漏斗过滤上述剩余浑浊液，滤液中加入硫酸铵晶体，边加边摇，直至不再溶解，析出的为清蛋白。再加水稀释，观察是否溶解。

二、重金属盐沉淀蛋白质

1.取2支试管，编号，各加入蛋白质溶液1 mL。

2.在1号管中滴加2～3滴5%$CuSO_4$溶液，振荡试管，观察所生成的沉淀。倒掉一半沉淀，在留下的沉淀中滴加饱和$CuSO_4$溶液，观察沉淀的溶解。

3.在2号管中滴加2～3滴2%$AgNO_3$溶液，振荡试管，观察所生成的沉淀。放置片刻，倾去上清液，向沉淀中加入少量的蒸馏水，观察沉淀是否溶解。

三、有机酸沉淀蛋白质

1. 取 2 支试管，编号，各加入蛋白质溶液 1 mL。

2. 在 1 号管中加数滴 10% 三氯乙酸溶液，振荡试管，观察现象。

3. 在 2 号管中加数滴 1% 磺基水杨酸溶液，振荡试管，观察现象。

4. 将 2 支试管放置片刻，倾出上清液，向沉淀中加入少量蒸馏水，观察沉淀是否溶解。

四、生物碱试剂沉淀蛋白质

取 2 支试管，各加 2 mL 蛋白质溶液及 1% 乙酸溶液 4～5 滴，向一管中加 5% 鞣酸溶液数滴，另一管内加饱和苦味酸溶液数滴，观察现象。

五、有机溶剂沉淀蛋白质

1. 取 3 支试管，编号，按下表顺序加入试剂：

操　作	管　号		
	1	2	3
5% 蛋白质溶液 /mL	1.0	1.0	1.0
pH4.7 乙酸-乙酸钠缓冲溶液 /mL	1.0	—	—
0.1 mol/L 氢氧化钠 /mL	—	1.0	—
0.1 mol/L 盐酸 /mL	—	—	1.0
95% 乙醇 /mL	1.0	1.0	1.0

2. 摇匀后观察各管有何变化。在室温下放置 5 min，向各管内加入蒸馏水 8 mL，然后在第 2、3 号管中各加入一滴甲基红指示剂，再分别用 0.1 mol/L 乙酸溶液及 0.05 mol/L 碳酸钠溶液中和。观察各管颜色的变化和沉淀的生成。每管再加 0.1 mol/L 盐酸溶液数滴，观察沉淀的再溶解。解释各管发生的全部现象。

3. 在冰浴中重复以上实验，观察比较室温下与冰浴中两组实验沉淀出现的快慢与变化情况。

六、加热沉淀蛋白质

1. 取 5 支试管，编号并按下表顺序操作，各管加完蒸馏水后先停下来，混匀，仔细观察各管沉淀出现的先后及沉淀物的多少，并记录。

2. 然后放入沸水浴中加热 10 min，注意观察比较并记录各管的沉淀情况。其中 2 号管溶液接近于蛋白质等电点，最不稳定，最先沉淀；其次是 1 号管；3 号管和 4 号管因在较强的酸或碱的环境下，蛋白质带有大量的电荷，虽然加热也不沉淀；5 号管虽也在酸性条件下，但由于加入了少许饱和氯化钠溶液，立即出现白色沉淀。

3. 对 2～5 号管分别用相应浓度的 NaOH 溶液或 HAc 溶液中和，观察各管沉淀变化情况，并记录。

4.对2～5号管分别继续滴加相应浓度的NaOH溶液或HAc溶液，使各管中和过量，观察各管沉淀变化情况，并记录。

管号	操作							实验现象			
	蛋白质溶液/mL	0.1%HAc/d	10%HAc/d	饱和NaCl/d	10%NaOH/d	蒸馏水/d	中和时加/d	混匀后	加热后	中和后	中和过量
1	1.0	—	—	—	—	15	—				
2	1.0	10	—	—	—	5	10 d 0.1% NaOH				
3	1.0	—	10	—	—	5	10 d 10% NaOH				
4	1.0	—	—	—	5	10	5 d 10% HAc				
5	1.0	—	10	5	—	—	10 d 10% NaOH				

注：d为滴加单位"滴"。

【结果处理】

仔细观察比较每一个实验的现象及变化情况，记录下来，并解释原因。

【注意事项】

1.本实验受离子影响较大，实验前试管必须洗干净，尤其是加热沉淀反应实验用的试管洗净后还需烘干。

2.在做重金属沉淀蛋白质时，5%$CuSO_4$溶液要逐滴加入，不可一下过量加入，否则还没等观察到沉淀，生成的沉淀就溶解了。

3.在做加热沉淀蛋白质时，所用滴管要同一规格的，使液滴大小一致，才能真正达到中和的目的。

【思考题】

1.维持蛋白质稳定的因素有哪些？

2.在蛋白质盐析作用实验中，为什么球蛋白先沉淀，而清蛋白后沉淀？

3.为什么鸡蛋清可用作铅中毒或汞中毒的解毒剂？

4.氯化汞为何能做杀菌剂？

5.在临床生化检验血糖时，为什么在测定前要用钨酸钠和硫酸处理？

6.蛋白质分子中的哪些基团可以与：

（1）重金属离子作用而使蛋白质沉淀？

（2）有机酸、无机酸作用而使蛋白质沉淀？

7.何谓生物碱、生物碱试剂？举出日常生活中生物碱沉淀蛋白质的现象。

8.制作豆腐过程中，用到哪些沉淀蛋白质的原理？

9.指出实验中哪些步骤是盐溶现象？哪些是盐析现象？

【参考文献】

［1］北京大学生物系生物化学教研室.生物化学实验指导[M].北京：高等教育出版社，1979.

［2］王镜岩，朱圣庚，徐长法.生物化学[M].北京：高等教育出版社，2002.

实验十五 蛋白质含量的测定(双缩脲法)

【目的和要求】

1.学习双缩脲法测定蛋白质的原理和方法。

2.学习正确使用可见光分光光度计。

3.了解双缩脲法测定蛋白质含量的优缺点。

【实验原理】

双缩脲是由两分子尿素经高温加热,释放出一分子的氨缩合而成的化合物。在碱性溶液中它与硫酸铜反应生成紫红色络合物,此反应即为双缩脲反应。含有两个或两个以上肽键的化合物都可以发生双缩脲反应。

蛋白质含有多个肽键,在碱性溶液中能与Cu^{2+}络合生成紫红色化合物。其颜色深浅与蛋白质的浓度成正比,在540 nm处有最大吸收峰,可以用比色法进行测定。双缩脲法最常用于需要快速但并不需要十分精确的测定。反应式如下:

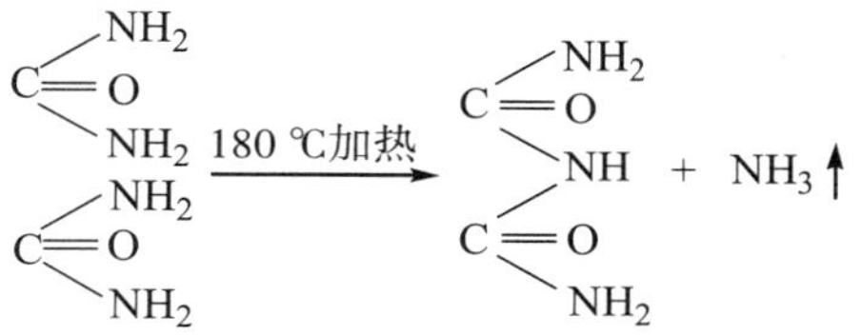

生成的紫红色铜双缩脲复合物分子结构为:

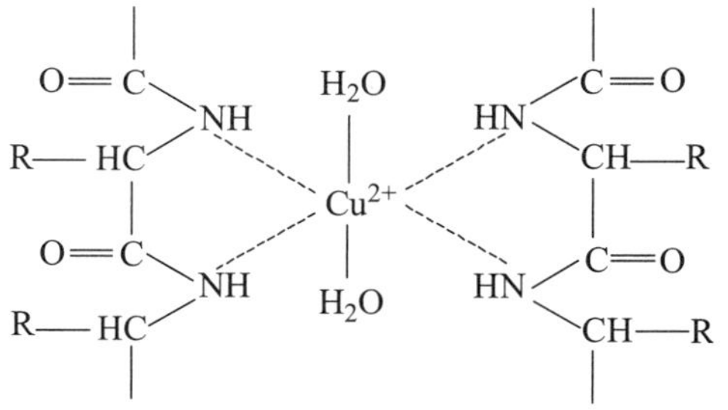

双缩脲反应主要涉及肽键,与蛋白质的氨基酸组成及相对分子质量无关,因此受蛋白质特异性影响较小,且使用的试剂价廉易得,操作简便,可测定的蛋白质浓度范围为$1\sim10$ mg/mL蛋白质,适于精度要求不太高的蛋白质含量的测定,能测出的蛋白质含量须在0.5 mg以上。双缩脲法的缺点是灵敏度差、所需样品量大。干扰此测定的物质包括在性质上是氨基酸或肽的缓冲液,如Tris缓冲液,因为它们产生阳性呈色反应,铜离子也容易被还原,有时出现红色沉淀。除—CONH—有此反应外,—CS—NH_2、—CH_2—NH_2、—CRH—NH_2、—CH_2—NH—CH_2—NH—CH_2OH、—CHOH—CH_2NH_2等基团物质也有此反应。所以说,一切二肽以上的多肽和蛋白质都可以发生双缩脲反应,但是可以发生双缩脲反应的物质不一定就是多肽或蛋白质。

【试剂、器材和实验材料】

一、试剂

1.双缩脲试剂

溶解 1.5 g 硫酸铜（$CuSO_4 \cdot 5H_2O$）和 6.0 g 酒石酸钾钠（$NaKC_4H_4O_6 \cdot 4H_2O$）于 500 mL 蒸馏水中，在搅拌下加入 300 mL 10％氢氧化钠溶液，用水稀释到 1000 mL，储存于内壁涂以石蜡的瓶内。此试剂可长期保存。

2.标准蛋白溶液

准确称取已定氮的酪蛋白（干酪素或牛血清白蛋白），用 0.05 mol/L 氢氧化钠溶液配制成 5 mg/mL，冰箱存放备用。

3.待测卵清稀释液

取一只鸡蛋，在尖端敲开一小口，量取 15 mL 蛋清溶于 35 mL 0.9％氯化钠溶液中，搅拌均匀后，取出 1.0 mL，用 0.9％氯化钠溶液稀释至 500 mL，混匀后储存在冰箱中。测试其他蛋白质样品应稀释适当倍数，使其浓度在标准曲线测试范围（1.0～10 mg/mL）内。

二、器材

1.试管

2.试管架

3.吸量管

4.恒温水浴

5.UNICO 7200 型可见光分光光度计（上海 UNICO）和比色皿

三、实验材料

新鲜鸡蛋

【实验操作】

一、制作标准曲线

取 7 支干燥洁净试管，按下表操作：

操作	管号						
	0	1	2	3	4	5	6
标准酪蛋白溶液（5 mg/mL）/mL	0.0	0.4	0.8	1.0	1.2	1.6	2.0
蛋白质含量 /mg	0	2	4	5	6	8	10
蒸馏水 /mL	2.0	1.6	1.2	1.0	0.8	0.4	0.0
双缩脲试剂 /mL	4.0	4.0	4.0	4.0	4.0	4.0	4.0
反应条件	充分混匀后，室温下（20～25 ℃）放置 30 min						
A_{540}							

以各管的A_{540}为纵坐标、蛋白质含量为横坐标，绘制标准曲线。

二、样品测定

取4支试管，按下表平行操作：

操　作	管　号			
	0	7	8	9
卵清稀释液/mL	0.0	1.0	1.0	1.0
蒸馏水/mL	2.0	1.0	1.0	1.0
双缩脲试剂/mL	4.0	4.0	4.0	4.0
反应条件	充分混匀后，室温下（20～25 ℃）放置 30 min			
A_{540}				

根据样品的A_{540}平均值在标准曲线上查出蛋白质含量（mg）。

【结果处理】

$$蛋清样品中蛋白质含量（g/100 mL蛋清）= \frac{Y \times N}{V} \times 10^{-3} \times 100$$

式中，Y为标准曲线查得的蛋白质含量（mg）；N为蛋清的稀释倍数；V为蛋清样品所取的体积（mL）。

【注意事项】

1. 本实验方法测定范围为1～10 mg蛋白质。

2. 须于显色后30 min内比色测定。30 min后，可能会有雾状沉淀发生。各管由显色到比色的时间应尽可能一致。

3. 有大量脂肪性物质同时存在时，会产生浑浊的反应混合物，这时可用乙醇或石油醚使溶液澄清后离心，取上清液再测定。

4. 在测定卵清蛋白含量时，为了得到准确的结果，尽量多取些卵清来配制；在配制样品溶液时需用0.9%氯化钠溶液溶解、稀释，因为低盐溶液促进蛋白质的溶解。

【思考题】

1. 干扰本实验的因素有哪些？

2. 为什么双缩脲法受蛋白质特异性影响小？

3. 写出蛋白质中可以与双缩脲试剂反应的化学基团的名称及其化学结构。

4. 如果蛋白质水解作用一直进行到双缩脲反应呈阴性结果，此时对水解作用进行的程度做何判断？

5. 作为标准蛋白质在应用时有何要求？

6. 比色测定的操作要点是什么？基本原理是什么？

7. 可见光分光光度计的原理及使用时的注意事项是什么？

8.比色测定时为什么要设计空白管？

【参考文献】

［1］ Levin R，Brauer R W. The biuret reaction for the determination of proteins： An improved reagent and its application[J]. Lab Clin Med，1951，38：474

［2］ 张龙翔，张庭芳，李令媛.生化实验方法和技术[M].北京：高等教育出版社，1996.

［3］ 北京大学生物系生物化学教研室.生物化学实验指导[M].北京：高等教育出版社，1979.

［4］ 李建武，萧能庆.生物化学实验原理和方法[M].北京：北京大学出版社，2004.

［5］ 陈毓荃.生物化学实验方法和技术[M].北京：科学出版社，2002.

实验十六　蛋白质含量的测定（Folin-酚法）

【目的和要求】

1. 掌握 Folin-酚法测定蛋白质的原理和操作要点。
2. 了解 Folin-酚法测定蛋白质的特点及适用范围。
3. 正确使用可见光分光光度计。

【实验原理】

蛋白质浓度可以从它们的物理化学性质，如折射率、相对密度、紫外吸收等测定而得知；或用化学方法，如定氮、双缩脲反应、Folin-酚试剂反应等方法来求算。其中双缩脲法和 Folin-酚法是常用方法。

Folin-酚法是双缩脲法的发展，包括两步反应：第一步，在碱性条件下，碱性铜试剂与蛋白质中的肽键作用产生双缩脲反应，形成蛋白质-铜络合物；第二步，加入 Folin-酚试剂后，在碱性条件下，铜-蛋白质络合物上的酚类基团极不稳定，很容易还原酚试剂中的磷钨酸和磷钼酸，使之生成磷钨蓝和磷钼蓝混合物。在 660 nm 处，这种溶液蓝色的深浅与蛋白质的含量成正比，所以可以用于蛋白质含量的测定。

此方法操作简便、迅速，不需要复杂而昂贵的设备。灵敏度比双缩脲法高 100 倍，定量范围通常为 20～250 μg 蛋白质，最低可达 5 μg 蛋白质。Folin-酚试剂显色反应由酪氨酸、色氨酸、半胱氨酸引起，因此样品中若含有酚类、柠檬酸和巯基化合物，均有干扰作用。此方法的缺点是有蛋白质的特异性影响，即不同的蛋白质因酪氨酸、色氨酸含量的不同而使显色强度稍有不同，标准曲线也不是严格的直线形式。此外，凡是干扰双缩脲反应的基团均可干扰 Folin-酚反应。

【试剂和器材】

一、试剂

1. Folin-酚试剂甲

将 1 g 碳酸钠溶于 50 mL 0.1 mol/L 氢氧化钠溶液中，再把 0.5 g 硫酸铜（$CuSO_4 \cdot 5H_2O$）溶于 100 mL 1% 酒石酸钾（或酒石酸钠）溶液，然后将前者 50 mL 与后者 1 mL 混合。混合后 1 日内有效。

2. Folin-酚试剂乙

在 1.5 L 容积的磨口回流瓶中加入 100 g 钨酸钠（$Na_2WO_4 \cdot 2H_2O$）、25 g 钼酸钠（$Na_2MoO_4 \cdot 2H_2O$）、700 mL 蒸馏水、50 mL 85% 磷酸及 100 mL 浓盐酸，充分混匀后回流 10 h。回流完毕，再加 150 g 硫酸锂、50 mL 蒸馏水及数滴液体溴，开口继续沸腾 15 min，以便驱除过量的溴，冷却后定容到 1000 mL。过滤，如显绿色，可加溴水数滴使氧化至溶液呈淡黄色。置于棕色瓶中暗处保存。使用前用标准氢氧化钠溶液滴定，酚酞为指示剂，以标定该试剂的酸度，一般为 2 mol/L 左右（由于滤液为浅黄色，滴定时滤液需稀释

100倍，以免影响滴定终点的观察）。使用时适当稀释（约1倍），使最后浓度为1 mol/L酸。

3. 标准蛋白质溶液

用电子天平准确称取牛（或人）血清白蛋白25 μg，用少量蒸馏水完全溶解后，转移至100 μL容量瓶中，准确稀释至刻度，使蛋白质浓度250 μg/mL。

4. 待测蛋白质溶液

人血清（稀释100倍）。测试其他蛋白质样品应稀释适当倍数，使其浓度在标准曲线测试范围（25～250 μg/mL）内。

二、器材

1. 试管

2. 试管架

3. 吸量管

4. UNICO 7200型可见光分光光度计（上海UNICO）和比色皿

【实验操作】

一、制作标准曲线

取6支干试管，按下表操作：

操 作	管 号					
	0	1	2	3	4	5
标准牛血清白蛋白溶液（250 μg/mL）/mL	0.0	0.2	0.4	0.6	0.8	1.0
蛋白质含量 /μg	0	50	100	150	200	250
蒸馏水 /mL	1.0	0.8	0.6	0.4	0.2	0.0
Folin-酚试剂甲 /mL	5.0	5.0	5.0	5.0	5.0	5.0
反应条件	充分混匀后，室温下（20～25 ℃）放置10 min					
Folin-酚试剂乙 /mL	0.5	0.5	0.5	0.5	0.5	0.5
反应条件	充分混匀后，室温下（20～25 ℃）放置30 min					
A_{660}						

各管加入Folin-酚试剂乙后，立即摇匀，放置30 min后比色，在660 nm处以0号管为对照，分别测定各管的吸光值。以吸光值为纵坐标、标准蛋白质溶液含量为横坐标，绘制标准曲线。

二、测定血清样品蛋白质含量

另取4支试管，按下表平行操作。

操　作	管　号			
	0	6	7	8
血清稀释液 /mL	0.0	1.0	1.0	1.0
蒸馏水 /mL	1.0	—	—	—
Folin-酚试剂甲 /mL	5.0	5.0	5.0	5.0
反应条件	充分混匀后，室温下（20～25 ℃）放置 10 min			
Folin-酚试剂乙 /mL	0.5	0.5	0.5	0.5
反应条件	充分混匀后，室温下（20～25 ℃）放置 30 min			
A_{660}				

根据样品的 A_{660} 平均值在标准曲线上查出血清样品的蛋白质含量（μg）。

【结果处理】

$$血清样品中蛋白质含量(g/100\ mL血清)=\frac{Y \times N}{V} \times 10^{-6} \times 100\%$$

其中，Y 为标准曲线查得的蛋白质含量（μg）；N 为血清稀释倍数；V 为血清稀释液所取的体积（mL）；10^{-6} 是从 μg 换算成 g 的倍数。

【注意事项】

1.如果在样品提取过程中混入还原性物质，如酚类物质及柠檬酸等，将对此反应有干扰，应设法除去。

2.Folin-酚法适用于微量蛋白的测定，对多个样品同时测定较为方便。但对不溶性蛋白和膜结合蛋白必须进行预处理（如加入少量的SDS）。

3.进行测定时，加 Folin-酚试剂要特别小心，因为 Folin-酚试剂仅在酸性条件下稳定，但此实验的反应只是在 pH10 的情况下发生，所以当加 Folin-酚试剂乙时，必须立即混匀，以便在磷钼酸-磷钨酸试剂被破坏之前即能发生还原反应，否则会使显色程度减弱。

4.由于 Folin-酚法受蛋白质特异性的影响，所以选用标准蛋白时，最好选择与未知待测蛋白同源性近的蛋白质，即分子结构与样品蛋白的基本一致。本实验采用的标准蛋白是牛血清白蛋白，样品是人血清。

【思考题】

1.Folin-酚法的干扰因素有哪些？

2.试比较双缩脲法和Folin-酚法测定蛋白质时的优缺点和适用范围。

3.含有什么氨基酸的蛋白质能与Folin-酚试剂呈蓝色反应？

【参考文献】

［1］张龙翔，张庭芳，李令媛.生化实验方法和技术[M].北京：高等教育出版社，1996.

［2］李建武，萧能庆.生物化学实验原理和方法[M].北京：北京大学出版社，2004.

［3］陈毓荃.生物化学实验方法和技术[M].北京：科学出版社，2002.

实验十七　蛋白质含量的测定（考马斯亮蓝法）

【目的和要求】

掌握用考马斯亮蓝（Coomassie brilliant blue）染料结合比色法测定蛋白质含量的原理和操作方法。

【实验原理】

此方法是1976年Bradform建立的。考马斯亮蓝G-250是一种染料，在游离状态下呈红色，最大吸收峰在465 nm。当它与蛋白质通过范德华力结合后，其颜色由红色转变成深蓝色，最大吸收峰变为595 nm。蛋白质含量在1～1000 μg范围内，蛋白质-染料复合物在595 nm处的吸光度与蛋白质含量成正比，符合朗伯-比尔定律，故可用比色法测定。

蛋白质-染料复合物具有很高的吸光值，因此大大提高了蛋白质测定的灵敏度，最低检出量为1 μg蛋白质。染料与蛋白质结合迅速，大约为2 min，结合物的颜色在1 h内稳定。所以本法操作简便，快速，重复性好，灵敏度高，稳定性好，是一种测定蛋白质含量的常用方法，尤其适用于样品中微量蛋白质的测定。

此方法干扰物少，研究表明：$NaCl$、KCl、$MgCl_2$、乙醇、$(NH_4)_2SO_4$均无干扰，强碱缓冲剂在测定中有一些颜色干扰，但可以用适当的缓冲液对照扣除其影响。但是，大量去污剂的存在对颜色影响太大而不易消除。

黄豆芽虽源于黄豆，但营养却更胜黄豆一筹。在所有的豆芽中，黄豆芽的营养价值最高，其蛋白质含量很高，本实验利用考马斯亮蓝染料法测定黄豆芽中的蛋白质含量。

【试剂、器材和实验材料】

一、试剂

1.标准蛋白质溶液

准确称取10 mg牛血清白蛋白（预先经微量凯氏定氮法测定蛋白质含量），溶于0.15 mol/L NaCl溶液中并定容至100 mL，制成100 μg/mL的蛋白质溶液。

2.考马斯亮蓝G-250试剂

准确称取100 mg考马斯亮蓝G-250，溶于50 mL 95%乙醇中，加入85%的磷酸100 mL，最后用去离子水定容到1000 mL，滤纸过滤。此溶液可在常温下放置一个月。

3. 0.15 mol/L NaCl溶液。

二、器材

1.试管

2.移液管

3.研钵

4.离心机

5.容量瓶

6.UNICO 7200型可见光分光光度计（上海UNICO）和比色皿

三、实验材料

新鲜黄豆芽

【实验操作】

一、制作标准曲线

取6支干燥洁净的试管，编号，按下表操作。

操 作	管 号					
	0	1	2	3	4	5
标准牛血清白蛋白溶液（100 μg/mL）/mL	0.0	0.2	0.4	0.6	0.8	1.0
蛋白质含量 /μg	0	20	40	60	80	100
0.15 mol/L NaCl 溶液 /mL	1.0	0.8	0.6	0.4	0.2	0.0
考马斯亮蓝G-250试剂 /mL	5.0	5.0	5.0	5.0	5.0	5.0
混匀，1 h内以0号试管为空白对照，在595 nm处比色						
A_{595}						

以0号管为空白对照读取各管吸光值后，以蛋白质含量为横坐标（μg），以吸光值为纵坐标，在坐标纸上绘制标准曲线。

二、黄豆芽蛋白的提取

准确称取黄豆芽下胚轴1 g，放入研钵中，加入0.15 mol/L NaCl溶液2 mL，研磨匀浆。将匀浆转入离心管，并用6 mL NaCl溶液分次将研钵中的残渣洗入离心管，4000 r/min离心20 min。将上清液转入50 mL容量瓶中，用0.15 mol/L NaCl溶液定容至刻度，作为待测液备用。

三、样品测定

另取4支试管，按下表平行操作。其中6～8号管为黄豆芽蛋白提取液：

操 作	管 号			
	0	6	7	8
黄豆芽蛋白提取液 /mL	—	1.0	1.0	1.0
0.15mol/L NaCl溶液 /mL	1.0	—	—	—
考马斯亮蓝G-250试剂 /mL	5.0	5.0	5.0	5.0
混匀，1 h内以0号试管为空白对照，在595 nm处比色				
A_{595}				

根据样品的A_{595}平均值在标准曲线上查出黄豆芽提取液蛋白质含量（μg）。

【结果处理】

$$黄豆芽蛋白质含量(mg/100\,g) = \frac{Y \times V_a}{V_x \times W} \times 10^{-3} \times 100\%$$

式中，Y 为标准曲线查得的蛋白质含量（μg）；

　　　V_a 为黄豆芽蛋白提取液的总体积（mL）；

　　　V_x 为黄豆芽蛋白提取液测定时所取的体积（mL）；

　　　10^{-3} 是从 μg 换算成 mg 的倍数；

　　　W 为称取黄豆芽下胚轴的质量（g）。

【注意事项】

1.玻璃仪器要洗涤干净。

2.取量要准确。

3.玻璃仪器要干燥，避免温度变化。

4.用被测物质以外的物质做空白对照。

5.如果测定要求很严格，可以在试剂加入后的 5～20 min 内测定吸光值，因为在这段时间内颜色最稳定。

6.测定中，蛋白质-染料复合物会有少部分吸附于比色杯壁上，实验结束后可用乙醇将蓝色的比色杯洗干净。

【思考题】

1.考马斯亮蓝法测定蛋白质含量的原理是什么？应如何克服不利因素对测定的影响？

2.根据蛋白质的呈色反应，测定蛋白质的方法还有哪几种？根据所学知识比较各种测定方法的优缺点。

3.根据下列所给的条件和要求，选择一种或几种常用蛋白质定量方法测定蛋白质浓度：

（1）样品不易溶解，但要求结果较准确；

（2）要求在半天内测定 60 个样品；

（3）要求很迅速地测定一系列试管（30 支）中溶液的蛋白质浓度。

4.实验中为什么用 0.15 mol/L NaCl 溶液提取黄豆芽蛋白质？

5.为什么标准蛋白质必须用凯氏定氮法测定纯度？

【参考文献】

［1］张龙翔，张庭芳，李令媛.生化实验方法和技术[M].北京：高等教育出版社，1996.

［2］李建武，萧能庆.生物化学实验原理和方法[M].北京：北京大学出版社，2004.

［3］陈毓荃.生物化学实验方法和技术[M].北京：科学出版社，2002.

［4］藤利荣，孟庆繁.生物学基础实验教程[M].北京：科学出版社，2008.

实验十八　牛乳中酪蛋白的提取及含量测定

【目的和要求】

1. 学习从牛乳中制备酪蛋白的原理和方法。
2. 掌握等电点沉淀法提取蛋白质的方法。
3. 学习紫外分光光度法测定蛋白质含量的原理和实验技术。
4. 掌握 UNIC UV2002 型紫外-可见分光光度计的使用方法，并了解此仪器的主要构造。

【实验原理】

酪蛋白又称干酪素，是一种高蛋白、多功能的食品添加剂，广泛应用于各类食品（尤其保健食品）及饮料中。酪蛋白是牛乳中的主要蛋白质，含量约为 35 g/L。酪蛋白是一些含磷蛋白质的混合物，等电点为 4.7。利用等电点时蛋白质溶解度最低的原理，将牛乳的 pH 调至 4.7，酪蛋白就沉淀析出。经离心、用乙醇洗涤，除去脂类杂质，便可分离得到纯净的酪蛋白。利用紫外分光光度法对其纯度进行测定。

紫外分光光度法测定蛋白质含量，是以溶液中物质的分子或离子对紫外光谱区辐射能的选择性吸收为基础而建立起来的一类分析方法。由于蛋白质中酪氨酸和色氨酸残基的苯环含有共轭双键，因此，蛋白质具有吸收紫外光的性质，其最大吸收峰位于 280 nm 附近（不同的蛋白质吸收波长略有差别）。在一定浓度范围内，蛋白质溶液在最大吸收波长处的吸光值与其浓度成正比，服从朗伯-比尔定律，利用这一特性可定量测定蛋白质的含量。

紫外吸收法可测定 0.1～1.0 mg/mL 的蛋白质溶液；此操作简便、灵敏，测定迅速；样品测定后仍能回收使用；低浓度盐类不干扰测定，例如生化制备中常用的（NH_4）$_2SO_4$ 和大多数缓冲液不干扰测定，特别适用于柱层析洗脱液的快速连续检测。因此，此法在蛋白质的制备中得到广泛应用。

【试剂、器材和实验材料】

一、试剂

1. 标准蛋白质溶液
用 0.9%NaCl 溶液精确配制成 1 mg/mL 的酪蛋白溶液。

2. 0.9% 氯化钠溶液。

3. 95% 乙醇。

4. 无水乙醚。

5. 0.2 mol/L pH4.7 醋酸-醋酸钠缓冲液：
A 液：称取 $NaAc \cdot 3H_2O$ 27.22 g，定容至 1000 mL，得 0.2 mol/L 醋酸钠溶液。
B 液：称取优级纯醋酸（含量大于 99.8%）12.0 g 定容至 1000 mL，得到 0.2 mol/L 醋

酸溶液。

量取 A 液 885 mL、B 液 615 mL，混合后即得 pH 4.7 的醋酸–醋酸钠缓冲液 1500 mL。最好再用酸度计校正溶液的 pH 值。

6.乙醇–乙醚混合液：V（乙醇）∶V（乙醚）=1∶1。

二、器材

1.试管及试管架

2.吸量管

3.恒温水浴

4.离心机

5.布氏漏斗

6.真空泵

7.酸度计

8.电炉

9.烧杯

10.温度计

11.表面皿

12.电子天平

13.UNIC UV2002 型紫外–可见分光光度计和石英比色皿

三、实验材料

新鲜牛奶

【实验操作】

一、绘制标准曲线

取 8 支试管按下表加入各种试剂。试剂加完后摇匀，在紫外分光光度计上，于 280 nm 处以 0 号管为对照，分别测定各管溶液的吸光值。以吸光值为纵坐标、蛋白质含量为横坐标，绘制出标准曲线。

操　作	管　号							
	0	1	2	3	4	5	6	7
标准酪蛋白溶液 /mL （1 mg/mL）	0.0	0.1	0.2	0.4	0.5	0.6	0.8	1.0
蛋白质含量 /mg	0.0	0.1	0.2	0.4	0.5	0.6	0.8	1.0
0.9%NaCl /mL	5.0	4.9	4.8	4.6	4.5	4.4	4.2	4.0
A_{280}								

二、酪蛋白的提取

1.酪蛋白的粗提

量取 100 mL 牛奶，在恒温水浴中加热至 40 ℃。在搅拌下慢慢倾入预热至 40 ℃、pH 4.7 的醋酸–醋酸钠缓冲液 100 mL。用酸度计调 pH 至 4.7。将上述悬浮液冷却至室温，3000 r/min 离心 15 min。弃去上清液，得酪蛋白粗制品。

2.酪蛋白的纯化

（1）用蒸馏水洗涤沉淀 3 次，3000 r/min 离心 10 min，弃去上清液。

（2）沉淀中加入 30 mL 95%乙醇，搅拌片刻，将全部悬浊液转移至布氏漏斗中抽滤。用乙醇–乙醚混合液洗涤沉淀 2 次。最后用乙醚洗涤沉淀 2 次，抽干。

（3）将沉淀摊开在表面皿上，风干，即得酪蛋白纯品。准确称重，计算含量和得率。

三、酪蛋白纯度的测定

1.酪蛋白样品的配制

准确称取酪蛋白提取品 5.0 mg，用少量 0.9%NaCl 溶液溶解后定容至 10 mL，配制成约 0.5 mg/mL 的酪蛋白样品溶液。

2.另取 4 支试管，按下表平行操作，在 280 nm 下测定各管的吸光值。

操　作	管　号			
	0	8	9	10
酪蛋白样品溶液 /mL	—	1.0	1.0	1.0
0.9%NaCl /mL	5.0	4.0	4.0	4.0
A_{280}				

根据酪蛋白样品的吸光值，在标准曲线中查出样品溶液的蛋白质含量（mg）。

【实验结果】

1.酪蛋白含量：g/100 mL 牛乳（%）

2.得率 $= \dfrac{测得含量}{理论含量} \times 100\%$

3.酪蛋白纯度(%) $= \dfrac{Y \times V_a}{V_x \times W} \times 10^{-3} \times 100\%$

式中，理论含量为 3.5 g/100 mL 牛乳；

Y 为标准曲线查得的蛋白质含量（mg）；

V_a 为酪蛋白样品溶液的总体积（mL）；

V_x 为酪蛋白样品溶液测定时所取的体积（mL）；

10^{-3}是从 mg 换算成 g 的倍数；

W 为称取酪蛋白样品的质量（g）。

【注意事项】

1.由于蛋白质的紫外吸收峰常因 pH 值的改变而改变，故进行样品测定时的 pH 值最好与标准曲线制作时的 pH 值一致。

2.溶液一定要配制准确，以防影响实验效果，保证点在一条直线上。

3.在实际操作中，比色皿在使用中应注意保持干净，更不能触摸比色皿的光面，以防摩擦影响透光。

4.若样品中含有嘌呤、嘧啶等核酸类吸收紫外光的物质，在 280 nm 处测量蛋白质含量时，会有较大的干扰。核酸在 260 nm 处的光吸收比 280 nm 更强，但蛋白质却恰恰相反，因此可利用 280 nm 及 260 nm 的吸收差来计算蛋白质的含量。常用下列经验公式计算：

蛋白质浓度（mg/mL）$=1.45A_{280}-0.74A_{260}$

（A_{280} 和 A_{260} 分别为蛋白质溶液在 280 nm 和 260 nm 处测得的吸光值）

还可以通过下述经验公式直接计算出溶液中蛋白质的含量：

蛋白质浓度（mg/mL）$=F\times A_{280}\times D\times 1/d$

其中：A_{280} 为蛋白质溶液在 280 nm 处测得的吸光值；d 为石英比色皿的厚度（cm）；D 为溶液的稀释倍数；F 为校正因子。

5.紫外分光光度法的特点是测定蛋白质含量的准确度较差，干扰物质多，在用标准曲线法测定蛋白质含量时，对那些与标准蛋白质中酪氨酸和色氨酸含量差异大的蛋白质，有一定的误差，即该法最好用于测定与标准蛋白质氨基酸组成相似的蛋白质。本实验选择已知纯度的酪蛋白为标准蛋白。

6.由于本法是应用等电点沉淀法来制备蛋白质，故调节牛奶液的等电点一定要准确。最好用酸度计测定。

7.纯化过程中所用的乙醚是挥发性、有毒的有机溶剂，最好在通风橱内操作。

8.目前市面上出售的牛奶是经过加工的奶制品，不是纯净牛奶，所以计算时应按产品的相应指标计算。

【思考题】

1.紫外分光光度法测定蛋白质的方法有何缺点及优点？受哪些因素的影响和限制？

2.紫外吸收法测定蛋白质含量的原理是什么？

3.为什么用 0.9%NaCl 溶液配制标准酪蛋白和未知样品溶液？

4.为什么选择有机溶剂洗涤蛋白质沉淀？

【参考文献】

［1］张龙翔，张庭芳，李令媛.生化实验方法和技术[M].北京：高等教育出版社，1996.

［2］李建武，萧能庆.生物化学实验原理和方法[M].北京：北京大学出版社，2004.

［3］陈毓荃.生物化学实验方法和技术[M].北京：科学出版社，2002.

［4］北京大学生物系生物化学教研室.生物化学实验指导[M].北京：高等教育出版社，1979.

［5］藤利荣，孟庆繁.生物学基础实验教程[M].北京：科学出版社，2008.

实验十九　蛋白质含量的测定（微量凯氏定氮法）

【目的和要求】

1.学习微量凯氏定氮法的原理。

2.掌握微量凯氏定氮法的操作技术，包括标准硫酸铵含氮量的测定、未知样品的消化、蒸馏、滴定及其含氮量的计算等。

【实验原理】

蛋白质是一类复杂的含氮化合物。每种蛋白质都有其恒定的含氮量，其质量分数平均约为16%，即1 g蛋白质中的氮相当于6.25 g蛋白质，因此可以通过测定含氮量推算出蛋白质的含量。

微量凯氏定氮法（Micro-Kjeldahl Method）常用于测定天然有机物的含氮量。通常先设法将有机氮转变成无机氮，再进行测定。当蛋白质与浓硫酸共热时，经一系列的分解、碳化和氧化还原反应等复杂过程，使其中的碳、氢两元素被氧化成二氧化碳和水，而氮则转变成氨，并进一步与硫酸作用生成硫酸铵。此过程通常称为"消化"。为了加速蛋白质的分解，缩短消化时间，在消化时通常加入硫酸钾、硫酸铜、过氧化氢等试剂。其中硫酸钾可以提高消化液的沸点而加快蛋白质的分解，硫酸铜起催化剂的作用，过氧化氢则作为氧化剂可以加速有机物的氧化。

消化结束后，将消化液转入凯氏定氮仪反应室，加入过量的浓氢氧化钠溶液，使消化液中的硫酸铵分解，将NH_4^+转变成游离的NH_3，借助蒸气蒸馏法，将产生的氨蒸馏到一定体积、一定浓度的硼酸溶液中，硼酸吸收氨以后，氨与溶液中的氢离子结合，使溶液中的氢离子浓度降低，引起甲基红-甲烯蓝混合指示剂颜色改变。再用标准盐酸滴定，直至恢复溶液中原来的氢离子浓度为止。根据所消耗标准盐酸的量可以计算出待测物中的总氮量，其中的氮含量包括有机氮和无机氮。将测出的含氮量乘以6.25，即得样品中蛋白质的含量。

本法适用的范围为0.2～1.0 μg氮，相对误差应小于±2%，可作为其他蛋白质测定方法的基准方法。

【试剂和器材】

一、试剂

1.浓硫酸。

2.30%氢氧化钠溶液。

3.2%硼酸溶液。

4.标准盐酸（0.01 mol/L）。

5.粉末硫酸钾-硫酸铜混合物：K_2SO_4与$CuSO_4 \cdot 5H_2O$以3∶1配比研磨混合。

6.过氧化氢。

7.混合指示剂贮备液

由 50 mL 0.1%甲烯蓝–无水乙醇溶液与 200 mL 0.1%甲基红–无水乙醇溶液混合配成，贮于棕色瓶中备用。

8.硼酸–指示剂混合液

取 100 mL 2%硼酸溶液，滴加 1 mL 混合指示剂贮备液，摇匀后溶液呈紫红色即可。

9.标准硫酸铵溶液（0.3 μg 氮/ mL）。

10.样品溶液

配制 3 mg/mL 的酪蛋白溶液作为样品（酪蛋白干粉来自实验十八的提取品）。

二、器材

1.凯氏烧瓶（50 mL）

2.表面皿

3.消化架

4.吸量管

5.量筒（10 mL）

6.微量凯氏定氮仪

7.酸式滴定管（5 mL）

8.锥形瓶（50 mL）

9.容量瓶

10.小玻璃珠

【实验操作】

1.安装凯氏定氮仪（图 11-1）

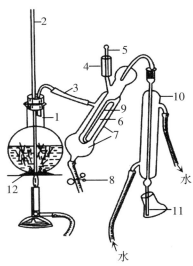

1.蒸汽发生器；2.长玻璃管；3.橡皮管；4.小玻璃杯；5.棒状玻璃塞；6.反应室；
7.反应室外壳；8.夹子；9.反应室中插管；10.冷凝管；11.锥形瓶；12.石棉网

图 11-1 微量凯氏蒸馏装置

二、消化

取4个50 mL干燥的凯氏烧瓶并编号，各加1粒玻璃珠，准确量取1 mL酪蛋白样品溶液分别置于1号瓶和2号瓶中，各加入催化剂（$K_2SO_4 - CuSO_4 \cdot 5H_2O$）200 mg，浓硫酸5 mL。注意加样品时应直接送入瓶底，不要沾在瓶口和瓶颈上。在3号瓶和4号瓶中各加1 mL蒸馏水和与1号瓶、2号瓶相同量的催化剂与浓硫酸，作为空白对照。在通风橱内进行消化。

消化开始时应控制火力，不要使黑色的泡沫冲到瓶颈。待硫酸开始分解并放出SO_2白烟后，适当加大火力。当烧瓶内由黑色物质转为浅褐色的液体时，撤火，等烧瓶冷却下来后，滴加过氧化氢。继续消化，直至消化液呈透明的淡绿色液体为止。撤掉火力，冷却至室温。适当稀释消化液。

三、蒸馏

1.洗涤凯氏定氮仪

将微量凯氏定氮仪洗涤干净，在蒸汽发生器中加入2/3体积经硫酸酸化过的蒸馏水和几滴甲基红指示剂，夹住夹子，将水加热至沸腾，洗涤整套凯氏定氮仪。约15 min后，在冷凝器下端倾斜放好装有硼酸–指示剂的锥形瓶，蒸汽继续洗涤2 min，观察锥形瓶内的溶液是否变色，如不变色则证明蒸馏装置内部已洗涤干净。移走锥形瓶，停止加热，打开夹子。

2.蒸馏

取下棒状玻塞，用吸管量取2 mL消化稀释液，细心地插到反应室小玻璃杯的下方，塞紧棒状玻璃塞。将一个含有硼酸和指示剂的锥形瓶放在冷凝器下方，使冷凝器下端浸没在液体内。取30%的氢氧化钠溶液10 mL放入小玻璃杯中，轻提棒状玻璃塞使之流入反应室（为了防止冷凝管倒吸，液体流入反应室必须缓慢提起）。尚未完全流入时，将玻璃塞盖紧，向玻璃杯中加入蒸馏水5 mL。再轻提玻璃塞，使一半蒸馏水慢慢流入反应室，一半留在玻璃杯中做水封。加热蒸汽发生器，沸腾后夹紧夹子，开始蒸馏。氨气进入锥形瓶，瓶中的硼酸溶液由紫色变成绿色。刚变色就计时，再蒸馏5 min。移动锥形瓶，使硼酸液面离开冷凝管约1 cm，并用少量蒸馏水洗涤冷凝管口外面，继续蒸馏1 min，移开锥形瓶，用表面皿覆盖锥形瓶。蒸馏完毕后，须将反应室洗涤干净，再继续下一个蒸馏操作，每个测试项目平行做三次。待样品和对照均蒸馏完毕后，同时进行滴定。

四、滴定

用0.01 mol/L的标准盐酸滴定各锥形瓶中收集的氨量，直至硼酸–指示剂混合溶液由绿色变回淡紫色，即为滴定终点。

【结果处理】

1.整理数据

测试项目	试　剂			
	各待测液用量 /mL	30%NaOH /mL	硼酸–指示剂 /mL	滴定时耗用 0.01 mol/L 标准盐酸 /mL
标准(NH$_4$)$_2$SO$_4$	2.0	10	15	
	2.0	10	15	
	2.0	10	15	
蒸馏水	2.0	10	15	
	2.0	10	15	
	2.0	10	15	
消化酪蛋白样品	2.0	10	15	
	2.0	10	15	
	2.0	10	15	
消化空白	2.0	10	15	
	2.0	10	15	
	2.0	10	15	

2.计算

$$回收率(\%) = \frac{(M-N)\times 0.01 \times 14}{C \times D} \times 100\%$$

$$样品中氮的含量(\%) = \frac{(A-B)\times 0.01 \times 14}{C \times 1000} \times 100\%$$

$$样品中的蛋白质含量(\%) = \frac{(A-B)\times 0.01 \times 14 \times 6.25}{C \times 1000} \times 100\%$$

其中：M 为滴定标准(NH$_4$)$_2$SO$_4$用去的盐酸平均体积（mL）；

N 为滴定蒸馏水用去的盐酸平均体积（mL）；

D 为标准硫酸铵溶液浓度（0.3 mg氮/mL）；

A 为滴定样品用去的盐酸平均体积（mL）；

B 为滴定消化空白用去的盐酸平均体积（mL）；

C 为所取样品溶液的体积（mL）（本实验均为 2 mL）。

【注意事项】

1.加样时要小心，切勿使样品沾污凯氏烧瓶口部、颈部。

2.消化时，需斜放凯氏烧瓶（45°），火力先小后大，避免黑色消化物溅到瓶口、瓶颈壁上，以致影响测定结果。

3."空白"滴定值包括蒸馏水及氢氧化钠溶液中含有的微量的氨，因此，水质对"空白"滴定值的影响甚大。"消化样品"最后用"消化空白"进行校正计算。不消化的样品最后用"蒸馏水"进行校正计算。而且在实验中，稀释样品的水与"空白"的水应当来自同一来源。

4.蒸馏时，切忌火力不稳，否则将发生倒吸现象。

5.如果样品中除有蛋白质外，尚有其他含氮物质，需向样品中加入三氯乙酸，使其终浓度为5%，然后测定未加三氯乙酸的样品及加入三氯乙酸后样品的上清液中的含氮量，得出总氮量及非蛋白氮量，从而计算出蛋白氮，再进一步折算出蛋白质含量。

6.实验中过量的浓碱从反应室排出，所以夹子9下端要随时放一烧杯接收，以免烧坏桌面。

【思考题】

1.凯氏定氮法中在消化样品时，加入浓硫酸、硫酸钾和硫酸铜粉末的目的是什么？

2.蒸汽发生器中所加的蒸馏水为什么要经硫酸酸化？

3.蒸馏、滴定中的30%氢氧化钠溶液、2%硼酸溶液及2%硼酸溶液中的指示剂的作用各是什么？

4.正式测定未知样品前为什么必须测定标准硫酸铵的含氮量及空白？

5.写出以下各步化学反应式：

（1）蛋白质消化；

（2）氨的蒸馏；

（3）氨的滴定。

6.凯氏定氮实验中用到的主要器材有哪些？

【参考文献】

［1］北京大学生物系生物化学教研室.生物化学实验指导[M].北京：高等教育出版社，1979.

［2］李建武，萧能庆.生物化学实验原理和方法[M].北京：北京大学出版社，2004.

［3］藤利荣，孟庆繁.生物学基础实验教程[M].北京：科学出版社，2008.

实验二十　血清蛋白醋酸纤维素薄膜电泳

【目的和要求】

1.掌握电泳的原理及操作技术。

2.了解影响醋酸纤维素薄膜电泳图谱清晰度的因素。

3.定性地了解人血清中蛋白质的组分。

4.了解薄膜电泳在临床生化的应用。

【实验原理】

带电粒子在电场中向与其电性相反的电极泳动的现象称为电泳（electrophoresis，EP），采用醋酸纤维素薄膜为支持物的电泳方法，叫作醋酸纤维素薄膜电泳。带电颗粒在电场中的移动方向和迁移速度取决于颗粒自身所带电荷的性质、电场强度、溶液的pH值等因素。蛋白质分子是两性电解质，在溶液中可解离的基团除了末端的α-氨基和α-羧基外，还有侧链上的许多基团。由于解离基团的差异，不同的蛋白质具有不同的等电点。当溶液的pH值小于蛋白质的等电点时，蛋白质为正离子，在电场中向负极移动；当溶液的pH值大于蛋白质的等电点时，蛋白质为负离子，在电场中向正极移动。

血清是一个混合的蛋白质样品，其中各种蛋白质的等电点大多在pH 4.0～7.3之间，在pH 8.6的缓冲液中均带负电荷，在电场中都向正极移动。由于血清中各种蛋白质的等电点不同，因此在同一pH环境中所带负电荷多少不同，再加上它们的分子颗粒大小、形状不一，所以在电场中泳动速度也不同。分子小而带电荷多者，泳动得较快；反之，则泳动得较慢。因此通过电泳可将血清蛋白质分为5条区带，从正极端起依次分为清蛋白、α_1-球蛋白、α_2-球蛋白、β-球蛋白和γ-球蛋白等，经染色可计算出各蛋白质的百分含量。临床医学常利用其相对百分比的改变、正常区带丢失及异常区带的出现作为临床鉴别诊断的依据。

醋酸纤维素是纤维素的羟基乙酰化所形成的纤维素醋酸酯。将它溶于有机溶剂（如丙酮、氯仿、氯乙烯、乙酸乙酯等）后，涂抹成均匀的薄膜则成为醋酸纤维素薄膜。该膜具有均一的泡沫状结构，有强渗透性，厚度约为120 μm。醋酸纤维素薄膜电泳具有微量、快速、简便、分辨率高、重复性好、对样品无拖尾和吸附现象等优点，且便于照相和保存，已广泛应用于血清蛋白、血红蛋白、糖蛋白、脂蛋白、结合球蛋白、同工酶的分离和测定。

【试剂、器材和实验材料】

一、试剂

1.巴比妥-巴比妥钠缓冲液 （pH 8.6，0.07 mol/L，离子强度0.06）

称取巴比妥钠12.76 g、巴比妥1.66 g，加500 mL蒸馏水，加热溶解。待冷至室温后，再加蒸馏水至1000 mL。

2.氨基黑10 B染色液

称取氨基黑10 B 0.5 g加入冰乙酸10 mL、甲醇50 mL，混匀，加蒸馏水至100 mL，在具塞试剂瓶内贮存。

3.漂洗液

取95%乙醇45 mL、冰乙酸5 mL，混匀后加蒸馏水至100 mL，在具塞试剂瓶内贮存。

4.洗脱液

0.4 mol/LNaOH溶液。

5.透明液：

甲液：取冰乙酸15 mL和无水乙醇85 mL，混匀，装入试剂瓶内，塞紧瓶塞。

乙液：取冰乙酸25 mL和无水乙醇75 mL，混匀，装入试剂瓶内，塞紧瓶塞。

二、器材

1.醋酸纤维素薄膜（12 cm×8 cm）

2.培养皿

3.滤纸

4.竹镊子

5.点样器（可用盖玻片或微量加样器）

6.表面皿

7.直尺

8.铅笔

9.玻璃板（20 cm×12 cm）

10.试管

11.试管架

12.电泳仪

13.电泳槽

14.分光光度计或吸光度扫描计

三、实验材料

人血清（新鲜无溶血现象）

【实验操作】

一、准备

将缓冲液加入电泳槽的两槽内，并使两侧的液面等高。裁剪尺寸合适的滤纸条，叠成四层贴在电泳槽的两侧支架上，一端与支架前沿对齐，另一端浸入电泳槽的缓冲液内，使滤纸全部湿润，此即"滤纸桥"（图11-2）。

将规格为12 cm×8 cm的醋酸纤维素薄膜裁切成12 cm×8/3 cm，在薄膜其中一面的一端约1.5 cm处，用铅笔轻画一直线，作为点样位置。然后将画线面向下，置于盛有巴比妥-巴比妥钠缓冲液的培养皿中浸泡，待充分浸透（约30 min）即无白色斑点后取出，用洁净滤纸轻轻吸去表面多余的缓冲液。

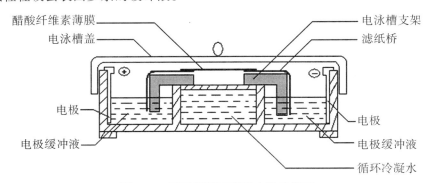

图 11-2　醋酸纤维素薄膜电泳装置图

二、点样

取少量血清于表面皿上，用点样器蘸取少量血清（约 2～3 μL），加在点样线上，待血清渗入膜内，移开点样器。点样时应注意血清要适量，用力要均匀，应形成平直的直线，避免弄破薄膜（图 11-3）。

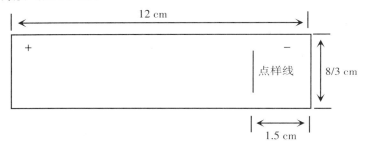

图 11-3　电泳点样位置示意图

三、平衡与电泳

将薄膜的点样面朝上，点样的一端靠近负极，平直地贴在电泳槽支架的滤纸上，盖上电泳槽盖，平衡约 3 min，通电进行电泳。调节电压为 100～160 V；电泳开始的 10 min 内，电流调为 0.3 mA/cm 膜宽；10 min 后，电流调至 0.6 mA/cm 膜宽，电泳 60 min，待电泳区带展开 2.5～3.5 cm 时断电。

四、染色

用竹镊子小心地取出薄膜，浸于氨基黑 10B 染色液中 5 min（以清蛋白带染透为止）。染色过程中应轻轻晃动染色皿，使薄膜与染色液充分接触，薄膜量较多时，应避免彼此紧贴而影响染色效果。

五、漂洗

准备 2 个培养皿，装入漂洗液；一只 500 mL 烧杯内装入 300 mL 的蒸馏水。用竹镊子夹住薄膜一角从染色液中取出，先快速在烧杯里的蒸馏水中摆动漂洗掉染料，再依次在漂洗液中连续浸洗 2 次，每次浸洗 5 min，直至背景无色为止。将漂净的薄膜用滤纸吸干，从正极端起依次可见清蛋白（A）、α_1-球蛋白、α_2-球蛋白、β-球蛋白及γ-球蛋白五条区带。

六、透明

待染色的醋酸纤维素薄膜完全干燥，选取其中2条进行透明。准备2个培养皿，分别装入透明甲液和透明乙液。将薄膜先浸入甲液中，浸泡2 min后立即取出浸入乙液中，浸泡1 min（要准确！），迅速取出薄膜，将它紧贴在一干净的玻璃板上，贴膜时要赶出气泡。晾放10 min后，在通风橱内用吹风机将膜吹干。用单面刀片撬起膜的一角，在其背面滴几滴水，将膜轻轻揭下，压平。此电泳图谱可长期保存。

七、定量

另取一条电泳薄膜，对其中各区带蛋白进行定量，方法有以下两种：

1.洗脱法

取6支试管，编号，分别为清蛋白（A）、α_1-球蛋白、α_2-球蛋白、β-球蛋白、γ-球蛋白和空白管。于清蛋白管加入0.4 mol/LNaOH溶液4 mL，其余5管加2 mL。剪下各条蛋白区带，另于空白部分剪一条与各蛋白区带宽度近似的薄膜作为空白，分别浸入各管中，振摇数次，置37 ℃水浴20 min，使色泽完全浸出。用620 nm波长以空白管调零比色，读取各管吸光度，按下式计算：

$$T = A \times 2 + \alpha_1 + \alpha_2 + \beta + \gamma$$

$$清蛋白（\%） = 清蛋白管吸光度 \times 2/T \times 100\%$$
$$\alpha_1\text{-球蛋白}（\%） = \alpha_1\text{-球蛋白管吸光度}/T \times 100\%$$
$$\alpha_2\text{-球蛋白}（\%） = \alpha_2\text{-球蛋白管吸光度}/T \times 100\%$$
$$\beta\text{-球蛋白}（\%） = \beta\text{-球蛋白管吸光度}/T \times 100\%$$
$$\gamma\text{-球蛋白}（\%） = \gamma\text{-球蛋白管吸光度}/T \times 100\%$$

2.扫描法

将已透明的薄膜放入全自动吸光度薄层扫描仪中，对蛋白区带进行扫描，自动绘出电泳图，并直接打印出各区带的百分含量。

【结果处理】

1.将薄膜贴在实验报告上，标出电泳时的正、负极和各区带蛋白的名称。图11-4为参考结果。

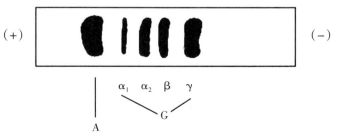

图11-4　正常人血清蛋白电泳图谱示意图

2.计算出人血清样品中清蛋白、α_1-球蛋白、α_2-球蛋白、β-球蛋白及γ-球蛋白各区带的百分含量，并与表11-1中的正常值比较。

表11-1　正常人血清蛋白组成及相对百分含量

血清蛋白区带	清蛋白	α_1-球蛋白	α_2-球蛋白	β-球蛋白	γ-球蛋白	A/G
百分含量	54.0～73.0%	2.8～5.1%	6.3～10.6%	5.2～11.0%	12.5～20.0%	1.24～2.36

【临床意义】

1.急/慢性肾炎、肾病综合征、肾衰竭时，清蛋白含量降低，α_1-球蛋白含量、α_2-球蛋白含量、β-球蛋白含量升高；

2.慢性活动性肝炎、肝硬化时，清蛋白含量降低，β-球蛋白含量、γ-球蛋白含量升高；

3.急性炎症时，α_1-球蛋白含量、α_2-球蛋白含量升高；

4.慢性炎症时，清蛋白含量降低，α_2-球蛋白含量、γ-球蛋白含量升高；

5.红斑狼疮、类风湿关节炎时，清蛋白含量降低，γ-球蛋白含量显著升高；

6.多发性骨髓瘤时，清蛋白含量降低，γ-球蛋白含量升高，于β-球蛋白区带和γ-球蛋白区带之间出现"M"带。

【注意事项】

1.每次实验开始或结束要注意将电泳仪的各个调节枢纽调至零点位置，电泳槽要用水洗净再用蒸馏水冲洗晾干，保护铂金丝，使之不被腐蚀。

2.由于载体成分及工艺不同，对血清蛋白吸附、分离等能力不同会造成电泳结果的差异。因此，血清蛋白电泳所选用的载体，即醋酸纤维素薄膜（我们选用浙江黄岩四青生化材料厂出品）的质量要求应该是质细、孔细、吸水性强、染料吸附量少、蛋白区带分离鲜明、对蛋白染色稳定者为佳。

3.在准备、点样、电泳、通电、染色和漂洗、定量、透明等步骤中要严格按要求操作，特别是"点样"这一步骤，点样时血清分布不均匀易导致电泳图谱不齐；血清加样量过多易导致电泳图谱分离不良或产生拖尾形象；血清加样量过少可导致电泳图谱染色过浅。这些因素会影响蛋白质电泳的结果分析。因此，在实验操作时要掌握好加样量，以避免定量测定时产生误差。

4.有些教材中指出，血清样品要点在薄膜无光泽的一面。经多次实际操作发现，在任何一面点样都不影响电泳结果。

5.电泳时，电泳槽盖要盖严，以防薄膜蒸干，导致电泳图谱出现条痕；严重时由于薄膜过于干燥而电阻过大，造成薄膜击穿。

6.薄膜透明时，要严格按照透明甲液、透明乙液中的浸泡时间进行，否则，薄膜将溶于透明液中。

7.如果是夏季气温高时做薄膜电泳实验，最好在电泳槽内接上循环冷凝水，以免温度过高使薄膜烤干而被击穿。

8.为安全起见本实验用竹镊子夹取薄膜。

【思考题】

1.醋酸纤维素薄膜电泳的支持物有何优点？

2.为什么将薄膜的点样端放在滤纸桥的负极端？

3.点样为什么要细窄而均匀？

4.膜铺在电泳槽桥上为什么要拉平而不能贴在桥底？

5.为什么电泳槽的密闭性要好？

6.试根据你所拥有的知识，针对本电泳结果，设计出两种以上的实验方法，对电泳图谱中的五个主要组分进行定量，测定出每种组分的相对百分比。

7.请根据实验操作过程，指出影响醋酸纤维素薄膜电泳图谱清晰度的因素有哪些。

8.依据实验结果，分析哪种蛋白质电泳的距离最远，哪种蛋白质色带最深。

【参考文献】

［1］张孝明.现代临床生化检验学[M].北京：人民军医出版社，2001.

［2］王友基，王钦利.血清蛋白电泳测定的标准化问题初探[J].江西医学检验，2002，6（20）：399.

［3］邵丽丽，潘瑾，李海峰.266例健康人血清蛋白电泳参考值及两种电泳载体结果比较[J].第三军医大学学报，1999，11：804.

［4］北京大学生物化学教研室.生物化学实验指导[M].北京：高等教育出版社，1979.

实验二十一　蛋白质的透析技术

【目的和要求】

1.学习透析技术的基本原理和操作。

2.掌握蛋白质透析技术的操作方法，加深对蛋白质胶体分子稳定性因素的认识。

3.掌握透析袋的使用方法。

【实验原理】

　　透析技术是利用小分子能通过半透膜而大分子不能通过的原理，从而把大、小分子分开的一种重要生物化学实验手段。透析袋规格的选择要根据被分离蛋白质和其中小分子物质的相对分子质量（表11-2中列出了普通干型透析袋截留的相对分子质量）以及透析袋直径和容积的关系。透析通常的做法是将小分子和大分子的混合物放进由半透膜制成的透析袋里，并放在大量的蒸馏水或者缓冲液中。透析袋内的小分子可以通过半透膜不断地进入透析溶液中，直到透析袋内外达到平衡为止。如果不断更换透析用的溶液，可以使透析袋内的混合物中几乎不含小分子。

表11-2　RC膜普通干型透析袋（源自百度网）

相对分子质量	直径/mm	容积/mL·cm⁻¹
3500	16	2.0
3500	22	3.8
3500	28	6.2
3500	35	9.6
7000	16	2.0
7000	22	3.8
7000	28	6.2
7000	35	9.6
14000	6	0.32
14000	16	2.0
14000	22	3.8
14000	28	6.2
14000	35	9.6
14000	49	18.9

蛋白质透析法是利用小分子物质在溶液中可以通过半透膜，而蛋白质是大分子物质，不能透过半透膜的性质，达到分离的方法（图11-5）。例如分离蛋白质、多糖等物质时，可以利用透析法去除无机盐、单糖、双糖等杂质。也可以将大分子的杂质留在半透膜内，而将小分子的物质通过半透膜进入膜外溶液中，从而加以分离。

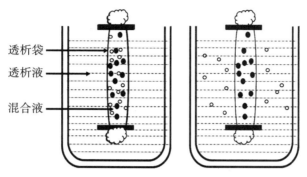

透析袋
透析液
混合液

图11-5　透析技术示意图

透析是否成功与透析膜的规格关系极大，透析膜的膜孔有大有小，要根据待分离成分的具体情况而选择。透析膜孔径一般为5～10 nm，在生物化学实验室和医学上应用很广的是透析袋。例如，用于蛋白质的脱盐，去除变性剂、还原剂之类的小分子杂质；也可用于置换样品缓冲液；在临床上常用于肾衰竭患者的血液透析。

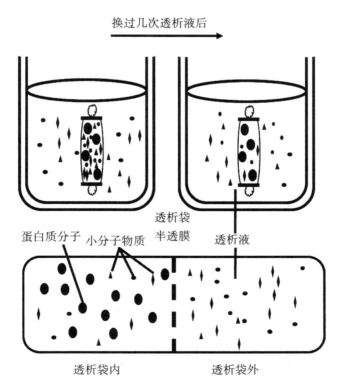

换过几次透析液后

透析袋
半透膜
透析液

蛋白质分子　小分子物质

透析袋内　　　　　　　透析袋外

图11-6　透析法示意图

透析通常是将半透膜制成袋状，将生物大分子混合样品溶液置入袋内，将此透析袋浸入蒸馏水或者缓冲液中，样品溶液中的大相对分子质量的生物大分子被截留在袋内，而盐和其他小分子物质不停扩散透析到袋外，直到袋内外的浓度达到平衡为止（图11-6）。保留在透析袋内未透析出去的样品溶液称为"保留液"，袋外的溶液称为"渗出液"。透析的动力是扩散压，扩散压是由横跨膜两边的浓度梯度形成的。透析的速度与膜的厚度呈反比；与待透析的小分子溶质在膜内外两边的浓度梯度成正比；与膜的面积和温度成正比。通常透析都是4 ℃条件下完成，但是升高温度可以加快透析。

一般情况下，将市售透析袋扎成袋状，小心地加入待透析的样品溶液，悬挂在盛有蒸馏水或者缓冲液的容器中。经常更换蒸馏水使透析袋内外溶液的浓度差加大，并且适当加以搅拌，以加快透析，达到分离提纯蛋白质的目的。

【试剂、器材和实验材料】

一、试剂

1. 1% 硝酸银溶液

2. 1% 硫酸铜溶液

3. 50% 乙醇

4. 0.01 mol/L 碳酸氢钠

称取 0.084 g 碳酸氢钠固体，溶于80 mL蒸馏水中，溶解后用蒸馏水定容至100 mL备用。

5. 0.001 mol/L EDTA，pH 8.0

称取 0.029 g 乙二胺四乙酸二钠（EDTA），溶于80 mL蒸馏水中，用1 mol/L氢氧化钠调节pH值至8.0，蒸馏水定容至100 mL，备用。

6. 10% 氢氧化钠溶液

二、器材

1. 透析袋
2. 烧杯
3. 玻璃棒
4. 离心机
5. 冰箱
6. 磁力搅拌器
7. 一次性手套
8. 透析袋夹
9. 试管和试管架
10. 吸量管
11. 滴管

三、实验材料

新鲜鸡蛋一枚

【操作方法】

一、鸡蛋清液的制备

将新鲜鸡蛋的蛋清与水按照 1∶7 混匀，搅拌后，用四层纱布过滤，得到鸡蛋清液。将 15 mL 鸡蛋清液溶于 35 mL 0.9% 的氯化钠溶液中，搅拌均匀后得到鸡蛋清-氯化钠混合液，将此待透析液存储到 4 ℃冰箱中备用。

二、透析袋的预处理

透析袋出厂时都用 10% 甘油处理过，并含有极微量的硫化物、重金属和一些具有紫外吸收的杂质，它们对蛋白质和其他生物活性物质有影响。使用前一般将透析袋剪成 10～20 cm 的小段，可先用 50% 乙醇煮沸 1 h，再依次用 50% 乙醇、0.01 mol/L 碳酸氢钠和 0.001 mol/L EDTA （pH 8.0） 溶液洗涤，最后用蒸馏水冲净即可使用。从此时起，取用透析袋需要戴一次性手套。

三、处理好的透析袋的保存方法

处理好的透析袋置于 30% 或者 50% 的乙醇中，放于 4 ℃冰箱，必须确保透析袋始终浸没在溶液内。使用之前用蒸馏水将透析袋里外冲洗干净。

四、查漏

戴上手套，取合适的经过预处理的透析袋，检查是否漏液。将一端从 2 cm 处反折，用透析袋夹夹紧，由另一端灌进 1/2 高度蒸馏水后，再从离开口 2 cm 处反折，用透析袋夹夹紧，用手指于袋中间稍加压，检查是否渗出液体。

五、上样

检查无漏后，取下一端的夹子，倒出蒸馏水，装入 5 mL 待透析液，通常要留出 1/3～1/2 的空间，并尽量挤出袋内的空气，以防透析过程中，袋外的水或者缓冲液过量地进入袋内将透析袋胀破。样品装完后，从离开口 2 cm 左右处反折，用透析袋夹夹紧，再检查一遍是否漏液。

六、透析

将透析袋放入一个盛有较大体积的透析液的大烧杯中，放到磁力搅拌器上通过搅拌促进溶液交换（图 11-7）。透析过程中需要更换洗脱溶液数次（大约每隔 15 min 一次），直到达到透析平衡为止（检测洗出溶液中无氯离子），大约需要 1 h。

七、检查透析效果

1.检查无机离子

透析 10 min 后，自烧杯中取透析液 1～2 mL 放入试管中，加入 1% 硝酸银 1～2 滴，检查氯离子是否被透析出来。

2.检查蛋白质

从烧杯中取透析液1～2 mL，做双缩脲反应，检查是否有蛋白质存在。

双缩脲反应：

加入10%氢氧化钠2 mL，振荡摇匀，再加入1%硫酸铜溶液1～2滴，振荡，观察是否有颜色变化，检查蛋白是否被透析出来。

3.不断更换大烧杯中的蒸馏水，以加速透析进行，经过数小时后，如烧杯水中不再有氯离子被检出，则表明透析完成。因为蛋清溶液中的清蛋白不溶于纯水，此时可以观察到透析袋中有蛋白沉淀的出现。

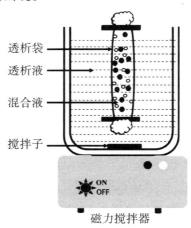

透析袋
透析液
混合液
搅拌子

ON
OFF

磁力搅拌器

图11-7 磁力搅拌器加速透析

八、透析袋的回收使用

使用后的透析袋用生理盐水浸泡以去掉蛋白质，并用蒸馏水清洗干净，然后置于50%乙醇中保存，确保透析袋始终浸没在溶液内。若长时间不用，可加少量叠氮钠（NaN_3），以防长菌。洗净、晾干的透析袋弯折时易裂口，用时必须仔细检查，不漏时方可重复使用。

【实验结果】

1.记录透析开始后，随时间延长透析液中离子检查的现象，并解释实验结果。

2.记录透析之后通过双缩脲法检查透析液中蛋白的实验现象，并解释实验结果。

【注意事项】

1.透析袋规格的选择要看目的蛋白相对分子质量有多大，才能决定使用多大截留相对分子质量的透析袋，通常截留相对分子质量要是目标蛋白相对分子质量的1/3以下。

2.实验前透析袋一定要检验是否漏液，防止样品流失。

3.必须经常更换蒸馏水，以保证较高的透析度。每次更换蒸馏水时，都要检查是否漏液。

4.透析时间越长，透析出盐离子越彻底，实验时间有限，以时间作为衡量标准，一般检测透析的结果可以检测烧杯中盐离子的浓度，当盐离子浓度很小时，不影响实验时可以停止透析。

5.透析袋两端的夹子不要夹得太近，要留出1/3～1/2的空间，避免透析袋胀破。

【思考题】

1.在透析之前，透析袋需要怎么处理才能使用？处理之后怎么保存？

2.简述盐析和透析技术在蛋白质分离纯化中的意义。

3.影响透析的因素有哪些？

【参考文献】

［1］王镜岩，朱圣赓，徐长法.生物化学教程[M].北京：高等教育出版社，2016.

［2］陈钧辉，李俊.生物化学实验[M].5版.北京：科学出版社，2014.

［3］刘国花，胡凯.生物化学实验指导[M].北京：北京师范大学出版社，2019.

实验二十二　蛋白质的分级盐析及凝胶过滤法脱盐

【目的和要求】

1.了解蛋白质分级盐析分离的基本原理及操作。

2.学习葡聚糖凝胶过滤法分离、纯化物质的基本原理、凝胶柱的制备及洗脱技术。

3.进一步掌握 UNIC UV2002 型紫外-可见分光光度计的正确使用。

【实验原理】

利用大量的中性盐使蛋白质从溶液中析出的过程称为蛋白质的盐析作用。蛋白质是亲水胶体，在高浓度的中性盐影响下，蛋白质分子被盐脱去水化层，同时，蛋白质分子所带的电荷被中和，结果蛋白质的胶体稳定性遭到破坏而沉淀析出。析出的蛋白质仍保持其天然活性，经透析或加水减小盐浓度又可溶解，因此，蛋白质的盐析作用是可逆过程。盐析不同的蛋白质所需中性盐浓度与蛋白质种类及pH有关。相对分子质量大的蛋白质（如球蛋白）比相对分子质量小的蛋白质（如白蛋白）容易析出。所以，在不同条件下，采用不同浓度的盐类可将各种蛋白质从混合溶液中分别沉淀析出，该法称为蛋白质的分级盐析。

凝胶过滤也称凝胶层析，其分离、纯化物质的原理是，凝胶具有网状结构，小分子物质能进入其内部，而大分子物质却被排阻在外部。当含盐蛋白质溶液通过凝胶过滤层析柱时，小相对分子质量的盐分子进入凝胶颗粒的微孔中，所以，向下移动的速度较慢；而大分子的蛋白质不能进入凝胶颗粒的微孔，以较快的速度流过凝胶柱，从而混合溶液中的蛋白质与盐被分开了。此法可用于测定蛋白质的相对分子质量、样品的浓缩和脱盐等方面。目前常用的凝胶有葡聚糖凝胶、聚丙烯酰胺凝胶、琼脂糖凝胶，其中最常用的是葡聚糖凝胶。

蛋白质分子中具有芳香族氨基酸残基，因此，对 280 nm 的紫外光有最大吸收，且蛋白质在一定浓度范围内，与吸收值成正比，符合朗伯-比尔定律。将分步收集的样品溶液在紫外分光光度计上进行检测，收集吸收值最高的溶液峰即为蛋白质样品。

【试剂、器材和实验材料】

一、试剂

1.饱和硫酸铵溶液

2.固体硫酸铵

3.洗脱液（无离子水）

4.10%氯化钡水溶液

5.奈氏试剂：

A液：将 1.7 g 氯化汞溶于 30 mL 无离子水；B液：将 3.5 g 碘化钾溶于 10 mL 无离子水。然后缓慢将 A 液倒入 B 液，直至形成的碘化汞红色沉淀不再溶解为止，用20%氯化钠溶液定容至100 mL。再略加A液直接又出现不消失的沉淀为止。试剂应呈鲜黄色，如果无色，还得加入A液。装入棕色试剂瓶中避光保存。

二、器材

1.铁架台

2.层析柱（内径1.2 cm，高30 cm）

3.蝴蝶夹

4.刻度离心管（5 mL）

5.下口瓶

6.三角漏斗

7.玻璃棒

8.滤纸

9.试管及试管架

10.细长滴管

11.UNIC UV2002型紫外–可见分光光度计

12.石英比色皿

13.细乳胶管

14.螺旋夹

三、实验材料

1.葡聚糖凝胶Sephadex G–25（粒度粗，50～100目）

2.蓝色葡聚糖2000

3.新鲜蛋清

【实验操作】

一、卵清蛋白的分离

1.取约3 mL卵清置于试管中，加3 mL饱和硫酸铵溶液，搅拌均匀，蛋白质析出，静置15 min，用滤纸过滤至滤液澄清，沉淀即为卵球蛋白，用3 mL 50%饱和度的硫酸铵将此沉淀洗涤一次。

2.将析出卵清球蛋白后的滤液放入试管中，再加入固体硫酸铵使之达到饱和，观察有无沉淀产生，若有沉淀产生，则过滤之。滤出的沉淀即为卵清白蛋白。

二、脱盐

1.溶胀凝胶

称取5 g葡聚糖凝胶Sephadex G–25，加入80 mL无离子水，在沸水浴中溶胀30 min，用倾泻法倾去悬浮的小颗粒。

2.凝胶装柱

取1.2 cm×30 cm玻璃层析柱一根，底部用玻璃纤维或砂芯滤板衬托，在砂芯滤板上覆盖一张大小与柱的内径相当的快速滤纸片。将柱垂直固定于铁架台上，然后在柱顶通过橡皮塞连接一长颈漏斗（漏斗颈直径约为柱直径的一半）。在柱中加入无离子水，并赶净滤板下方气泡，使支持滤板底部完全充满液体，然后将柱的出口关闭。把已经溶胀好的凝胶调成薄浆，从漏斗倒入柱内，胶粒逐渐扩散下沉，薄浆连续加入。

当沉积的胶床至2～3 cm高时，打开柱的出口，并注意控制操作压以均匀不变的流速直到胶装完为止。柱装好后，在床的上面盖上一张大小略小于柱内径的滤纸片，以防止样品中一些不溶物质混入床中。再以洗脱液平衡柱层，直至层析的胶床高不变为止，保持液面在凝胶床表面以上，并调整好流速。装置见图11-8。

图11-8　凝胶层析装置示意图

3.处理样品

在上述分离收集到的卵球蛋白或卵清白蛋白沉淀中加入适量的无离子水，使蛋白质溶解。

4.加样与洗脱

打开柱的出口，让柱内液体慢慢流出，直至液面与凝胶床表面相平。用细长的滴管吸取2 mL样品（蛋白质-硫酸铵溶液），小心地加到床面上，拧松出口螺旋夹，使样品进入凝胶柱中，至样品液面刚好到达凝胶床表面时，接通洗脱液，以0.5～1.0 mL/min的流速洗脱，每收集5 mL洗脱液换一支刻度离心管，进行分部收集。

三、蛋白质检测

分别取1 mL蛋白质收集液于两支试管中，各滴加10%氯化钡水溶液和奈氏试剂几滴检查硫酸根和铵离子，如果呈阴性反应，说明已脱净盐类。收集液的蛋白质含量，可以依据其在280 nm处的紫外光吸收实行动态检测。

【结果处理】

绘出蛋白质脱盐的洗脱曲线（参考图11-9）。

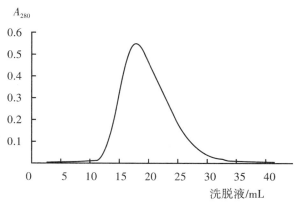

图11-9   蛋白质的洗脱曲线

【注意事项】

1.中性盐沉淀蛋白质时，溶液中蛋白质的实际浓度对分离的效果有较大的影响。通常高浓度的蛋白用稍低的硫酸铵饱和度即可将其沉淀下来，但若蛋白质浓度过高，则易产生各种蛋白质的共沉淀作用，除杂蛋白的效果会明显下降。对低浓度的蛋白质，要使用更大的硫酸铵饱和度，但共沉淀作用小，分离、纯化效果较好，但回收率会降低。通常认为比较适中的蛋白质浓度是2.5%～3.0%，相当于25～30 mg/mL。

2.一般说来，蛋白质所带净电荷越多，它的溶解度就越大。改变pH值可改变蛋白质的带电性质，因而就改变了蛋白质的溶解度。远离等电点处溶解度大，在等电点处溶解度小，因此用中性盐沉淀蛋白质时，pH值常选在该蛋白质的等电点附近。

3.蛋白质沉淀后宜在4 ℃放3 h以上或过夜，以形成较大的沉淀而易于分离。盐析时，相对分子质量较小的蛋白质逐步沉淀下来可能就值得怀疑。具体的蛋白质需要具体地摸索，当然，对肽来说，结论也是一样的。

4.装填凝胶柱时，凝胶高度要达到25 cm左右，如果容量太小，就达不到脱盐的效果。此外，砂芯滤板下的体积要尽可能小，否则被分离的组分间重新混合的可能性就大，其结果影响层析的灵敏度，降低分离效果。

5.凝胶柱要求装填均匀，无气泡和裂纹存在。柱装得是否均匀，可以用蓝色葡聚糖上柱检验，如果色带均匀下移，说明柱子已装好，可以使用。

6.使用过一次的凝胶柱，进行平衡后可再次使用。但使用过多次的应进行再生处理。具体方法如下：低浓度碱浸泡30 min，用水洗至中性，低浓度酸浸泡30 min，用水洗至中性，装柱使用，或加防腐剂于冰箱保存。

【思考题】

1.蛋白质的沉淀作用还有哪些方法？哪些变性了？哪些没变性？

2.高浓度的硫酸铵对蛋白质溶解度有何影响？为什么？

3.利用凝胶层析分离混合物时，怎样才能得到较好的分离效果？

4.还有哪些方法可进行蛋白质脱盐？

5.蛋白质溶液中的盐分为何能通过凝胶过滤方法被脱除？

6.凝胶过滤法在蛋白质分析中还有何应用？

【参考文献】

［1］邵雪玲，毛歆，郭一清.生物化学与分子生物学实验指导[M].武汉：武汉大学出版社，2003.

［2］赵永芳.生物化学技术原理及应用[M].北京：科学出版社，2008.

［3］李建武，萧能庆.生物化学实验原理和方法[M].北京：北京大学出版社，1994.

［4］张龙翔，张庭芳，李令媛.生化实验方法和技术[M].北京：高等教育出版社，1996.

实验二十三 大豆蛋白的提取、含量测定及氨基酸组成分析

【目的和要求】

1.掌握离心机、分光光度计、电子天平的使用方法和注意事项。

2.学习掌握大豆蛋白的分级提取及制备丙酮干粉的原理和方法。

3.学习计算蛋白质收率。

4.巩固Folin-酚法测定蛋白质浓度的原理和方法。

5.掌握微量凯氏定氮法测定蛋白质含量的原理和方法。

6.学习大豆蛋白水解的原理和操作过程。

7.通过双向纸层析，掌握分离层析的原理、氨基酸纸层析法的操作技术。

【实验原理】

大豆因其籽粒蛋白质含量较高而且营养丰富（一般含蛋白30%～50%），加上氨基酸种类齐全而成为人类重要的植物蛋白质来源。大豆蛋白对心血管疾病、癌症、更年期综合征、肾病、醇中毒症等均有一定疗效。除了赖氨酸含量相对较高，甲硫氨酸和半胱氨酸含量较低外，大豆蛋白含有8种人体必需氨基酸，而且比例较合理。目前大豆蛋白已成为一种重要的蛋白资源，特别是大豆分离蛋白含蛋白质90%以上，是一种优良的食品原料。大豆分离蛋白主要由11S球蛋白和7S球蛋白组成，它们大约占整个大豆籽粒储存蛋白的70%。

大豆蛋白的等电点为pH 4.5～5.0，是酸性蛋白，尽管大豆中含有水溶蛋白、盐溶蛋白、碱溶蛋白和醇溶蛋白，但其主要成分为碱溶蛋白，本实验只对碱溶蛋白进行提取。

丙酮（有机溶剂）可以降低溶液的介电常数，破坏蛋白质的水化膜，故可使蛋白质在一定条件下沉淀析出；调节蛋白质溶液的pH值到等电点附近，有利于蛋白质的沉淀。

可以利用重蒸恒沸盐酸对提取的大豆蛋白进行水解，也可以利用碱水解法得到氨基酸混合液。本实验采用前一种方法水解大豆蛋白，再用双向纸层析法测定大豆蛋白的氨基酸组成。

【试剂、器材和实验材料】

一、试剂

1. 0.2% NaOH溶液

2. 6 mol/L HCl溶液

3. 1 mol/L HCl溶液

4. 化学纯级丙酮

二、器材

1. 精密pH试纸

2.电子天平

3.离心机（普通）

4.离心内、外套管

5.烧杯

6.搅拌棒

7.试管

8.试管架

9.移液管

10.移液管架

11.洗瓶

12.恒温水浴

13.分光光度计和比色皿

14.真空干燥器

15.凯氏烧瓶

16.凯氏蒸馏仪

17.锥形瓶

18.微量滴定管

19.水解管

20.鼓风恒温箱

21.水浴锅

22.层析滤纸（新华一号）

23.吹风机

24.玻璃喷雾器

25.层析缸

三、实验材料

市售大豆粉

【实验操作】

本实验是综合实验，由以下五步组成：

（1）用稀碱溶液对大豆粉进行提取；

（2）用 Folin-酚法测定提取液的蛋白质浓度；

（3）将提取的大豆蛋白制成丙酮干粉；

（4）用微量凯氏定氮法测定提取的大豆蛋白质含量；

（5）大豆蛋白的水解及双向纸层析测定大豆蛋白质的氨基酸组成。

一、蛋白质的提取

称取 3 g 大豆粉，用 0.2%NaOH 溶液 30 mL，先加入适量调成糊状，再少量多次地慢慢加入 NaOH 溶液（边加边搅拌），室温下搅拌抽提 15 min，于 4000 r/min 离心 15 min，小心地吸取上清液，弃去脂肪层和沉淀，如上清液有漂浮物，需要再过滤。

二、蛋白质粗提液浓度测定

吸取上清液 2 mL 稀释 50～100 倍，依据 Folin-酚法测定蛋白浓度（参见实验十六）。

三、制干粉

量上清液的体积，加入等体积在冰箱中预冷的丙酮，先用 6 mol/L 的 HCl 溶液调 pH 至 6.0，再用 1 mol/L 的 HCl 溶液小心调 pH 至 4.5～5.0，于 4000 r/min 离心 15 min，收集沉淀物，并用少量丙酮分两次搅拌洗涤沉淀（可在离心管中进行），加入丙酮后一定要将沉淀搅拌充分，其目的是使沉淀脱水。离心后得到白色粉末状的大豆蛋白粉（上清液回收），用干净的滤纸吸干、平铺在表面皿上，放入 40 ℃烘箱干燥，待整个实验结束后，再称重并计算收率。

四、蛋白质干粉含量测定

称取 0.5 g 大豆蛋白干粉，采用微量凯氏定氮法（先对样品进行消化，再蒸馏、滴定、计算）测定大豆蛋白质的含量（参见实验十九）。

五、氨基酸组成的测定

1.大豆蛋白的水解：称取大豆蛋白干粉 10 mg 左右，小心地放入水解管内（注意不要沾到管壁上），加 2 mL 6 mol/L 的 HCl 溶液，然后封管，放入 105 ℃烘箱保温 20 h。打开水解管，把水解液倒入 5 mL 烧杯中，于 100 ℃水浴上蒸干，然后用 2 mL 蒸馏水溶解，备用。

2.采用双向纸层析法测定大豆蛋白的氨基酸组成（参见实验十一）。

【结果处理】

1.蛋白质粗提液浓度的计算（根据 Folin-酚法测得）：

$$蛋白质\,(mg/mL) = \frac{A_{650}值对应的蛋白质质量\,(mg)}{测定时蛋白质提取液的体积\,(mL)} \times 稀释倍数$$

2.大豆蛋白收率=大豆蛋白粉质量（g）/大豆粉质量（g）×100%

3.大豆蛋白干粉的蛋白质含量（%）（根据微量凯氏定氮法测得）。

4.氨基酸纸层析谱图上主要氨基酸的鉴定和定量。

【注意事项】

1.由于大豆蛋白的等电点为 pH4.5～5.0，所以在提取时，要准确调节混合物的 pH 值，确保大豆蛋白完全沉淀析出。

2.样品水解温度要保持在 105 ℃，使样品水解完全。

3.层析液中的酸或碱的含量必须足够，而且在展层前必须用酸性层析液或氨水分别进行饱和，以防止层析滤纸上酸碱度不足的现象。

4.所有的氨基酸分析方法（定性或定量），都要先水解蛋白质样品，使之分解成游离的氨基酸，才能进行分析鉴定。但是，无论用酸水解，还是用碱水解，水解过程都会使一些氨基酸遭到不同程度的破坏，并且产生消旋现象。

【思考题】

1. 采用 Folin-酚法测定样品的蛋白质含量时，样品中的什么物质对测定结果有干扰？

2. 通过查阅文献，了解蛋白样品进行酸水解或碱水解时，分别有哪些氨基酸遭到破坏。

3. 为什么在展层时有时用一种溶剂系统，而有时用两种溶剂系统？

【参考文献】

［1］藤利荣，孟庆繁.生物学基础实验教程[M].北京：科学出版社，2008.

［2］Jung S，Rickert D A，Deak N A. Comparison of Kjeldahl and dumas methods for determining protein contents of soybean products[J]. Journal of the American Oil Chemists Society，2003，80：1169-1173.

［3］赵永芳，黄健.生物化学技术原理及应用[M].北京：科学出版社，2008.

［4］萧能庆，余瑞元，袁明秀，等.生物化学实验原理和方法[M].北京：北京大学出版社，2004.

［5］北京大学生物系生物化学教研室.生物化学实验指导[M].北京：高等教育出版社，1979.

实验二十四 鸡卵类黏蛋白的分离与纯化

【目的和要求】

1.掌握从鸡卵清中提取鸡卵类黏蛋白的原理及方法。

2.了解凝胶过滤层析的工作原理，掌握基本操作技术。

3.掌握离子交换层析的工作原理及基本操作技术。

【实验原理】

鸡卵类黏蛋白（chicken ovomucoid，CHOM）是鸡卵清中的一类糖蛋白，能强烈地抑制胰蛋白酶的活性，例如，CHOM可以抑制猪和牛的胰蛋白酶活性，对枯草杆菌蛋白酶活性也有抑制作用（但不能抑制人的胰蛋白酶活性及胰凝乳蛋白酶活性）。因此，常用于胰蛋白酶的酶学性质的研究，也可将纯化的CHOM交联到载体上制成亲和吸附剂，通过亲和层析技术有效地分离与纯化胰蛋白酶和凝集素。

CHOM是一种糖蛋白，其糖链含量和构造呈异质性，因此，在电泳行为上呈不均一性。这类蛋白的等电点大致在pH 3.9～4.5，相对分子质量约为28000。卵类黏蛋白抑制胰蛋白酶的物质的量比为1∶1，即1 μg高纯度的卵类黏蛋白能抑制相当于0.86 μg的胰蛋白酶。

鸡卵类黏蛋白在中性及偏酸性溶液中较稳定，对热、高浓度脲及有机溶剂均有较高的耐受性，在10%三氯乙酸（TCA）或50%丙酮中有较好的溶解度。本实验采用三氯乙酸（TCA）–丙酮沉淀法，在pH 3.5的条件下，先从鸡卵清中选择性变性沉淀、除去杂蛋白，再将上清液经丙酮分级沉淀，得到CHOM粗制品；选择Sephadex G–25依分子筛效应，去除粗分离样品中的TCA和丙酮；以此法获得的鸡卵类黏蛋白中含有少量的卵清清蛋白，依据两者的等电点不同，在同一pH值缓冲液中时其电离有所不同。因此采用DE-AE-纤维素离子交换层析可将目标蛋白与杂蛋白分开，从而使鸡卵类黏蛋白得到进一步纯化；再经透析、浓缩和冷冻干燥得到纯品。

鸡卵类黏蛋白在280 nm处的消光系数为4.13，即蛋白质浓度为1 mg/mL时溶液的吸光度A_{280}为0.413，据此可以测定其蛋白质的含量。

【试剂、器材和实验材料】

一、试剂

1.10%三氯乙酸（TCA）溶液

2.10% NaOH溶液

3.丙酮

4.Sephadex G–25

5.0.02 mol/L、pH 6.5的磷酸盐缓冲液

6.DEAE–纤维素粉（DE–32）

7. 0.5 mol/L NaOH−0.5 mol/L NaCl 溶液

8. 0.5 mol/L HCl溶液

9. 0.3 mol/L NaCl−0.02 mol/L pH 6.5的磷酸盐缓冲液

10. 1%AgNO₃溶液

11. 1 mol/L HCl溶液

二、器材

1. 精密pH试纸

2. 层析柱（30 mm×300 mm）

3. 层析柱（15 mm×200 mm）

4. 电子天平

5. 三角玻璃漏斗

6. 恒温水浴

7. 冰箱

8. 恒流泵

9. 酸度计

10. 核酸蛋白检测仪

11. 自动部分收集器

12. 低速离心机

13. 电动搅拌器

14. 螺旋夹

15. 梯度发生器

16. 滤纸

17. 布氏漏斗

18. 塑料薄膜

19. 透析袋

20. 橡胶手套

21. 细塑料管

22. 冰冻干燥机

23. 真空保干器

24. UNIC UV2002型紫外−可见分光光度计和石英比色皿

三、实验材料

新鲜鸡蛋

【实验操作】

一、鸡卵类粘蛋白的提取

1. 取两个鸡蛋，从尖端和钝端各打一小孔，将蛋清慢慢流入量筒内，并量取 50 mL

鸡蛋清，倒入一250 mL烧杯内，置于25～30 ℃恒温水浴中，在不断搅拌下缓缓加入等体积的10%TCA溶液，充分搅匀后，用精密pH试纸测定溶液的pH值，若偏离pH 3.5，用10% NaOH溶液调至pH 3.5，室温下继续搅拌30 min，在4 ℃冰箱中静置4 h。

2.3000 r/min离心10 min。收集清液（黄绿色），再用滤纸过滤并检查滤液的pH值是否3.5，若不是，则要调整。测量滤液体积后转入500 mL烧杯内，缓慢加入4倍体积的预冷丙酮，搅匀，用塑料薄膜封严，置冰箱放置过夜。

3.等鸡卵类黏蛋白完全沉淀后，小心吸出部分上清液，剩余混浊液转入50 mL离心管中，3500 r/min离心10 min，弃去上清液，再用少量丙酮液洗涤沉淀，再离心后将沉淀抽真空去净丙酮，即得粗制品。然后称取10 mg配制成100 μg/mL粗蛋白液，用考马斯亮蓝法测定蛋白质含量（方法见实验十七）。

4.称取30 g Sephadex G-25，加入500 mL 0.02 mol/L、pH 6.5的磷酸盐缓冲液，沸水中溶胀2 h，冷却后脱气。

5.装柱（30 mm×300 mm），用约2倍体积的0.02 mol/L、pH 6.5的磷酸盐缓冲液平衡。直至流出液在蛋白质检测仪上绘出稳定的基线。

6.离心管中加入20 mL蒸馏水溶解CHOM沉淀，若溶解液混浊，可用滤纸去掉不溶物。

7.取上述蛋白粗提液上Sephadex G-25层析柱。控制流速0.6 mL/min，待样品全部入床后，用0.02 mol/L、pH 6.5的磷酸盐缓冲液洗脱，收集第一洗脱峰。在蛋白流出后盐及杂质才开始流出。

二、鸡卵类黏蛋白的纯化

1.称取10 g DEAE-纤维素粉（DE-32），用100 mL 0.5 mol/L NaOH-0.5 mol/L NaCl溶液浸泡20 min。用布氏漏斗抽滤后再用蒸馏水洗至pH 8.0左右，抽干。然后转移到250 mL烧杯中，用100 mL 0.5 mol/L HCl溶液浸泡20 min，再转移到布氏漏斗内，抽滤，用蒸馏水洗至pH 6.0左右，抽干。最后转移到烧杯内，用60 mL 0.02 mol/L、pH 6.5的磷酸盐缓冲液浸泡平衡20 mim，脱气。

2.小心装柱（15 mm×200 mm）。再用60 mL 0.02 mol/L、pH 6.5的磷酸盐缓冲液平衡，流速0.5～1.0 mL/min，直至流出液在蛋白质检测仪上绘出稳定的基线。

3.将脱盐后的粗制品鸡卵类黏蛋白溶液上柱吸附。流速控制为1.0 mL/min，待样品全部入床后，用0.02 mol/L、pH 6.5的磷酸盐缓冲液平衡，除去未被吸附的杂蛋白，直至基线稳定。

4.改用0.3 mol/L NaCl-0.02 mol/L pH 6.5的磷酸盐缓冲液洗脱，流速0.5～1.0 mL/min，部分收集（每管2 mL）鸡卵类黏蛋白的洗脱峰（一般是第二洗脱峰），并量体积。取一定量样品测定蛋白质浓度。

三、鸡卵类黏蛋白纯品的制备

1.将层析收集的蛋白样品装入透析袋内，用蒸馏水进行透析，间隔1～2 h更换一次蒸馏水，直至经1% AgNO$_3$检查无氯离子为止（过夜）。

2. 量透析后蛋白样品体积，转移到烧杯内，小心地用 1 mol/L HCl 溶液调至 pH 4.0。取出 1 mL，稀释 10 倍，在 UNIC UV2002 紫外分光光度计上，于 280 nm 处测定鸡卵类黏蛋白的含量。

3. 剩余蛋白样品中加入 3 倍体积的预冷丙酮，用塑料薄膜封严烧杯口，在冰箱静置 4 h 以上。

4. 倾去上清，剩余混浊液转移到 50 mL 离心管内，于 3500 r/min 离心 10 min，收集沉淀，将沉淀抽真空干燥，即可得到透明胶状物——鸡卵类黏蛋白纯品。

【结果处理】

1. 鸡卵类黏蛋白 $(mg/mL) = \dfrac{A_{280} 值对应的蛋白质质量 (mg)}{0.413} \times 稀释倍数$

2. 计算粗制品的蛋白质含量。

3. 鸡卵类黏蛋白的产率（mg/100 mL）=100 mL 鸡蛋清得到鸡卵类黏蛋白的质量（mg）。

4. 绘制 Sephadex G-25 柱层析分离鸡卵类黏蛋白的层析图谱。

5. 绘制离子交换柱层析分离鸡卵类黏蛋白的层析图谱。

【注意事项】

1. 在鸡卵类黏蛋白的制备过程中，最重要的环节是掌握好溶液的 pH 值，这是关系到实验成败的关键问题。鸡卵类黏蛋白在 10%、pH 3.5 的三氯乙酸溶液中有很好的溶解性，只有小量的沉淀，而鸡卵清蛋白则会出现大量的沉淀，因此只要将提取液的 pH 值严格控制在 pH3.5，就可以将鸡卵类黏蛋白和鸡卵清蛋白基本分开。

2. 在鸡卵类黏蛋白纯化中，若鸡卵类黏蛋白中所含的卵清清蛋白的量很少，在洗脱时可能出现一个小峰或出现不明显的峰形。在这种情况下可根据峰形大小，测定活性来确定鸡卵类黏蛋白洗脱峰的位置。

3. 透析袋的处理：10 mmol/L EDTA 加 2% Na_2CO_3 中煮沸 10 min，然后在蒸馏水中煮 10 min。用蒸馏水漂洗后保存于 70% 乙醇中。

4. 使用离心机之前，一定要带盖配平，离心时一定要盖上离心管盖，以免有机溶剂挥发。

【思考题】

在鸡卵类黏蛋白的提取、分离及纯化过程中，直接影响产率的是哪几步？操作过程中应当注意什么？

【参考文献】

[1] 张龙翔，张庭芳，李令媛. 生化实验方法和技术[M]. 北京：高等教育出版社，1996.

[2] 赵永芳. 生物化学技术原理及应用[M]. 北京：科学出版社，2008.

实验二十五　SDS-PAGE测定蛋白质相对分子质量

【目的和要求】

1.学习 SDS-PAGE 测定蛋白质相对分子质量的原理。

2.掌握垂直板电泳的操作技术。

3.掌握 SDS-PAGE 测定蛋白质相对分子质量的操作和考马斯亮蓝染色方法。

【实验原理】

聚丙烯酰胺凝胶（PAG）是由单体丙烯酰胺（Acr）和交联剂甲叉双丙烯酰胺（Bis）在加速剂四甲基乙二胺（TEMED）和催化剂过硫酸铵（AP）的作用下聚合交联而成的三维网状结构的凝胶。以此凝胶作为支持介质的电泳称为聚丙烯酰胺凝胶电泳（PAGE）。PAG 具有机械强度好、有弹性、透明、化学性质稳定、对 pH 和温度变化小、无吸附及电渗作用小的特点。改变 Acr 浓度或 Acr 与 Bis 的比例可以得到不同孔径的凝胶。

SDS-PAGE 根据其有无浓缩效应，分为不连续系统和连续系统两大类。连续系统是指电泳槽中缓冲液的 pH 值与凝胶中的相同，是由电极缓冲液和分离胶组成。不连续体系由电极缓冲液、浓缩胶及分离胶所组成。浓缩胶是大孔胶，凝胶缓冲液为 pH 6.8 的 Tris-HCl；分离胶是小孔胶，凝胶缓冲液为 pH 8.8 的 Tris-HCl；电极缓冲液是 pH 8.3 的 Tris-Gly 缓冲液。2 种孔径的凝胶、2 种缓冲体系、3 种 pH 值使不连续体系形成了凝胶孔径、pH 值、缓冲液离子成分的不连续性。

在 PAGE 中，蛋白质的泳动率取决于它所带的净电荷的多少、分子的大小和形状。SDS-PAGE 测定蛋白质相对分子质量时，需要对蛋白质样品进行处理，加入巯基乙醇和十二烷基硫酸钠（SDS）。强还原剂巯基乙醇可以断开二硫键，破坏蛋白质的四级结构，使蛋白质分子被解聚成肽链而形成单链分子。SDS 是一种很强的阴离子表面活性剂，它可以使分子内和分子间的氢键断开，破坏蛋白质分子的二级结构和三级结构。在一定条件下，大多数蛋白质与 SDS 的结合比为 1.4 g SDS/1 g 蛋白质，解聚后的侧链与 SDS 充分结合形成带负电荷的蛋白质-SDS 复合物，此外，在 PAG 系统中也加入 SDS。蛋白质分子结合 SDS 阴离子后，所带负电荷的量远远超过了它原有的净电荷，从而掩盖了不同种类蛋白质间原有的电荷差别。电泳时，其泳动率只取决于蛋白质的相对分子质量大小而与其所带电荷和形状无关。

当蛋白质的相对分子质量在 17 000～165 000 之间时，蛋白质-SDS 复合物的电泳泳动率与蛋白质相对分子质量的对数呈线性关系：$\lg M_r = K - b_m$。将已知相对分子质量的标准蛋白质在 SDS-PAGE 中的电泳泳动率对相对分子质量的对数作图，即可得到一条标准曲线。只要测得未知相对分子质量的蛋白质在相同条件（相同凝胶、相同凝胶浓度、相同高度、相同缓冲条件等）下的电泳泳动率，就能根据标准曲线求得其相对分子质量。

【试剂和器材】

一、试剂

1.凝胶贮备液（T=30%，C=2.6%）

称取丙烯酰胺（Acr）29.2 g、N^1，N^1-亚甲基双丙烯酰胺（Bis）0.8 g置于一烧杯内，取1.0 mL阴阳离子混合树脂，加无离子水至100 mL。装在棕色试剂瓶中，放冰箱中可保存30 d，临用时过滤。

2.浓缩胶缓冲液（pH 6.8、0.5 mol/L的Tris-HCl）

称取三羟甲基氨基甲烷（Tris）3.0 g，加无离子水30 mL，溶解后加1 mol/L HCl溶液，调pH为6.8，加无离子水至50 mL。放冰箱中保存。

3.分离胶缓冲液（pH 8.8、1.5 mol/L的Tris-HCl）

称取Tris 18.15 g，加无离子水50 mL，溶解后加1 mol/L HCl溶液，调pH为8.8，加无离子水至100 mL。放冰箱中保存。

4.10%十二烷基硫酸钠（SDS）水溶液

称取SDS（电泳级）1.0 g，加无离子水10 mL溶解。

5.电极缓冲液

称取Tris 15 g，甘氨酸（Gly）72 g，SDS 5 g，加无离子水至1000 mL，4 ℃冰箱中保存。临用前加热到37 ℃，并稀释5倍后为应用液（只能使用一次）。

6.样品缓冲液，按以下配方混合：

试　　　剂	体　积/mL
pH 6.8、0.5 mol/L的Tris-HCl缓冲液	0.5
甘油	0.4
10% SDS	0.4
β-巯基乙醇	0.04
0.15 %溴酚蓝	0.05

临用前取4份样品缓冲液与1份样品溶液混匀，90 ℃加热4 min。

7.10%过硫酸铵（APS）溶液

称取APS 100 mg，加无离子水1.0 L。临用前配置，有效期半天。

8.N，N，N，N‑四甲基乙二胺（TEMED）。

9.SDS-PAGE低相对分子质量标准蛋白质试剂盒。

10.水饱和的正丁醇液。

11.考马斯亮蓝R-250（Coomassic blue R-250）染色液

称取100 mg考马斯亮蓝R-250，放入40 mL甲醇和10 mL乙酸的混合液中，用无离子水补足至100 mL，临用前过滤。

12.脱色固定液

量取甲醇200 mL、乙酸50 mL，用无离子水补足至500 mL。

13.7%乙酸水溶液（保存液）。

二、器材

1.电泳仪

2.夹心式垂直板电泳槽

3.酸度计

4.电导仪

5.电子天平

6.真空泵

7.电炉

8.高速台式离心机

9.真空凝胶干燥器

10.保干器

11.微量加样器

12.培养皿（直径10～16 cm）

13.带盖小塑料离心管（1.5 mL）

14.滤纸

【实验操作】

一、制备电泳样品液

将尽可能脱盐后浓缩或冷冻干燥的样品放入带盖小塑料离心管内，加适当的溶剂溶解（如加一定浓度的Triton X-100或尿素等溶液，但不可加含钾离子的物质），使蛋白质浓度控制在1 mg/mL左右。加入此溶液4倍以上体积的样品缓冲液，摇匀后，在沸水浴上加热4 min（盖子不要塞紧，以免加热时迸出），放冷。在高速台式离心机上以10 000 r/min的速度离心1 min，静置待用。

二、制备电泳用标准相对分子质量蛋白质溶液

根据产品说明，参考上述步骤制备。购得的试剂盒含有表11-3中的成分。

表11-3　标准蛋白质相对分子质量及试剂盒组分质量

名　称	相对分子质量	质量/μg
肌球蛋白	200 000	约40
β-半乳糖苷酶	116 250	约40
兔磷酸化酶B	97 400	约40
牛血清白蛋白	66 200	约40
卵清蛋白	45 000	约40
牛碳酸酐酶	31 000	约40
胰蛋白酶抑制剂	21 500	约40
鸡蛋清溶菌酶	14 400	约40

开封后按比例溶于200 μL样品缓冲液中，沸水浴中加热4 min后上样。也可以自选几种已知相对分子质量的电泳纯蛋白质混合在一起，作为标准相对分子质量物质。

三、安装夹心式垂直板电泳槽

1.装上贮槽和固定螺丝销钉，仰放在桌面上。

2.将长、短玻璃板洗净、晾干，分别插到凵形硅胶框的凹形槽中，注意勿用手接触灌胶面的玻璃。

3.将已插好玻璃板的凝胶模平放在上贮槽上，短玻璃板应面对上贮槽。

4.将下贮槽的销孔对准已装好螺丝销钉的上贮槽，双手对角线的方式旋紧螺丝帽。

5.竖直电泳槽，在长玻璃板下端与硅胶模框交界的缝隙加入已融化的1%琼脂（糖）。其目的是封住空隙，凝固后的琼脂（糖）中应避免有气泡。

四、配制电泳分离胶

根据样品的相对分子质量大小，配制所需浓度的分离胶，相对分子质量为1000～10 000的样品，宜采用T=12%的胶；相对分子质量为40 000～200 000的样品，宜采用T=7.5%的胶。具体配方见表11-4。注意：（1）按表中顺序配制；（2）加完10%TEMED后，暂时先停下来。临用时再加10%过硫酸铵，混匀后立即装入玻璃槽。约30～60 min后就可凝结。

五、配制电泳浓缩胶

具体配方见表11-4。注意：加完10%TEMED后，暂时先停下来。临用时再加10%过硫酸铵。

表11-4　聚丙烯酰胺凝胶溶液的配制

配　方	凝胶浓度/ %		
	分离胶		浓缩胶
	12	7.5	4
重蒸水 /mL	4.08	4.9	3.0
分离胶缓冲液 /mL	3.0	2.5	—
浓缩胶缓冲液 /mL	—	—	1.3
10%SDS / μL	120	100	50
凝胶贮备液 /mL	4.8	2.5	0.65
在室温下抽气15 min后再加入以下试剂			
10%TEMED / μL	50	50	30
10%过硫酸铵 / μL	50	50	30
总体积 /mL	12	10	5

六、制备凝胶板

将制备好的分离胶溶液，加至长、短玻璃板间的窄缝内，加胶高度距样品模板梳齿下缘约2.5 cm。用1 mL注射器在凝胶表面沿短玻璃板边缘轻轻加一层水饱和的正丁醇液（约3～4 mm），用于隔绝空气，使胶面平整。约30～60 min后凝胶完全聚合，则可看到正丁醇与凝固的胶面有折射率不同的界线。将贮槽的正丁醇液倒去，用细条滤纸吸去残留的溶液。

然后将制备好的浓缩胶溶液加到长、短玻璃板的窄缝内，距短玻璃上缘0.5 cm处，轻轻地插入样品池模板。模板底离分离胶表面为0.5～1.0 cm（不要在模板底留下气泡）。静置60 min左右，浓缩胶即可聚合。

七、加样品

加入电极缓冲液，使液面没过短玻璃板约0.5 cm，轻轻取出样品槽模板，即可加样。分别用50 mL的微量加样器取高速离心后的样品液（标准蛋白和未知蛋白）的上清液20 mL，小心地加到各个凝胶凹形样品槽底部，并做好标记（图11-10）。

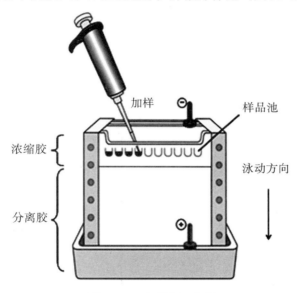

图11-10　加样品示意图

八、电泳

将已经加了样品的电泳槽接上电泳仪的直流电源。正极与凝胶板的下槽连接，负极与上槽连接（即有样品池的一端），打开电泳仪开关，开始时电流为10 mA，待样品进入分离胶后，将电流调至20～30 mA，当溴酚蓝染料距硅胶框0.5 cm时，停止电泳，关闭电源。

九、染色与脱色

电泳结束后，取下凝胶模，卸下硅胶框，用不锈钢药铲撬开短玻璃板，从凝胶板上切下一角作为加样标记，在两侧溴酚蓝染料区带中心，插入细铜丝作为前沿标记。将凝胶移入培养皿，加入脱色固定液埋住凝胶板，固定30 min。

倾去脱色固定液，加染色液染色30 min（不断摇动）。倾去染色液，再用脱色固定液脱色约1～3 h（中间要更换数次脱色固定液），直至背景的蓝色脱尽，蛋白质区带清晰。然后将胶板浸在保存液中。

【结果处理】

1.测量相对泳动率R_m值

量出加样端距细铜丝间的距离（cm）以及各蛋白质样品区带中心与加样端的泳动距离（cm）。将溴酚蓝的泳动距离定为1.0，作为相对泳动率的标准。按下式计算相对泳动率R_m：

$$相对泳动率\left(R_m\right)=\frac{蛋白质样品迁移距离（cm）}{溴酚蓝区带与加样端的距离（cm）}$$

2.计算相对分子质量

以相对分子质量的对数数值（$\log M_r$）为纵坐标，用它们的R_m值为横坐标。将标准相对分子质量蛋白质的坐标点连接起来。应为一条直线，即标准曲线（图11-11）。用同样的方法求出样品蛋白质的R_m值，从标准曲线上查出它的相对分子质量。

【结果举例】

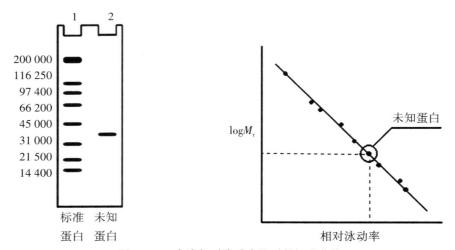

图11-11 电泳相对泳动率及对数标准曲线

【注意事项】

1.虽然SDS凝胶电泳法测定蛋白质相对分子质量已经比较成熟，但它只适用于球形或基本上呈球形的蛋白质。

2.只能测定亚基相对分子质量。

3.某些蛋白质不易与SDS结合，如木瓜蛋白酶等，其测定结果就不准确。

4.安装电泳槽时要注意均匀用力旋紧固定螺丝，避免缓冲液渗漏。

5.用琼脂（糖）封底及灌胶时不能有气泡，以免电泳时影响电流的通过。

6.加样时样品不能超出凹形样品槽。加样槽中不能有气泡，如有气泡，可用注射器针头挑除。

【思考题】

1.在不连续体系SDS-PAGE中，当分离胶加完后，需在其上加一层水或水饱和的正丁醇液，为什么？

2.电极缓冲液中甘氨酸的作用是什么？

3.在不连续体系SDS-PAGE中，分离胶与浓缩胶中均含有TEMED和APS，试述其作用是什么。

4.样品液为何在加样前需在沸水中加热几分钟？

【参考文献】

[1] 张龙翔，张庭芳，李令媛.生化实验方法和技术[M].北京：高等教育出版社，1996.

[2] 杨建雄.生物化学与分子生物学实验技术教程[M].北京：科学出版社，2002.

[3] 赵永芳.生物化学技术原理及应用[M].北京：科学出版社，2008.

实验二十六　凝胶过滤层析法测定蛋白质相对分子质量

【目的要求】

1.掌握凝胶层析的基本原理。

2.学习利用凝胶层析法测定蛋白质相对分子质量的实验技能。

【基本原理】

凝胶过滤（gel filtration）层析也称分子筛层析、排阻层析，是利用具有网状结构的凝胶的分子筛作用，根据被分离物质的分子大小不同来进行分离的技术。用于层析法的凝胶是具有一定大小直径的圆锥形小孔的颗粒，凝胶的孔径可以根据需要人为控制。相对分子质量较大的物质由于直径大于凝胶网孔而只能沿着凝胶颗粒间的孔隙向前移动，因此流程较短，速度快而首先流出层析柱；相对分子质量较小的物质由于直径小于凝胶网孔，可自由地进出凝胶颗粒的网孔，在向下移动的过程中，它们从一个胶粒孔隙进入另一凝胶颗粒，移动速率慢而最后流出层析柱；中等大小的分子，它们在凝胶颗粒内外均有分布，部分进入颗粒，从而在大分子物质与小分子物质之间被洗脱。这样样品经过凝胶层析后，各个组分便按分子从大到小的顺序依次流出，从而达到了分离的目的（图11-12）。

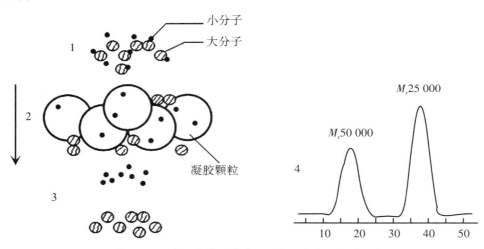

1.混合物上柱；2.洗脱过程；3.大、小分子分离；4.大、小分子洗脱顺序

图11-12　凝胶层析的原理

凝胶层析法操作简便，重复性高，具有一定的可靠性。此法可应用于生物大分子的纯化、相对分子质量测定、脱盐及去除小分子杂质、去除热源物质及溶液的浓缩。

将凝胶装柱后，柱床体积称为"总体积"，以 V_t（total volume）表示，可用下式计算：$V_t = \pi \times (D/2)^2 \times h$（$D$ 为层析住内径，h 为柱床高）。也可以加入一定量的水至层析柱预定标记处，然后测量水的体积得出 V_t。V_t 是由 V_o、V_i 和 V_g 三部分组成的，即：$V_t = V_o$

148

$+\,V_{i}+V_{g}$。

V_{o}（外水体积）：即存在于柱床内凝胶颗粒外面空隙之间的水相体积，等于被完全排阻的大分子的洗脱体积，可用一个已知相对分子质量远超过凝胶排阻极限的有色分子如蓝色葡聚糖2000溶液通过柱床，即可测出柱床的外水体积V_{o}。

V_{i}（内水体积）：凝胶颗粒中孔穴的体积，等于凝胶吸水后的质量与干颗粒质量之差。V_{i}也可从洗脱一种完全不受凝胶微孔排阻的小分子溶质（如重铬酸钾）的洗脱体积V_{e}计算，即：$V_{e}=V_{o}+V_{i}$，推出$V_{i}=V_{e}-V_{o}$。

V_{g}：凝胶本身的体积，因此$V_{t}-V_{o}=V_{i}+V_{g}$，见图11-13。

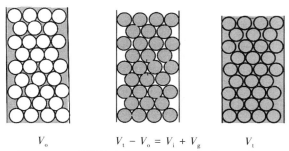

$$V_{o} \qquad V_{t}-V_{o}=V_{i}+V_{g} \qquad V_{t}$$

图11-13　凝胶柱床中V_{t}、V_{o}、V_{i}、V_{g}关系示意图

V_{e}（洗脱体积）：是指从加样起到组分最大浓度出现时所流出的体积（图11-14）。V_{e}一般是介于V_{o}和V_{t}之间的。对于完全排阻的大分子由于其不进入凝胶颗粒内，故其洗脱体积$V_{e}=V_{o}$；对于完全渗透的小分子由于它可以存在于凝胶柱整个体积内，故其洗脱体积$V_{e}=V_{t}$；相对分子质量介于二者之间的分子，它们的洗脱体积也介于二者之间。V_{e}与V_{o}及V_{i}之间的关系可用下式表示：$V_{e}=V_{o}+K_{d}V_{i}$。

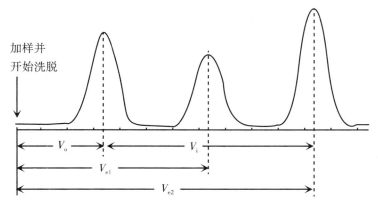

加样并
开始洗脱

V_{o}：外水体积；V_{i}：内水体积；V_{e1}：组分1的洗脱体积；V_{e2}：组分2的洗脱体积

图11-14　凝胶层析柱洗脱示意图

K_{d}（分配系数）：表示某个组分在内水体积（V_{i}）和在外水体积（V_{o}）中的浓度分配关系（即样品组分在两相间的分配）。

K_{av}（有效分配系数）：K_{av}值的大小和凝胶柱床的总体积（V_{t}）、外水体积（V_{o}）以及分离物本身的洗脱体积（V_{e}）有关，即：

$$K_{av} = \frac{V_e - V_o}{V_t - V_o}$$

在层析条件确定的情况下，V_t 和 V_o 都为恒定值。而 V_e 值却是随着分离物相对分子质量的变化而变化的。相对分子质量大的物质先从柱中流出，V_e 值就小，根据上述公式得出 K_{av} 值也小；相对分子质量小的物质后从柱中流出，V_e 值大，K_{av} 值也大；对于完全排阻的大分子，$V_e = V_o$，故 $K_{av} = 0$；对于完全渗透的小分子，$V_e = V_t$，故 $K_{av} = 1$。由此可知，$0 \leqslant K_{av} \leqslant 1$，若 $K_{av} > 1$ 说明物质与凝胶有吸附作用。

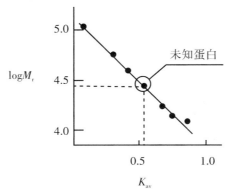

图 11-15　有效分配系数与标准蛋白质相对分子质量对数曲线

K_{av} 不仅是一个判断分离效果的重要参数，同时也是一个测定蛋白质相对分子质量的依据。在实验中，通过测定 V_t、V_o 及 V_e 的值来计算出 K_{av} 的大小。对于某一特定型号的凝胶，在一定的相对分子质量范围内，K_{av} 与 $\log M_r$ 呈线性关系：$K_{av} = -b \log M_r + c$。同理得出 $V_e = -b' \log M_r + c'$，即 V_e 与 $\log M_r$ 也呈线性关系。通过在一凝胶柱上分离多种已知分子质量的标准蛋白质，再根据上述的线性关系绘出 K_{av}-$\log M_r$ 或 V_e-$\log M_r$ 标准曲线，然后在同一凝胶柱上相同实验条件下测出未知蛋白质的 K_{av} 或 V_e，就能根据标准曲线求得其相对分子质量（图 11-15）。

【试剂和器材】

一、试剂

1.葡聚糖凝胶 G-100（Sephadex G-100）

2.0.5% 蓝色葡聚糖 2000 溶液

3.0.5% 重铬酸钾水溶液

4.0.9% 氯化钠溶液（洗脱液）

5.Folin-酚试剂（见实验十）

6.细胞色素 C

7.溶菌酶

8.胃蛋白酶

9.卵清白蛋白

10.牛血清白蛋白

11.人丙种球蛋白

二、器材

1.刻度试管（5～10 mL）40支

2.试管架2个

3.层析柱（20 mm×250 mm）1支

4.弯头滴管

5.烧杯

6.吸量管（1 mL）

7.量筒

8.玻璃棒

9.大漏斗（容量300～400 mL）

10.真空干燥器

11.玻璃管

12.下口瓶（2500 mL）

13.试剂瓶

14.橡皮塞、细塑料管、细乳胶管

15.螺旋夹

16.滤纸、细孔尼龙纱

17.核酸蛋白检测仪

18.部分收集器

19.7200型可见光分光光度计

20.精密酸度计

21.电导仪

22.真空泵

23.恒温水浴

24.台秤

25.电子天平

26.紫外分光光度计

27.沸水浴

28.电动搅拌器

【操作方法】

一、凝胶的选择和处理

根据欲测样品相对分子质量的范围选择凝胶，本实验选用葡聚糖凝胶G-100的细颗粒凝胶，测定相对分子质量范围为4000～150 000。称取7 g Sephadex G-100于250 mL烧杯中，加入0.9%氯化钠溶液100 mL，室温充分溶胀3 h。倾泻去掉细颗粒，重复6次。然后在沸水浴中煮沸1～2 h，冷却至室温后抽真空5 min脱去颗粒空隙中的空气。

二、装柱

1.取洁净的玻璃层析柱垂直固定在铁架台上。层析柱的直径与高之比为$1:10\sim$$1:20$，凝胶总床体积$V_t$约为样品的$50\sim100$倍。

2.凝胶柱床总体积（V_t）的测定：在距柱上端约$5\,cm$处做一记号，关闭柱出水口，加入蒸馏水，打开出水口，液面降至柱记号处即关闭出水口，然后用量筒接收柱中蒸馏水，读出的体积即为柱床总体积V_t。

3.向柱内加入约1/4柱体积的洗脱液，将浓浆状的凝胶缓慢地倾入柱中，使之自然沉降，凝胶沉降约$2\sim3\,cm$高度后打开出水口，待胶面上升到距柱上口$2\sim3\,cm$高度时则装柱完毕。然后关闭出水口，静置片刻，等完全沉降。剪一个直径略小于层析柱的细孔尼龙纱圆片，轻轻覆盖在凝胶表面。将接口的乳胶管与盛有洗脱液的储液瓶连接，调流速$3\sim6\,mL/10\,min$，流速要恒定，用$2\sim3$倍柱床体积的洗脱液平衡。层析柱平衡完毕，关闭层析柱出水管。

三、蛋白质相对分子质量测定

1.测定V_o和V_t

将层析柱、洗脱瓶、部分收集器连接好。待柱内洗脱液下降至与凝胶胶面相切时，将层析柱出水口和洗脱瓶出水口的螺旋夹拧紧，打开柱上端的塞子。用细滴管吸取$1\,mL$蓝色葡聚糖2000和重铬酸钾混合液，小心地绕柱壁一圈（距胶面$2\,mm$，切不可冲坏凝胶层表面）缓慢加入，打开出水口（开始收集），待溶液完全渗入柱床后，关闭出水口，取$1\,mL$洗脱液沿管壁洗柱一次，等溶液完全渗入柱床，柱上端再加入几毫升洗脱液，将柱上端接口与洗脱瓶连接，打开出水口，开始洗脱，用部分收集器按每管$0.5\,mL$收集。按顺序测定各管中$630\,nm$和$400\,nm$的吸光值。分别收集蓝色葡聚糖-2000（$630\,nm$）和重铬酸钾（$400\,nm$）洗脱峰，测出它们的洗脱体积V_e。其中，蓝色葡聚糖2000的V_e就是这个层析柱的外水体积V_o；而层析柱的内水体积$V_i = V_{e重铬酸钾} - V_o$。

2.标准曲线的制作

从表11-5中选择几种已知相对分子质量的球形或近似球形的蛋白质配制成标准品：

表11-5　几种标准蛋白质的相对分子质量

名称	相对分子质量
细胞色素C	12 400
溶菌酶	13 930
胃蛋白酶	30 000
鸡卵清白蛋白	45 000
牛血清白蛋白	67 000
人丙种球蛋白	160 000

将层析柱、洗脱瓶、核酸蛋白检测仪、部分收集器连接好。用生理盐水将标准蛋白质配成0.5%浓度的溶液，加样方法与加蓝色葡聚糖的方法相同。加入1 mL标准蛋白质混合液，以3 mL/10 min的速度洗脱并收集洗脱液。在280 nm处分别收集各标准蛋白质的洗脱峰，测量它们的洗脱体积V_e。代入公式计算出各标准蛋白质的K_{av}值。以K_{av}值为横坐标、标准蛋白质$\log M_r$为纵坐标，绘出标准曲线。

3.未知样品蛋白质相对分子质量的测定

将待测蛋白质配制成5 mg/mL溶液，以下步骤完全按照标准曲线的条件操作。根据280 nm处检测的洗脱峰位置，量出洗脱体积V_e，代入公式计算待测蛋白的K_{av}值，然后在标准曲线上查得$\log M_r$，其反对数便是未知样品的相对分子质量。

【结果处理】

1.将实验结果填入表中：

样　品	M_r	$\log M_r$	V_0	V_i	V_e	K_{av}
人丙种球蛋白	160 000	5.2041				
牛血清白蛋白	67 000	4.8261				
鸡卵清白蛋白	45 ,000	4.6532				
胃蛋白酶	30 000	4.4771				
溶菌酶	13 930	4.1440				
细胞色素C	12 400	4.0934				
待测鸡卵类黏蛋白样品						

2.绘制蓝色葡聚糖–重铬酸钾洗脱曲线。

3.绘制标准蛋白质洗脱曲线。

4.绘制待测蛋白样品洗脱曲线。

5.绘制$\log M_r$–K_{av}标准曲线，确定待测蛋白样品的相对分子质量。

【注意事项】

1.吸水率是指1 g干的凝胶吸收水的体积或者质量，但它不包括颗粒间吸附的水分。所以它不能表示凝胶装柱后的体积。Sephadex G-25～Sephadex-200中数字是吸水率×10。例如Sephadex G-75的吸水率为7.5 mL/g。

2.床体积指1 g干的凝胶吸收水后的最终体积。例如SephadexG-75的床体积为12～15 mL/g。干胶用量（g）＝柱床体积（mL）/凝胶床体积（mL/g）

3.装柱时，要求柱床均匀，表面平整，无气泡，无结节。若层析柱床不均一，必须重新装柱。

4.在任何时候都不要使液面低于凝胶表面，否则水分挥发，凝胶变干，分离效果下降，并有可能混入气泡，影响液体在柱内的流动。

5.洗脱流速受凝胶颗粒大小影响，颗粒大时流速较大，但流速大时洗脱峰形常较宽；

颗粒小时流速较慢，分离情况较好。在操作时应根据实际需要，在不影响分离效果的情况下，尽可能使流速不至太慢，以免时间过长。

6.在配制标准蛋白质混合液时，如果用紫外吸收法测定蛋白质浓度，用生理盐水将标准蛋白质配成0.5%浓度的溶液，如果用Folin-酚法，则配成1%浓度的溶液。

7.由于葡聚糖凝胶为糖类化合物，且在液相中操作，要注意防止发霉与生长细菌。层析柱不用时，一般可用0.02%的叠氮钠溶液或0.002%的氯己定溶液防腐消毒。

【思考题】

1.试述葡聚糖凝胶层析技术的应用。

2.如何根据被分离组分的性质和实验目的，选用葡聚糖凝胶的G型？

3.还有哪些测定蛋白质相对分子质量的方法？各自的原理是什么？

【参考文献】

［1］ 张龙翔，张庭芳，李令媛.生化实验方法和技术[M].北京：高等教育出版社，1996.

［2］赵永芳.生物化学技术原理及应用[M].北京：科学出版社，2008.

［3］李建武，萧能庆.生物化学实验原理和方法[M].北京：北京大学出版社，1994.

［4］杨安钢，毛积芳，药立波.生物化学与分子生物学实验技术[M].北京：高等教育出版社，2001.

［5］何忠效.生物化学实验技术 [M].北京：化学工业出版社，2004.

第十二章　核酸

实验二十七　动物肝脏DNA的提取

【目的和要求】

1.了解从动物组织中提取DNA的原理与操作方法。

2.了解在核酸提取过程中一些重要试剂的作用。

【实验原理】

在核酸分子中，由于磷酸基的存在，其酸性占优势，不论是脱氧核糖核酸（DNA）还是核糖核酸（RNA）都能溶解于水中，而不溶于有机溶剂。生物体组织细胞中的DNA和RNA，大部分与蛋白质结合，以核蛋白——脱氧核糖核蛋白（DNP）和核糖核蛋白（RNP）的形式存在，这两种复合物在不同的电解质溶液中的溶解度有较大差异。在低浓度的NaCl溶液中，DNP的溶解度随NaCl浓度的增加而逐渐降低，当NaCl浓度达到0.15 mol/L时，DNP的溶解度约为纯水中溶解度的1%（几乎不溶）；但当NaCl浓度升高时，DNP的溶解度又逐渐增大，当NaCl浓度增至0.5 mol/L时，DNP的溶解度约等于纯水中的溶解度，当NaCl浓度继续增至1.0 mol/L时，DNP的溶解度约为纯水中溶解度的2倍（溶解度很大）。而RNP则不一样，它在0.15 mol/L NaCl溶液中有相当大的溶解度。因此，可以利用不同浓度的NaCl溶液将DNP和RNP分别抽提出来。

本实验将抽提得到的DNP用十二烷基硫酸钠（SDS）处理，DNA即与蛋白质分开，采用有机溶剂（氯仿–异丙醇）沉淀除去蛋白质，而DNA溶于溶液中，加入适量的乙醇，DNA即析出，进一步脱水干燥，即得白色纤维状的DNA粗制品。为了防止DNA（或RNA）酶解，提取时加入乙二胺四乙酸（EDTA）抑制核酸水解酶的活力。

【试剂、器材和实验材料】

一、试剂

1. 0.15 mol/L NaCl– 0.015 mol/L枸橼酸钠（1×ssc溶液）

NaCl 8.77 g及枸橼酸钠4.41 g溶于蒸馏水并稀释到1000 mL。

2. 0.15 mol/L NaCl–0.15 mol/L EDTANa$_2$溶液

NaCl 8.77 g 及 EDTANa$_2$ 55.8 g 溶于蒸馏水并稀释到 1000 mL。

3. 10% SDS

SDS 10 g 溶于 45% 乙醇 100 mL 中。

4. 5 mol/L NaCl 溶液

NaCl 292.3 g 溶于蒸馏水稀释到 1000 mL。

5. 氯仿–异丙醇混合液

V（氯仿）：V（异丙醇）=24：1。

6. 95% 乙醇。

二、器材

1. 手术剪

2. 匀浆器

3. 离心管

4. 离心机

5. 平衡台秤

6. 刻度吸管

7. 玻璃棒

8. 烧杯（100 mL、500 mL）

9. 量筒（10 mL、100 mL）

10. 电子天平

11. 恒温水浴

三、实验材料

新鲜兔肝

【实验操作】

1. 称取新鲜兔肝约 5 g，剔去结缔组织，用 0.15 mol/L NaCl– 0.015 mol/L 枸橼酸钠溶液（1×ssc 溶液）洗去血水，在冰浴中剪碎，于研钵中加入 3 mL 冷的 1×ssc 溶液研磨成浆状，得匀浆液。

2. 用 30 mL 1×ssc 溶液将匀浆液转移至离心管，3000 r/min 离心 10 min。

3. 弃去上清液，收集沉淀，重复第 2 步，再弃去上清液。（重复洗涤可使 RNA 核蛋白与 DNA 核蛋白尽可能分开，又可以脱去血色素，使产品洁净）。所得沉淀为 DNP 粗制品，保留在离心管内。

4. 沉淀物中加入 25 mL pH 8.0 的 0.15 mol/L NaCl– 0.15 mol/L EDTANa$_2$ 溶液，用玻璃棒轻轻搅动，使混合物分散悬于溶液中。

5. 再缓慢滴加 10% SDS 溶液 3 mL，边加边搅。

6. 60 ℃ 恒温水浴保温 10 min，不断搅动，溶液变为黏稠并略有透明。

注意：搅动速度要轻柔缓慢，否则 DNA 大分子容易断裂。

7. 取出，冷却，将混合物转移到一个 500 mL 的烧杯内。加入 5 mol/L NaCl 溶液 8 mL，使 NaCl 终浓度达到约 1 mol/L。

8.加入 40 mL 氯仿-异丙醇混合液，在室温下激烈摇动 20 min。

9.将混合物转移至 2 个离心管中，配平后，3000 r/min 离心 5 min。离心后的混合物分为 3 层，分层情况见图 12-1。

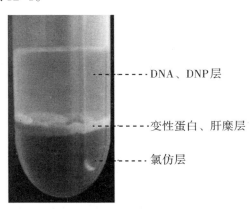

图 12-1　脱蛋白离心后的分层情况

10.用吸管小心地吸取上清液，放到 30 mL 95% 的乙醇中，用玻璃棒轻轻缠出 DNA 丝状物。

为了得到较纯净的 DNA，根据需要可重复第 7~10 步骤。

以上操作流程是一种氯仿法、去污剂法与加热法相结合的方法。

【注意事项】

1.DNA 主要集中在细胞核中，因此，通常选用细胞核含量比例大的生物组织作为提取制备 DNA 的材料，小牛胸腺组织中细胞核比例较大，因而 DNA 含量丰富，同时其脱氧核糖核酸酶活性较低，制备过程中 DNA 被降解的可能性相对较低，所以是制备 DNA 的良好材料，但其来源较困难。脾脏或肝脏较易获得，也是实验室制备 DNA 常用的材料，本实验用新鲜兔肝作为实验材料。

2.为了防止大分子核酸在提取过程中被降解，需采取以下措施：整个过程需在低温下进行；可加入某些物质抑制核酸酶的活性，如枸橼酸钠、EDTA、SDS 等，EDTA 是抑制核酸酶活性最好的抑制剂；避免剧烈振荡，如研磨过程、搅拌过程中要轻柔。

3.从核蛋白中脱去蛋白质的方法很多，经常采用的有：氯仿-异丙醇法、苯酚法、去污剂法等，它们均能使蛋白质变性和核蛋白解聚，并释放出核酸。

4.使用离心机时，相对的离心管必须用天平调平衡，而且一定要连同离心管、铁套、离心管盖子和支架一起平衡。

5.待离心的混合物液面高度不能超过离心管高的 2/3，超过的话，分装在 2 个离心管内。

6.实验结束后请勿将肝糜倒入水槽内，以免下水道堵塞。

【思考题】

1.结合自己操作的体会，试述在提取过程中应如何避免大分子DNA的降解。

2.核酸提取中，除去杂蛋白的方法主要有哪几种？

3.根据核酸在细胞内的分布、存在方式及其特性，提取过程中采取了什么相应的措施？

4.试述保温的温度为什么选择60 ℃恒温水浴？

5.上述提取流程第7步中，加入8 mL的5 mol/L NaCl溶液是什么目的？

【参考文献】

［1］李建武，萧能庆.生物化学实验原理和方法[M].北京：北京大学出版社，1994.

［2］李如亮.生物化学实验[M].武汉：武汉大学出版社，1998.

［3］陈钧辉.生物化学实验[M].北京：科学出版社，2003.

［4］王镜岩，朱圣庚.生物化学[M].北京：高等教育出版社，2002.

［5］Albert L，David L N，Michael M C. Lehninger Principles of Biochemistry[M]. New York：W. H. Freeman，2004.

［6］张楚富.生物化学原理[M].北京：高等教育出版社，2003.

［7］卢雁，李向荣.蛋白质变性机理与变性时的热力学参数研究进展 [J].化学进展，2005（5）：905-909.

［8］南京大学生物化学系.生物化学实验[M].北京：高等教育出版社，1986.

［9］陈曾燮.生物化学实验[M].合肥：中国科学技术大学出版社，1994.

实验二十八　二苯胺定糖法测定DNA含量

【目的和要求】

掌握二苯胺定糖法测定DNA含量的原理和操作方法。

【实验原理】

DNA在酸性条件下加热，其嘌呤碱与脱氧核糖间的糖苷键断裂，生成嘌呤碱、脱氧核糖和脱氧嘧啶核苷酸，而2-脱氧核糖在酸性环境中加热脱水生成ω-羟基-γ-酮基戊糖，后者与二苯胺试剂反应产生蓝色化合物，其反应如下：

$$2-脱氧核糖 + 二苯胺 \xrightarrow{H^+(-H_2O)} 蓝色化合物$$

蓝色化合物在595 nm处有最大吸收，且DNA在40～400 μg/mL范围内，吸光值与DNA浓度成正比。在反应液中加入少量乙醛，可以减少一些物质的干扰，提高反应灵敏度。

【试剂和器材】

一、试剂

1.标准DNA溶液

准确称取10 mg小牛胸腺DNA，以0.01 mol/L NaOH溶液溶解，转移至50 mL容量瓶中，用0.01 mol/L NaOH溶液稀释至刻度。浓度为200 μg/mL。

2.DNA样品

源自实验二十七中提取得到的DNA粗制品。

3.二苯胺试剂

称取1 g结晶二苯胺，溶于100 mL分析纯冰乙酸中，加60%过氯酸10 mL混匀。临用前加入1 mL 1.6%乙醛溶液（乙醛溶液应保存在冰箱中，一周内可使用），此溶剂应为无色。

4.0.01 mol/L NaOH溶液。

5.无水乙醇。

二、器材

1.试管

2.试管架

3.恒温水浴

4.UNICO 7200型可见光分光光度计（上海UNICO）和比色皿

5.电吹风机

【实验操作】

一、标准曲线的绘制

取干燥试管7支，编号，按下表所示加入试剂。

操 作	管 号						
	0	1	2	3	4	5	6
标准DNA溶液(200 μg/mL)/mL	0.0	0.4	0.8	1.0	1.2	1.6	2.0
DNA含量/μg	0	80	160	200	240	320	400
0.01 mol/L NaOH溶液/mL	2.0	1.6	1.2	1.0	0.8	0.4	0.0
二苯胺试剂/mL	4.0	4.0	4.0	4.0	4.0	4.0	4.0
反应条件	充分混匀后,沸水浴中煮沸10 min,冷水冷却						
A_{595}							

以0号管作对照，于595 nm处测得各管的吸光值为纵坐标、DNA含量为横坐标，绘制标准曲线。

二、样品测定

1.DNA样品的制备

量取10 mL无水乙醇，将实验二十七中提取得到的DNA样品淋洗一遍后冷风吹干；电子天平上准确称取干燥的DNA样品20.0 mg，放入100 mL烧杯内，用0.01 mol/L NaOH溶液溶解，转移至50 mL容量瓶，定容至刻度，配制成约400 μg/mL的DNA样品溶液。

2.DNA样品溶液中含量的测定

取4支试管，3支为样品管，1支为空白对照管，按下表平行操作：

操 作	管 号			
	0	7	8	9
DNA样品液/mL	0.0	2.0	2.0	2.0
0.01mol/L NaOH溶液/mL	2.0	0.0	0.0	0.0
二苯胺试剂/mL	4.0	4.0	4.0	4.0
反应条件	充分混匀后,沸水浴中煮沸10 min,冷水冷却			
A_{595}				

【结果处理】

1.绘制标准曲线：

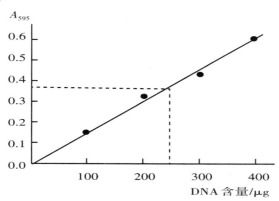

图12-2　二苯胺定糖法测定DNA含量标准曲线

2.根据测得样品的吸光值，从标准曲线上查出相应吸光值的DNA含量，再算出100 g 兔肝中DNA的含量（mg）。

$$DNA含量(mg/100\ g\ 兔肝) = \frac{Y \times V_a \times N}{V_x \times W} \times 10^{-3} \times 100$$

其中，Y 为标准曲线查得的DNA含量（μg）；

V_a 为DNA提取上清液的总体积（mL）；

N 为从DNA提取液至测试液的稀释倍数；

V_x 为DNA提取液测定时所取的体积（mL）；

10^{-3} 是从μg换算成mg的倍数；

W 为称取兔肝的质量（g）。

【注意事项】

1.该反应灵敏度较低，但方法简便，目前仍广泛使用。

2.其他糖及糖的衍生物、芳香醛、羟基醛和蛋白质等，对此反应有干扰，测定前应尽量除去。

3.由于二苯胺试剂是以纯冰乙酸和60%过氯酸为溶剂配置而成的，具有很强的腐蚀性，因此，在比色测定时，应避免溅到仪器和桌面上，更不要溅在皮肤或眼睛上，若溅到皮肤上，请立即用大量流动清水冲洗（至少15 min），必要时就医。

4.RNA含有核糖，DNA含有脱氧核糖，两种糖有不同的颜色反应，经过显色后，所呈现的颜色深浅在一定范围内与样品所含的糖量成正比。由于常用的测糖法只能测定RNA和DNA中与嘌呤连接的核糖，而不同来源的核酸含嘌呤、嘧啶的比例各不相同，故根据测得的糖量换算出的核酸含量不一定准确。所以，为了减小误差，应选用与被测核酸来源一致的纯化标准核酸作标准曲线。

5.二苯胺结晶微溶于水，溶于冰乙酸、乙醇、乙醚、苯等有机溶剂，也能溶于浓无机酸中，但用水稀释时会析出，产生白色混浊，干扰比色测定。

【思考题】

1.若要快速简便地区分出 RNA 和 DNA，应该采用什么颜色反应？为什么？

2.如何证明提取到的某种核酸是 DNA 还是 RNA？

【参考文献】

［1］李建武，萧能庆.生物化学实验原理和方法[M].北京：北京大学出版社，1994.

［2］李如亮.生物化学实验[M].武汉：武汉大学出版社，1998.

［3］张龙翔，张庭芳，李令媛.生化实验方法和技术[M].北京：高等教育出版社，1996.

［4］王镜岩，朱圣庚.生物化学[M].北京：高等教育出版社，2002.

［5］北京大学生物系生物化学教研室.生物化学实验指导[M].北京：高等教育出版社，1979.

实验二十九 定磷法测定RNA含量

【目的和要求】

学习和掌握定磷法测定核糖核酸和脱氧核糖核酸含量的原理和操作方法。

【实验原理】

核苷酸和核酸均为含磷的有机化合物，RNA含磷量为8.5%～9.0%，DNA为9.2%，即核酸质量为磷质量的11倍左右，每测得1 mg核酸的磷，即表示含有11 mg的核酸，因此可以用定磷法来测定核酸的含量。

用浓硫酸将核酸消化，使其有机磷氧化成无机磷，而无机磷与定磷试剂中的钼酸铵反应生成磷钼酸铵，在一定酸度下遇还原剂（抗坏血酸，Vit C）时，其中的高价钼（Mo^{6+}）被还原成低价钼（Mo^{4+}），此四价钼再与试剂中的其他MoO_4^{2-}（钼酸根）结合生成深蓝色的磷钼蓝，该物质在660 nm处有最大的吸收值，在一定磷浓度范围（1～25 μg/mL）内，蓝色的深浅与磷含量成正比。为了求得磷含量与吸光值的关系，必须先用标准无机磷溶液（KH_2PO_4）与定磷试剂反应，作出无机磷含量与吸光值关系的标准曲线。

为了消除核酸样品中原有无机磷杂质的影响，应同时测定核酸样品中的无机磷，并从高磷中减去无机磷，才能代表核酸中真正所含的磷。

定磷法准确性好，灵敏度高，最低可测到每毫升10微克核酸的水平，因此在核酸定量测定方法中作为紫外吸收法和定糖法的基准方法。反应方程式如下：

$$(NH_4)_2MoO_4 + H_2SO_4 \rightarrow H_2MoO_4 + (NH_4)_2SO_4$$

$$12H_2MoO_4 + H_3PO_4 \rightarrow H_3P(Mo_3O_{10})_4 + 12H_2O$$

$$H_3P(Mo_3O_{10})_4 \xrightarrow{\text{Vit C}} Mo_2O_3 \cdot MoO_3 (\text{钼蓝})$$

【试剂、器材和实验材料】

一、试剂

1.标准磷溶液

将磷酸二氢钾（KH_2PO_4，分析纯）预先置于105 ℃烘箱烘至恒重，降至室温后精确称取0.2195 g（含磷50 mg），用重蒸水溶解，定容至50 mL（含磷量为1 mg/mL）为原液，冰箱贮存。测定时稀释100倍（含磷量为10 μg/mL）。

2.定磷试剂

3 mol/L硫酸-水-2.5%钼酸铵-10% Vit C（1∶2∶1∶1，体积比）。

3.5%氨水。

4.30% H_2O_2。

二、器材

1.凯氏烧瓶

2.电炉

3.试管

4.试管架

5.恒温水浴

6.UNICO 7200型可见光分光光度计（上海UNICO）和比色皿

三、实验材料

酵母RNA

【实验操作】

一、标准曲线的绘制

取干燥、洁净试管7支，编号，按下表所示加入试剂。

操　作	管　号						
	0	1	2	3	4	5	6
标准磷溶液(10 μg磷/mL)/mL	0.0	0.2	0.4	0.6	0.8	1.0	1.2
磷含量/μg	0	2	4	6	8	10	12
蒸馏水/mL	3.0	2.8	2.6	2.4	2.2	2.0	1.8
定磷试剂/mL	3.0	3.0	3.0	3.0	3.0	3.0	3.0
反应条件	充分混匀后，45 ℃恒温水浴中保温25 min，冷却						
A_{660}							

以0号管作对照，于660 nm处测得各管的吸光值为纵坐标、含磷量为横坐标，绘制标准曲线。

二、样品的制备

1.总磷样品的制备：准确称取0.1 g酵母RNA，用少量水溶解（如不溶可滴加5%氨水至pH 7.0），转移至50 mL凯氏烧瓶中，加2.5 mL 27% H_2SO_4及一粒玻璃珠，放入通风橱内进行消化，为加快消化，期间可滴加30% H_2O_2，当溶液透明时表示消化完成。冷却，将消化液移入1000 mL容量瓶中，并将涮洗凯氏烧瓶后的溶液并入容量瓶中，定容至刻度，即为总磷样品的测试液。

2.另取0.1 mL蒸馏水代替酵母RNA，与消化总磷样品相同的条件进行消化，最后稀释至1000 mL，即为总磷空白溶液。

3.无机磷样品的制备：准确称取0.1 g酵母RNA，用少量蒸馏水溶解定容至1000 mL，过滤，滤液即为无机磷样品的测试液。

三、样品测定

取 8 支试管，7 号为总磷空白管，8～10 号为总磷样品管；11 号为无机磷空白管，12～14 号为无机磷样品管，按下表平行操作：

操　作	管　号							
	7	8	9	10	11	12	13	14
总磷空白液 /mL	1.0	—	—	—	—	—	—	—
总磷测试液 /mL	—	1.0	1.0	1.0	—	—	—	—
无机磷测试液 /mL	—	—	—	—	—	1.0	1.0	1.0
蒸馏水 /mL	2.0	2.0	2.0	2.0	3.0	2.0	2.0	2.0
定磷试剂 /mL	3.0	3.0	3.0	3.0	3.0	3.0	3.0	3.0
反应条件	充分混匀后，45 ℃恒温水浴中保温 25 min，冷却							
A_{660}								

【结果处理】

1. 绘制标准曲线：

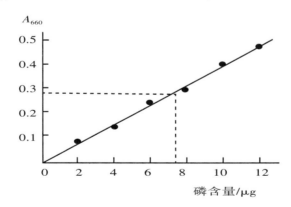

图 12-3　定磷法测定 RNA 含量标准曲线

2. 取总磷样品管和无机磷样品管的 A_{660} 平均值，再根据下式计算有机磷的 A_{660}：

$$有机磷 A_{660} = M(总磷 A_{660}) - M(无机磷 A_{660})$$

由标准曲线查得有机磷质量（x μg），计算出核酸制品中核酸的百分含量：

$$核酸(\%) = \frac{\dfrac{x}{测定时取样体积(mL)} \times 稀释倍数 \times 11}{RNA样品质量(μg)} \times 100\%$$

【注意事项】

1.酵母RNA消化时，一开始要用小火，并且加一粒玻璃珠防止暴沸，因为RNA碳化容易产生泡沫溢出，造成损失。等黑褐色泡沫褪尽，再调成中火。为了防止消化液蒸发干，瓶口最好放一个小漏斗，形成回流。

2.定磷试剂要临用前配制，溶液淡黄色是有效的，如果颜色变为深黄色，甚至褐色、蓝色，表明试剂已经失效。

3.实验中涉及三个空白对照，分别消除标准磷、总磷、无机磷样品的系统误差。

4.定磷法测定RNA含量的反应敏感度高，易受影响，试管、吸量管等玻璃器皿一定要洁净、干燥。

【思考题】

1.为什么所用水的质量、钼酸铵的质量和显色时酸的浓度对测定结果影响较大？

2.以洗衣粉为测试对象，按照定磷法设计一个实验，测试其中的磷含量，再查阅我国有关洗衣粉磷含量标准的规定，看看你所测试的洗衣粉是否合格。

【参考文献】

[1] 萧能庆，余瑞元，袁明秀，等.生物化学实验原理和方法[M].北京：北京大学出版社，2004.

[2] 张龙翔，张庭芳，李令媛.生化实验方法和技术[M].北京：高等教育出版社，1996.

实验三十　离子交换柱层析法分离核苷酸

【目的和要求】

1.了解 RNA 碱水解的原理和方法。

2.掌握离子交换柱层析法分离核苷酸的原理及操作技术。

3.熟练掌握紫外吸收分析方法。

【实验原理】

离子交换层析是指溶液中的离子通过和交换剂上的解离基团进行连续、竞争性的交换平衡而达到分离目的的方法。首先，根据混合物中所含物质的解离性质、带电状态（或极性）的差别选择适当类型的离子交换剂，使不同组分对离子交换剂产生不同的亲和力；然后，通过控制吸附和洗脱条件（主要是洗脱液的离子强度和 pH 值），使混合物中各组分按亲和力大小顺序依次从层析柱中洗脱下来。

在离子交换层析中，分配系数或平衡常数（K_d）是一个重要的参数：

$$K_d = c_s / c_m$$

式中：c_s 是离子交换树脂吸附某物质的物质的量浓度，c_m 是该物质在流动相中的物质的量浓度。由此可见，与交换剂的亲和力越大，c_s 越大，K_d 值也越大。各种物质 K_d 值差异的大小决定了分离的效果。差异越大，分离效果越好。

核酸经酸、碱或酶水解可以产生各种核苷酸，核苷酸能解离的基团有第一磷酸基（pK_{a1}）、含氮环上的氨基（pK_{a2}）、第二磷酸基（pK_{a3}）和烯醇基（pK_{a4}）等。由表 12-1 可见，各个核苷酸之间 pK_{a1}、pK_{a3} 和 pK_{a4} 的数值差别较小，不能成为彼此分离的基础。而含氮环（尿苷酸除外）的 pK_{a2} 值在各个核苷酸之间的差别较大（2.4～4.5），导致各个核苷酸的 pI 值有显著差别，这在离子交换柱层析分离核苷酸中起着决定性的作用。

根据四种核苷酸的 pK_a 值和 pI 值（表 12-1），当用含竞争性离子的洗脱液进行洗脱时，洗脱下来的次序本该是 CMP、AMP、GMP 和 UMP，但是，实际洗脱下来的次序为 CMP、AMP、UMP 和 GMP。这是因为本实验所用的树脂的不溶性基质是非极性的，它与嘧啶碱基的吸附力小于与嘌呤碱基的吸附力，故而 UMP 比 GMP 先洗脱下来。

表 12-1　四种核苷酸的解离常数（pK_a）和等电点 pI 值

核苷酸	第一磷酸基（pK_{a1}）	含氮环（pK_{a2}）	第二磷酸基（pK_{a3}）	烯醇基（pK_{a4}）	等电点（pI）
腺苷酸(AMP)	0.9	3.7	6.2	—	2.35
鸟苷酸(GMP)	0.7	2.4	6.1	9.70	1.55
胞苷酸(CMP)	0.8	4.5	6.3	—	2.65
尿苷酸(UMP)	1.0	—	6.4	9.43	—

表12-2 部分核苷酸的物理常数

核苷酸	相对分子质量	pH 异构体	紫外吸收光谱性质							
			摩尔消光系数 $E_{260} \times 10^{-3}$		吸光值比值					
					250/260		280/260		290/260	
			2	7	2	7	2	7	2	7
腺嘌呤核苷-2′-、3′-或5′-磷酸	347.2	2′	14.5	15.3	0.85	0.8	0.23	0.15	0.038	0.009
		3′	14.5	15.3	0.85	0.8	0.23	0.15	0.038	0.009
		5′	14.5	15.3	0.85	0.8	0.22	0.15	0.03	0.009
鸟嘌呤核苷-2′-、3′-或5′-磷酸	363.2	2′	12.3	12.0	0.90	1.15	0.68	0.68	0.48	0.285
		3′	12.3	12.0	0.90	1.15	0.68	0.68	0.48	0.285
		5′	11.6	11.7	1.22	1.15	0.68	0.68	0.40	0.28
胞嘧啶核苷-2′-、3′-或5′-磷酸	323.2	2′	6.9	7.75	0.48	0.86	1.83	0.86	1.22	0.26
		3′	6.6	7.6	0.46	0.84	2.00	0.93	1.45	0.30
		5′	6.3	7.4	0.46	0.84	2.10	0.99	1.55	0.30
尿嘧啶核苷-2′-、3′-或5′-磷酸	324.2	2′	9.9	9.9	0.79	0.85	0.30	0.25	0.03	0.02
		3′	9.9	9.9	0.74	0.83	0.33	0.25	0.03	0.02
		5′	9.9	9.9	0.74	0.73	0.38	0.40	0.03	0.03

　　由于核苷酸中都含有嘌呤和嘧啶碱基，这些碱基都具有共轭双键，对250～280 nm波段的紫外光有强烈吸收，而且存在特征的紫外吸收比值。可以通过测定各洗脱峰溶液在220～300 nm波长范围内的紫外吸收，作出紫外吸收光谱图，与标准吸收光谱进行比较，并根据其吸光值比值：A_{250}/A_{260}、A_{280}/A_{260}、A_{290}/A_{260}，与标准比值（表12-2）相对照，就可以确定其为何种核苷酸，同时也能算出RNA中核苷酸的相对物质的量比。

　　本实验采用聚苯乙烯-二乙烯苯-三甲胺季铵碱型粉末阴离子树脂（201×8）分离四种单核苷酸。首先，以酵母RNA为实验材料，将RNA用碱水解成单核苷酸，使本底离子强度降至0.02以下。然后，调整水解液pH值至6以上，溶液的pH大于四种核苷酸的pI，核苷酸均带负电荷，都能与阴离子交换树脂相结合。其结合力大小，与核苷酸的pI值有关。pI值越小，与阴离子交换树脂的结合力越强，越不易洗脱下来；pI值越大，越易洗脱下来，从而达到分离的目的。最后，采用紫外吸收法进行鉴定。同时通过测定各单核苷酸的含量，可以计算出酵母RNA的碱基组成。

【试剂和器材】

一、试剂

1.RNA 酵母RNA，商品。

2.强碱型阴离子交换树脂201×8（聚苯乙烯–二乙烯苯–三甲胺季铵碱型，全交换量大于3 mmol/L干树脂，粉末型100～200目）。

3. 1 mol/L甲酸：取 42.8 mL 88%甲酸定容至 1000 mL。

4. 1 mol/L甲酸钠溶液：称 68.3 g甲酸钠用水溶解定容至 1000 mL。

5. 0.2 mol/L甲酸：取 100 mL 1 mol/L甲酸定容至 500 mL。

6. 0.02 mol/L甲酸：取 10 mL 1 mol/L甲酸定容至 500 mL。

7. 0.15 mol/L甲酸：取 75 mL 1 mol/L甲酸定容至 500 mL。

8. 0.01 mol/L甲酸–0.05 mol/L甲酸钠溶液（pH 4.44）：取 5 mL 1 mol/L甲酸、25 mL 1 mol/L甲酸钠溶液定容至 500 mL。

9. 0.1 mol/L甲酸–0.1 mol/L甲酸钠溶液（pH 3.74）：取 50 mL 1 mol/L甲酸、50 mL 1 mol/L甲酸钠溶液定容至 500 mL。

10. 0.3 mol/L氢氧化钾溶液：取 1.68 g氢氧化钾用水溶解，定容至 100 mL。

11. 2 mol/L过氯酸：取 17 mL 70%～72%过氯酸定容至 100 mL。

12. 2 mol/L氢氧化钠溶液。

13. 1 mo/L盐酸。

14. 0.5 mol/L氢氧化钠溶液。

15. 1%硝酸银溶液。

二、器材

1.玻璃柱（10 mm×200 mm）

2.下口瓶

3.恒流泵

4.UNIC UV2002型紫外–可见分光光度计和石英比色皿

5.部分收集器

6.记录仪

7.酸度计

8.恒温水浴锅

9.电子天平

10.细长滴管

【实验操作】

一、离子交换树脂的前处理

新树脂用水浸泡并利用浮选法除去细小颗粒，先用0.5 mol/L氢氧化钠溶液浸泡1 h，以除去碱溶性杂质，然后用无离子水洗至中性。再用1 mol/L盐酸浸泡0.5 h，除去酸溶性杂质，再用无离子水洗至中性。如此反复处理2次，最后用水洗至中性。用1 mol/L甲酸钠溶液浸泡，使树脂转变成甲酸型。

二、离子交换柱的安装

取一支玻璃层析柱（10 mm×200 mm），在下端的橡皮塞中央插入一玻璃滴管供收集流出液，橡皮塞上盖以尼龙网或薄绢以防止离子交换树脂流出，垂直固定在铁架台上。

将处理好的强碱型阴离子交换树脂悬浮液搅匀，一次性倒入玻璃柱内，使树脂自由沉降至柱下部，用一稍小于层析柱内径的圆滤纸片盖在树脂面上。打开柱下端出水螺旋夹缓慢放出液体，使液面降至滤纸片下树脂面上。经沉积后离子交换树脂柱床高达层析柱的3/5～4/5左右。要求柱内无气泡，无结节，床面平整。

三、树脂的转型处理

树脂的转型处理就是使树脂带上洗脱时需要的离子。本实验需要将阴离子交换树脂由氯型转变为甲酸型。将装好的层析柱先用1 mol/L甲酸钠溶液洗，直到流出液中不含氯离子（与1%硝酸银溶液反应呈阴性）。最后用0.2 mol/L甲酸洗，直到260 nm处吸光值低于0.020，再换用蒸馏水洗脱至接近中性，即可使用。

四、样品处理

称取20 mg酵母RNA，溶于2 mL 0.3 mol/L氢氧化钾溶液中，于37 ℃恒温水浴中水解20 h。RNA在碱作用下水解成单核苷酸，水解完成后，用2 mol/L过氯酸溶液调至pH 2以下，以4000 r/min离心10 min，取上清液，用2 mol/L氢氧化钠溶液调至pH 8，并用紫外分光光度计准确测得核苷酸混合物的$A_{260\,(m)}$值后待用。

五、加样

松开层析柱出水螺旋夹，使液面降至树脂表面，旋紧螺旋夹，用细长滴管将1 mL RNA水解液小心地加到离子交换树脂表面，待样品液面降低到滤纸片内时，用该滴管加少量蒸馏水，再用200 mL蒸馏水淋洗树脂柱。碱基、核苷及其他不被阴离子交换树脂吸附的杂质均被洗出。收集蒸馏水洗脱液，在紫外分光光度计上测260 nm处吸光值，直至洗脱液不含紫外吸收物质（吸光值低于0.020）。

六、核苷酸混合物的梯度洗脱

依次用下列洗脱液分段洗脱：
第一峰：500 mL 0.02 mol/L甲酸；
第二峰：500 mL 0.15 mol/L甲酸；
第三峰：500 mL 0.01 mol/L甲酸-0.05 mol/L甲酸钠溶液（pH 4.44）；
第四峰：500 mL 0.1 mol/L甲酸-0.1 mol/L甲酸钠溶液（pH 3.74）。
用部分收集器收集流出液，控制流速8 mL/10 min，8 mL/管。

七、核苷酸的鉴定及含量的测定

以相应各峰的洗脱液为空白对照，用紫外光分光光度计测定各管溶液在 250 nm、260 nm、280 nm、290 nm 波长处吸光值。

八、测定各种核苷酸总回收率

分别合并（包括最高峰管在内）各组分洗脱峰管内的洗脱液，用量筒测出溶液的总体积，然后以相应各峰的洗脱液为空白对照测定各组分总的 $A_{260(s)}$ 值。根据核苷酸混合物上样前的 $A_{260(m)}$ 值及层析后各组分 $A_{260(s)}$ 值之和，计算出离子交换柱层析的回收率。

【结果处理】

1.根据各洗脱部分核苷酸在不同波长时吸光值比值（A_{250}/A_{260}、A_{280}/A_{260}、A_{290}/A_{260}），对照标准比值（见表 12-2）以及洗脱时相对位置，确定其为何种核苷酸。由洗脱液的体积和它们在紫外光区的吸光值，根据朗伯-比尔定律，计算各种核苷酸的含量（各种核苷酸的摩尔消光系数见表 12-2）。

2.作出阴离子交换树脂层析柱的洗脱曲线。以洗脱液体积为横坐标、以 260 nm 吸光值为纵坐标作图，确定各核苷酸组分的峰位置（参见图 12-4）。

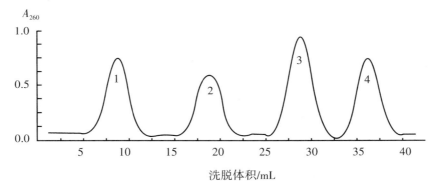

1.CMP；2.AMP；3.UMP；4.GMP

图 12-4　阴离子交换树脂层析洗脱曲线

3.作出各单核苷酸的紫外吸收光谱图。以波长为横坐标、吸光值为纵坐标，作出 230 ～300 nm 波长范围内各组分的吸收光谱图，并求出每个组分的最大吸收峰的波长值（λ_{max}）。

4.计算总回收率。

$$回收率 = \frac{\sum A_{260(s)}}{A_{260(m)}} \times 100\%$$

式中，$\sum A_{260(s)}$ 为层析后各单核苷酸 A_{260} 值之和，$A_{260(m)}$ 为核苷酸混合物上样前的 A_{260} 值。

【注意事项】

1.影响离子交换层析中分配系数 K_d 值的因素很多，如被分离物所带电荷多少、空间结构因素、离子交换剂的非极性亲和力大小、温度高低等。实验中，要根据分离物的性质选择合适的离子交换树脂，加之处理彻底，转型合适，还要反复摸索吸附和洗脱条件，才能得到最佳的分离效果。

2.用离子交换树脂分离核苷酸，可通过调节样品溶液的pH值使它们的可解离基团解离，使单核苷酸带上大量相应的电荷。同时减少样品溶液中除核苷酸外的其他离子的强度。这样，当样品液加入到层析柱时，核苷酸就可以与离子交换树脂相结合。洗脱时，通过改变pH值或增加洗脱液中竞争性离子的强度，使被吸附的核苷酸的相应电荷降低，进而与树脂的亲和力降低，必要时提高温度使离子交换树脂对单核苷酸的非极性吸附作用减弱，使核苷酸得到很好的分离。

3.在整个洗脱分离过程中防止层析柱内液面低于树脂表面，当液面低于树脂表面时空气将进入，在树脂柱内形成气泡，降低层析效果。

4.同一种核苷酸的不同异构体的洗脱顺序取决于它们的磷酸基在核糖上的位置。由于2′-磷酸基比3′-磷酸基距离碱基更近，因而它的负电性对碱基正电荷的电中和影响更大，其pK也较大。例如2′-核苷酸的 $pK_1 = 4.4$，3′-核苷酸的 $pK_1 = 4.3$，因此，2′-核苷酸与交换剂的结合力相对较弱，更易被洗脱下来。

5.上层析柱的样品浓度不宜过大，洗脱的流速不宜过快，洗脱液的pH值要严格控制。否则将使吸附不完全，洗脱峰平坦而使各核苷酸分离不开。

6.为缩短整个洗脱过程，本实验通过逐渐加大甲酸的浓度及加入甲酸钠溶液来逐渐增加洗脱液的酸度和竞争性离子强度，以减弱离子交换树脂的吸附作用。

【思考题】

1.离子交换剂由哪几部分组成？何谓阳离子交换剂和阴离子交换剂？

2.离子交换柱层析分离核苷酸的原理是什么？

3.何谓离子交换树脂的转型？有什么作用？根据什么原则进行转型处理？

4.试设计利用离子交换剂分离一种含等电点分别为4.0、6.0、7.5、9.0的蛋白质混合液的方案，并简述理由。

【参考文献】

［1］张龙翔，张庭芳，李令媛.生化实验方法和技术[M].北京：高等教育出版社，1996.

［2］赵永芳.生物化学技术原理及应用[M].北京：科学出版社，2008.

［3］陈毓荃.生物化学实验方法和技术[M].北京：科学出版社，2002.

［4］邵雪玲，毛歆，郭一清.生物化学与分子生物学实验指导[M].武汉：武汉大学出版社，2003.

第十三章　酶

实验三十一　酶的特异性

【目的和要求】

1.了解酶的特异性。

2.掌握检查酶特异性的方法及原理。

【实验原理】

酶是生物体内一类具有催化功能的蛋白质（传统酶的概念），即生物催化剂。它与一般催化剂的最主要区别就是具有高度的特异性（专一性）。所谓特异性是指酶对所作用的底物有严格的选择性，即一种酶只能对一种化合物或一类化合物（其结构中具有相同的化学键）起一定的催化作用，而不能对别的物质起催化作用。酶的特异性是酶的特征之一，但各种酶所表现的特异性在程度上有很大差别，又可分为结构特异性和立体异构特异性。

淀粉和蔗糖都是非还原性糖，分别为唾液淀粉酶和蔗糖酶的专一底物。唾液淀粉酶可水解淀粉生成具有还原性的麦芽糖，但不能水解蔗糖；蔗糖酶可水解蔗糖生成具有还原性的葡萄糖和果糖，但不能水解淀粉。

本尼迪克特（Benedict）试剂是含硫酸铜和枸橼酸钠的碳酸钠溶液，可以将还原糖氧化成相应的化合物，同时 Cu^{2+} 被还原成 Cu^+，即蓝色硫酸铜溶液被还原产生砖红色的氧化亚铜沉淀。因此，可用 Benedict 试剂检查两种酶水解各自的底物所生成产物的还原性，来加深对酶特异性的理解。

本实验以唾液淀粉酶和蔗糖酶分别对淀粉和蔗糖的催化作用，观察酶的专一性。

【试剂和器材】

一、试剂

1. 2%蔗糖。

2. 1%淀粉（内含0.3%的NaCl）。使用前摇匀。

3. 唾液淀粉酶溶液

用新鲜蒸馏水漱口，口含约 30 mL 蒸馏水 3 min，期间不时鼓动腮部，以刺激唾液腺。收集唾液水溶液于 200 mL 烧杯中，加蒸馏水至 100 mL，搅拌均匀，备用。

4.蔗糖酶溶液

取活性干酵母 1.0 g，置于研钵中，加少量蒸馏水及石英砂研磨提取约 10 min，再加蒸馏水至总体积约为 20 mL，过滤或离心，取滤液或上清液备用。

5.Benedict 试剂

将无水硫酸铜 17.3 g 溶于 100 ℃ 热蒸馏水中，冷后稀释至 150 mL。另取枸橼酸钠 173 g 及碳酸钠（$Na_2CO_3 \cdot H_2O$）100 g，放入 600 mL 水中，加热溶解，溶液如有浑浊，过滤，冷后稀释至 850 mL。最后，将硫酸铜溶液缓缓倾入枸橼酸钠–碳酸钠溶液中，混匀（此溶液可长期保存）。

二、器材

1.恒温水浴锅
2.试管及试管架
3.漏斗和滤纸
4.吸量管
5.量筒
6.烧杯
7.离心机
8.沸水浴

【实验操作】

一、淀粉酶的特异性

取试管 5 支，编号，按下表所列的次序操作。

操　作	管　号				
	1	2	3	4	5
1% 淀粉-0.3% 的 NaCl 溶液 /mL	3.0	—	3.0	—	—
2% 蔗糖溶液 /mL	—	3.0	—	3.0	—
蒸馏水 /mL	1.0	1.0	—	—	3.0
唾液淀粉酶 /mL	—	—	1.0	1.0	1.0
记录观察现象					

各管加完试剂后，立刻摇匀，放 37 ℃ 恒温水浴保温 15 min，然后每管加入 Benedict 试剂 2 mL，再放入沸水浴 5 min。

二、蔗糖酶的特异性

取试管5支，编号，按下表所列的次序操作：

操　作	管　号				
	1	2	3	4	5
1%淀粉–0.3%的NaCl溶液/mL	3.0	—	3.0	—	—
2%蔗糖溶液/mL	—	3.0	—	3.0	—
蒸馏水/mL	1.0	1.0	—	—	3.0
蔗糖酶/mL	—	—	1.0	1.0	1.0
记录观察现象					

各管加完试剂后，立刻摇匀，放入37 ℃恒温水浴保温15 min，然后每管加入Benedict试剂2 mL，再放入沸水浴5 min。

【实验结果】

记录实验现象，并解释实验结果。

【注意事项】

1.蔗糖是典型的非还原糖，若商品中还原糖的含量超过一定的标准，则呈现还原性，这种蔗糖不能使用。一般在实验前要对所用的蔗糖进行检查，至少要用分析纯试剂。

2.由于不同的人或同一个人不同时间采集的唾液内淀粉酶的活性并不相同，有时差别很大，所以唾液的稀释倍数可根据各人的唾液淀粉酶的活性进行调整，一般为20～200倍。

3.制备的蔗糖酶液一般情况下含有少量的还原糖杂质，所以可出现轻度的阳性反应。另外，不纯净的淀粉及加热过程中淀粉的部分降解，也可出现轻度的阳性反应。

4.除了含有淀粉酶外，唾液中还含有少量的麦芽糖酶，可使麦芽糖水解为葡萄糖。

【思考题】

1.什么是酶的特异性？本实验如何验证了酶的特异性？

2.若将淀粉酶和蔗糖酶煮沸1 min，其实验结果会发生什么样的变化？

3.观察酶的特异性实验为什么要设计这5组实验？每组各有何意义？

4.实验中为什么要用含有0.3% NaCl 的淀粉？

【参考文献】

［1］北京大学生物系生物化学教研室.生物化学实验指导[M].北京：高等教育出版社，1979.

［2］李建武，萧能庚.生物化学实验原理和方法[M].北京：北京大学出版社，1994.

［3］王秀奇.基础生物化学实验[M].2版.北京：高等教育出版社，1999.

实验三十二　酶促反应动力学

（pH、温度、激活剂和抑制剂对酶促反应速度的影响）

【目的和要求】

1. 了解pH对酶活力的影响，学习测定酶最适pH值的方法。
2. 通过检验不同温度下唾液淀粉酶的活性，了解温度对酶活性的影响。
3. 学习检测激活剂和抑制剂影响酶反应的原理和方法。

【实验原理】

酶促反应动力学（kinetics of enzyme-catalyzed reactions）是研究酶促反应速度及其影响因素的科学。这些因素主要包括酶的浓度、底物的浓度、pH、温度、抑制剂和激活剂等。

酶的活性受环境pH的影响非常明显。通常各种酶只有在一定的pH范围内才表现它的活性。例如，胃蛋白酶的最适pH为1.5～2.5，胰蛋白酶的最适pH为8等。一种酶表现其活性最高时的pH值，称为该酶的最适pH。pH低于或高于最适pH时，酶的活性降低。当环境pH改变时，酶分子活性部位上的基团及其底物的解离状态都会受到影响，从而影响酶活性中心与底物的结合或催化作用。此外，有关基团解离状态的改变使酶的空间构象发生变化，甚至会使酶变性。除了少数酶能忍受较大的pH的变化，大多数酶保持活性的pH值范围很窄，因此生物体常需使用缓冲体系调节体内的pH值。应当指出酶的最适pH不是一个特征性的物理常数，它受底物性质和缓冲溶液性质的影响。例如，唾液淀粉酶的最适pH约为6.8，但在磷酸缓冲液中，其最适pH为6.4～6.6，在乙酸缓冲液中则为5.6。

与大多数化学反应一样，酶的催化作用受温度影响很大。在一定的温度范围，酶的活性通常随温度的升高而升高，因为有更多的分子成为活化分子。反之，则下降。通常温度每升高10℃，反应速度加快一倍左右，直至反应速度达到最大值。然而，酶是一种蛋白质，温度过高会使蛋白质变性，导致酶活性逐渐丧失。因此，每种酶都有它的最适温度，即酶促反应速度最大值时的温度。反应温度高于或低于最适温度，反应速度逐渐下降，以至完全停止反应。通常酶的最适温度接近于它所存在的生物体的温度，比如，人体中的大多数酶的最适温度是37℃左右，而植物酶的最适温度为50℃～60℃。但是，一种酶的最适温度不是一个常数，它与催化作用的时间长短有关，反应时间延长时，最适温度向数值较低的方向移动。

酶的活性受激活剂或抑制剂的影响。氯离子为唾液淀粉酶的激活剂，铜离子为其抑制剂。激活剂能增加酶的活力，抑制剂会降低酶的活力。很少量的激活剂或抑制剂就会影响酶的活性，而且常具有特异性。值得注意的是激活剂和抑制剂不是绝对的，有些物质在低浓度时为某种酶的激活剂，而在高浓度时则成为该酶的抑制剂。例如，NaCl是唾液淀粉酶的激活剂，但NaCl浓度到1/3饱和度时就可抑制唾液淀粉酶的活性。

淀粉与各级糊精遇碘呈现不同的颜色。在不同pH、温度、激活剂和抑制剂存在下，唾液淀粉酶对淀粉水解活力的高低可通过水解混合物遇碘呈现颜色的不同来判断。

【试剂、器材和实验材料】

一、试剂

1. 0.3%氯化钠的0.5%淀粉溶液（新鲜配制，需加热至无浊状），使用前摇匀。

2. 0.3%氯化钠的0.2%淀粉溶液（新鲜配制，需加热至无浊状），使用前摇匀。

3. 0.1%淀粉，使用前摇匀。

4. 稀释100倍的新鲜唾液，具体配法参照实验三十一。

4. 0.2 mol/L磷酸氢二钠溶液

5. 0.1 mol/L柠檬酸溶液

6. 1% NaCl溶液

7. 0.1% $CuSO_4$溶液

8. 碘化钾-碘溶液：取碘化钾20 g、碘10 g溶于100 mL水中，用时稀释10倍。

二、器材

1. 试管和试管架

2. 吸量管（0.5 mL、1 mL、2 mL、5 mL、10 mL）

3. 锥形瓶（50 mL）、100 mL）

4. 烧杯（100 mL）

5. 量筒（100 mL）

6. 玻璃漏斗

7. 吸量管架

8. 白瓷板

9. 恒温水浴

10. 滴管

11. 秒表

12. 滤纸

13. 酸度计

14. 磁力搅拌器

15. 沸水浴

三、实验材料

冰块

【实验操作】

一、pH对酶促反应速度的影响

1. pH 5.0～8.0的8种缓冲溶液的配制

取8个50 mL锥形瓶，编号。按表13-1中的比例，用吸量管添加0.2 mol/L磷酸氢二钠溶液和0.1 mol/L柠檬酸溶液，混匀后，在酸度计上校正。

表13-1　0.2 mol/L磷酸氢二钠-0.1 mol/L柠檬酸缓冲液的配制

锥形瓶号	0.2 mol/L磷酸氢二钠/mL	0.1 mol/L柠檬酸/mL	缓冲液 pH
1	5.15	4.85	5.0
2	5.80	4.20	5.6
3	6.31	3.69	6.0
4	6.92	3.08	6.4
5	7.72	2.28	6.8
6	8.69	1.31	7.2
7	9.36	0.64	7.6
8	9.72	0.28	8.0

2.最适水解时间的确定

量取 pH 6.8 的缓冲液 3 mL 和 0.5% 淀粉-0.3%NaCl 溶液 2 mL，置于一支干燥、洁净的试管中，摇匀，加入稀释100倍的唾液 2 mL，摇匀后放入 37 ℃恒温水浴中保温。每隔 1 min 由试管中取出一滴混合液，置于白瓷板上，加 1 滴碘化钾-碘溶液，检验淀粉的水解程度，待结果呈橙黄色时，取出试管，记录保温时间。

注意：掌握该试管的水解程度是本实验成败的关键之一。

3.不同 pH 对酶促反应速度的影响

取 8 支干燥的试管，编号。吸取 1～8 号锥形瓶中不同 pH 的缓冲液各 3 mL，分别加入到相应号码（1～8 号）的试管中。然后，再向每个试管中添加0.5% 淀粉-0.3% 氯化钠溶液 2 mL，摇匀。以 1 min 的间隔，依次向第 1 号至第 8 号试管中加入稀释100倍的唾液 2 mL，摇匀，并以 1 min 的间隔依次将 8 支试管放入 37 ℃恒温水浴中保温。然后，按照上述确定的最适水解时间，依次将各管迅速取出，并立即加入碘化钾-碘溶液 2 滴，充分摇匀。观察各管呈现的颜色，判断在不同 pH 值下淀粉被水解的程度，可以看出 pH 对唾液淀粉酶活性的影响，并确定其最适 pH。

操　作	管　号							
	1	2	3	4	5	6	7	8
各管的pH值	5.0	5.6	6.0	6.4	6.8	7.2	7.6	8.0
相应pH缓冲液 /mL	3.0	3.0	3.0	3.0	3.0	3.0	3.0	3.0
0.5%淀粉-0.3%NaCl溶液 /mL	2.0	2.0	2.0	2.0	2.0	2.0	2.0	2.0
稀释唾液 /mL	2.0	2.0	2.0	2.0	2.0	2.0	2.0	2.0
反应条件	充分摇匀，每隔 1 min 依次放入 37 ℃水浴保温，达到保温时间后，每隔 1 min 依次取出							
KI-I$_2$液 /滴	2	2	2	2	2	2	2	2
记录观察现象								
结论								

二、温度对酶促反应速度的影响

取 3 支试管，编号后各加入 0.2% 淀粉–0.3%NaCl 溶液 2 mL。将第 1、2 号试管放入 37 ℃恒温水浴中保温，第 3 号试管放入冰水中冷却，5 min 后，向第 1 号试管中加入煮 沸 10 min 后的稀释唾液 1 mL，向第 2、3 号试管中加入室温下的稀释唾液 1 mL。摇匀， 20 min 后取出 3 支试管，各加入碘化钾–碘溶液 2 滴，混匀，比较各管溶液的颜色。判 断淀粉被唾液淀粉酶水解的程度。记录并解释结果。

操　作	管　号		
	1	2	3
0.2% 淀粉–0.3%NaCl 溶液 /mL	2.0	2.0	2.0
淀粉预处理	37 ℃水浴	37 ℃水浴 5 min	冰水浴 5 min
稀释唾液 /mL	1（煮沸 10 min 后）	1（室温约 20 ℃）	1（室温约 20 ℃）
反应条件	37 ℃水浴 20 min	37 ℃水浴 20 min	冰水浴 20 min
KI–I$_2$ 液 /滴	2	2	2
记录观察现象			
结论			

三、激活剂和抑制剂对酶促反应速度的影响

取 3 支试管，编号后按下表的次序操作，并观察比较 3 支试管颜色的深浅。

操　作	管　号		
	1	2	3
1% NaCl 溶液 /mL	1	—	—
0.1% CuSO$_4$ 溶液 /mL	—	1	—
蒸馏水 /mL	—	—	1
0.1% 淀粉 /mL	3	3	3
稀释唾液 /mL	1	1	1
反应条件	摇匀，置 37 ℃水浴保温 10 min，取出冷却		
KI–I$_2$ 液 /滴	2	2	2
记录观察现象			
结论			

【实验结果】

1.记录 pH 对唾液淀粉酶活性的影响，并确定其最适 pH。

2.记录温度对唾液淀粉酶活性的影响，并确定其最适温度。

3.记录 NaCl 和 $CuSO_4$ 对唾液淀粉酶活性的影响，并解释实验结果。

【注意事项】

1.在研究某一因素对酶促反应速度的影响时，应该维持反应中其他因素不变，而只改变要研究的因素。但必须注意，酶促反应动力学中所指明的速度是反应的初速度，因为此时反应速度与酶的浓度呈正比关系，这样避免了反应产物以及其他因素的影响。

2.酶对温度的稳定性与其存在形式有关。实践证明大多数酶在干燥的固体状态下比较稳定，能在室温下保存数月以至一年。溶液中的酶，一般不如固体的酶稳定，而且容易被微生物污染，通常很难长期保存而不丧失其活性，在高温的情况下，更不稳定。低温能降低或抑制酶的活性，但不能使酶失活。

3.如果激活剂或抑制剂的作用不明显，主要原因可能是唾液淀粉酶活性不够高，可以适当延长反应时间或者降低唾液稀释倍数，然后再继续实验。

【思考题】

1.pH 对酶活性有何影响？什么是酶反应的最适 pH？

2.酶反应的最适 pH 是否常数？它与哪些因素有关？这种性质对于选择测定酶活性的条件有什么意义？

3.什么是酶的最适温度？有何实践意义？

4.酶反应的最适温度是酶的特征性常数吗？它与哪些因素有关？

5.酶反应的抑制作用有哪些类型？各根据什么划分的？它们各有什么特点？

6.唾液淀粉酶的激活剂和抑制剂是什么？

7.通过以上酶学实验，你对下面问题如何认识：

（1）酶作为生物催化剂具有哪些特性？

（2）进行酶的实验必须注意控制哪些条件？为什么？

【参考文献】

[1] 北京大学生物系生物化学教研室.生物化学实验指导[M].北京：高等教育出版社，1979.

[2] 李建武，萧能庆.生物化学实验原理和方法[M].北京：北京大学出版社，1994.

[3] 王秀奇.基础生物化学实验[M].2版.北京：高等教育出版社，1999.

实验三十三 琼脂糖凝胶电泳分离乳酸脱氢酶同工酶

【目的和要求】

1. 掌握用琼脂糖凝胶电泳分离乳酸脱氢酶的原理和方法。
2. 学习定量测定动物血清中乳酸脱氢酶的各同工酶的相对百分含量。
3. 了解根据乳酸脱氢酶各同工酶的相对百分含量初步判断生物体的疾病。

【实验原理】

同工酶是指来源于同一个体或组织，能催化同一种化学反应，但结构不同的一组酶。同工酶对于研究基因表达调控与生长发育，以及许多生理遗传问题具有十分重要的意义。以脱氢方式使物质氧化的酶，称为脱氢酶。乳酸脱氢酶（lactate dehydrogenase，LDH）是细胞中一种参与糖酵解过程的重要的酶，其作用是在 NAD^+ 存在下催化丙酮酸与乳酸的相互转换。该酶蛋白是由四个亚基组成的四聚体，近年来通过对 LDH 同工酶的研究，发现这种同工酶在人体及动物体内的分布不仅有一定的组织特异性，而且某一器官在个体发育的不同阶段也有变化。其亚基有心脏型（H 型）及肌肉型（M 型）两种。根据酶蛋白四聚体中 H 型和 M 型亚基比例的差别，可将 LDH 分为五种，即 LDH_1、LDH_2、LDH_3、LDH_4、LDH_5，它们均具有 LDH 的催化活性，因而称为同工酶。亚基相对分子质量相似，约为 35 000，但带电荷情况不同，因此在电泳时有不同的泳动率，从而为进一步分离、纯化 LDH 同工酶提供了依据。

临床上对乳酸脱氢酶及同工酶的检测可作为某些疾病诊断的依据之一。例如急性肝炎，肝细胞损伤或坏死后，向血液释放大量的 LDH_5，致使血中 LDH_5/LDH_4 比值升高，故 $LDH_5/LDH_4>1$ 可作为肝细胞损伤的指标；若血清中 LDH_5 持续升高或下降后再度升高，则可认为是慢性肝炎。

本实验采用琼脂糖凝胶做支持介质，在 pH8.6 巴比妥缓冲液（pH>pI）中电泳，各种同工酶蛋白均带负电荷，从负极向正极依次排列为 LDH_5、LDH_4、LDH_3、LDH_2、LDH_1，表明各种同工酶具有不同的等电点。LDH 同工酶经电泳分离后的各区带，在氧化型辅酶 I 存在下，以乳酸为底物，LDH 可使乳酸脱氢生成丙酮酸，使 NAD^+ 还原成 $NADH_2$，$NADH_2$ 又将氢传递给吩嗪二甲酯硫酸盐（PMS），PMS 再将氢传给氯化硝基四唑蓝（NBT），使其还原为蓝紫色化合物。因此，在琼脂糖凝胶上有 LDH 活性的区带就会显示出蓝紫色。

【试剂、器材和实验材料】

一、试剂

1. 0.7%琼脂糖凝胶液

称取琼脂糖（电泳纯）0.7 g，置于 250 mL 烧杯中，加入 pH 8.6、离子强度为 0.05 的巴比妥缓冲液 100 mL，混合，水浴加热至溶解后备用。

2.电泳缓冲液（pH 8.6，0.075 mol/L）

称取巴比妥钠15.45 g，巴比妥2.76 g，溶于蒸馏水，稀释至1000 mL。

3.显色剂

依次取 0.5 mol/L 乳酸钠溶液（用 pH 7.4，0.1 mol/L 磷酸盐缓冲液配置）0.5 mL、0.3%氯化硝基四唑蓝水溶液 1.5 mL、氧化型辅酶 I 5 mg、0.1%吩嗪二甲酯硫酸盐水溶液 0.2 mL，混匀，待氧化型辅酶 I 溶解后使用。此溶剂于临用前按需要配置。

4. 10%乙酸溶液

量取 10 mL 冰乙酸、缓缓加到 90 mL 蒸馏水中，混匀。

5. 25%尿素水溶液

称取 25 g 尿素溶于 75 mL 蒸馏水中，混匀。

6.溴酚蓝指示剂

准确称取 0.1 克溴酚蓝溶于 250 mL 蒸馏水中（内含 1.49 mL 0.1 mol/L NaOH 溶液）。

二、器 材

1.琼脂糖凝胶电泳槽

2.电泳仪

3.微量取样器

4.恒温培养箱

5.冰箱

6.恒温水浴

7.培养皿（直径 12 cm）

8.文具夹

9.UNICO 7200 型可见光分光光度计（上海 UNICO）和比色皿

三、实验材料

新鲜兔血清

【实验操作】

一、凝胶板的制作

将电泳槽洗净、晾干，两边用胶带封口，选好梳子并装好，调节水平，浇已熔化好的 0.7%琼脂糖凝胶适量，冷却至凝固，然后移至 4 ℃冰箱中放置 30～50 min 后使用。

二、点样及电泳

将电泳缓冲液加到槽中刚好盖上凝胶，在样品中加入溴酚蓝指示剂，用微量取样器取 20 μL 血清样品上样。按 4～5 mA/cm 胶宽调节电流，电泳大约 50～60 min，直至血清样品前沿（或溴酚蓝指示剂）距胶终端 1～2 cm 时停止电泳（如果室温比较高就在冰箱中电泳）。

三、显色

将电泳后的凝胶放于带盖培养皿中，用毛细滴管加显色剂均匀地在凝胶上铺一薄层，然后平放于 37 ℃恒温培养箱中避光保温 40～50 min，使同工酶各区带充分显色。

四、固定

将显色后的凝胶板放入 10%乙酸水溶液中固定 10 min，终止酶促反应。倾去固定液，用蒸馏水漂洗 2 次，洗去多余的显色液，使凝胶底色脱去，直至背景清亮。

五、定量分析

漂洗后的胶板，用刀割下大小相近的各区带，另于空白部分割下一块与 LDH 活性区带大小近似的琼脂糖凝胶作为空白，分别移入已放有 3 mL 25%尿素水溶液的试管内，混合，置沸水中 10 min，待凝胶全部熔化后，移至 37 ℃恒温水浴中冷却 10 min，在 560 nm 波长下，以空白管调零比色，记录各区带吸光值。

【结果处理】

1.对 LDH 同工酶谱进行定性分析。

2.计算各区带的相对百分含量。

$$LDH_x的百分含量(\%) = \frac{(A_{560})_x}{\sum A_{560}} \times 100\%$$

其中：LDH_x 为某一区带的相对百分含量；

$(A_{560})_x$ 为某一区带在 560 nm 处的吸光值；

$\sum A_{560}$ 为各区带在 560 nm 处吸光值之和。

【注意事项】

1.血清标本应新鲜，溶血标本对结果有明显影响，不能采用。

2.在 LDH 同工酶显色后，常在 LDH_1 前沿处出现一条桃红色的非特异性显色区域，据鉴定该区带并非 LDH_1 的组成部分，定量时应扣除。

3.用琼脂糖铺板时应均匀，样品槽大小适宜，边缘整齐光滑，以免造成区带扭曲。

4.血清上样量不宜太多，一般不超过 20 μL。

5.LDH 同工酶活性染色时间不要过长，一般以 40～50 min 为宜，当大多数条带显现蓝紫色时即可终止染色。使用后的染色液如果仍为黄色，则可继续使用；若染色液变为绿色，则不能使用。染色液愈新鲜，显色愈快。

6.本法也适用于各种体液 LDH 同工酶的测定。

【思考题】

1.乳酸脱氢酶是由两种不同的肽链组成的四聚体，假定这些多肽链任意地组合形成此酶，那么该酶具有几种同工酶？

2.简述 LDH 同工酶活性染色原理及其优点。

【参考文献】

［1］萧能庆，余瑞元，袁明秀，等.生物化学实验原理和方法[M].北京：北京大学出版社，1994.

［2］李仁德，沈剑敏，韦玉生.低温与常温条件下草原沙蜥几种组织LDH同工酶的比较研究[J].兰州大学学报，1999，9（35）：66-71.

［3］邵雪玲，毛歆，郭一清.生物化学与分子生物学实验指导[M].武汉：武汉大学出版社，2003.

［4］赵永芳，黄健.生物化学技术原理及应用[M].北京：科学出版社，2008.

实验三十四　亲和层析法纯化胰蛋白酶

【目的和要求】

1.掌握亲和层析的基本原理及亲和介质合成技术。

2.掌握胰蛋白酶的提取、活性鉴定及抑制活性测定的原理和方法。

3.掌握消光系数法测定蛋白质的原理及计算方法。

【实验原理】

　　亲和层析是利用生物分子与特定的固相化配基之间的亲和力而使生物分子得到分离。在亲和层析过程中，由于被纯化的生物分子（底物）和专一的配基之间在生物学特性、特异的化学结构以及空间构象上存在亲和互补，在一定的条件下，底物能选择性地结合到被共价偶联到不溶性载体上的配基上，然后改变原有的条件，如洗脱液的pH值、离子强度、有机溶剂的浓度等，有选择地把被分离物从载体上依次洗脱下来。采用亲和层析法可以分离和纯化结合蛋白、酶、抑制剂、抗原、抗体、激素、糖蛋白、核酸及多糖类等，也可用于分离细胞、细胞器、病毒等。通过亲和层析法分离的物质，其纯度、活性回收率及纯化倍数均较高。

　　选择的亲和层析载体，要满足机械强度高、特异性选择好、透性好、不溶于水的要求，一般是具有较多化学反应基团——羟基的多糖类介质。该载体一方面能在温和的条件下与配基共价偶联，另一方面又不影响配基和被分离物质原有的生物学特性。琼脂糖凝胶Sepharose 4B是常用的固相载体，它在碱性条件下用溴化氰（CNBr）活化，产生活泼的带亚氨基的结构，称为活化的琼脂糖凝胶。在弱碱性条件下它可与蛋白质的游离氨基反应形成氨基碳酸盐和异脲衍生物，这个蛋白质就作为亲和吸附剂配基。

　　鸡卵类黏蛋白（CHOM）是胰蛋白酶（Trypsin）的天然抑制物，能专一地抑制胰蛋白酶而不抑制胰凝乳蛋白酶。在pH 7.6～8.0的范围内，猪或牛胰蛋白酶能牢固地吸附在鸡卵类黏蛋白上，在pH 2.5～3.0的范围内，能从鸡卵类黏蛋白上被洗脱下来。因此，本实验采用Sepharose 4B为载体，溴化氰为活化剂，猪胰蛋白酶的天然抑制剂——鸡卵类黏蛋白作为配基合成亲和吸附剂。再用pH 2.5，0.1 mol/L 甲酸–0.5 mol/L 氯化钾的混合液作为洗脱液，从猪胰脏的粗提液中分离纯化胰蛋白酶。通过亲和层析可以获得纯度很高的猪胰蛋白酶，比活力可以达 $1.5×10^4$ ～ $2.0×10^4$ BAEE 单位/mg 酶蛋白。

【试剂、器材和实验材料】

一、试剂

1.琼脂糖凝胶Sepharose 4B

2.0.5 mol/L 氯化钠溶液

3.pH 9.5，0.1 mol/L碳酸钠缓冲液

4.溴化氰

5.二甲基甲酰胺

6. 1.0 mmol/LHCl溶液

7.鸡卵类黏蛋白（由实验二十九制备）

8.pH 8.0，0.2 mol/L甘氨酸

9.pH 4.0，0.1 mol/L乙酸-乙酸钠缓冲液（含0.5 mol/L氯化钠）

10. 0.02%叠氮钠

11.pH 7.5，0.1 mol/L Tris- HCl缓冲液

12. 0.05 mol/L氯化钙溶液

13. 3.5%的乙酸酸化水

14. 2 mol/L硫酸

15. 5 mol/L NaOH溶液

16.固体 $CaCl_2$

17.结晶胰蛋白酶

18.BAEE（N-苯甲酰-L-精氨酸乙酯）底物缓冲溶液：0.025 mol/L $CaCl_2$-0.05 mol/L，pH 8.0Tris-HCl缓冲液

19. 1.0 mmol/L BAEE底物溶液：称取34 mg BAEE，用BAEE底物缓冲液定容至100 mL

20. 10 mmol/L HCl溶液

21.亲和柱平衡液：0.5 mol/L 氯化钾-50 mmol/L 氯化钙-0.1 mol/L，pH 7.8 Tris-HCl缓冲液

22.亲和柱洗脱液：pH 2.5，0.1 mol/L 甲酸-0.5 mol/L 氯化钾混合液

23.固体硫酸铵

二、器材

1.砂芯漏斗

2.冰箱

3.UNIC UV2002型紫外-可见分光光度计和石英比色皿

4.核酸蛋白质检测仪

5.高速组织捣碎机

6.恒温水浴摇床

7.磁力搅拌器

8.脱脂纱布

9.层析柱（10 mm×100 mm）

10.酸度计

11.抽滤瓶

12.电子天平

13.秒表

14.透析袋

15.冰冻干燥仪

16.冰浴

三、实验材料

新鲜猪胰脏

【实验操作】

一、亲和吸附剂的合成

1.载体——Sepharose 4B 的活化（溴化氰活化法）

（1）取约 10 mL 沉积体积的 Sepharose 4B，置于砂芯漏斗中，先用 100 mL 0.5 mol/L 氯化钠溶液淋洗，除去 Sepharose 4B 凝胶内的保护剂，再用 200 mL 预冷的蒸馏水洗涤，抽干。

（2）将得到的约 4.5 g Sepharose 4B 转移到 100 mL 的小烧杯内。加入 10 mL pH 9.5，0.1 mol/L 碳酸钠缓冲液，置于冰浴内。在通风橱中用小烧杯做容器称取溴化氰 1.0 g，加二甲基甲酰胺 2.0 mL，摇匀后迅速倒入装有 Sepharose 4B 的小烧杯中，慢慢摇动。

（3）10 min 后，将活化好的 Sepharose 4B 转入砂芯漏斗中，用 200 mL 预冷的蒸馏水洗涤，抽干。再用 200 mL 1.0 mmol/L HCl 溶液抽洗，然后用 500 mL pH 9.5，0.1 mol/L 碳酸钠缓冲液洗涤。

2.配基——鸡卵类黏蛋白的偶联

将已经活化处理好的 Sepharose 4B 转移到一个 50 mL 的锥形瓶内。然后用 pH 9.5，0.1 mol/L 碳酸钠缓冲液配制 10 mL 1% 的鸡卵类黏蛋白溶液（由实验二十九提取、纯化）。取出 0.1 mL 蛋白溶液稀释 30 倍，在紫外分光光度计上测定 A_{280}。根据消光系数 $A=4.13$ 计算出偶联前的蛋白含量。再将剩余的 9.9 mL 蛋白溶液加到盛有活化好的 Sepharose 4B 悬浮液中，混匀，在室温下间歇摇动 2 h 或置冰箱间歇摇动过夜。终止偶联。用 100 mL 0.5 mol/L 的氯化钠溶液抽滤、淋洗，以除去未被偶联的鸡卵类黏蛋白。取一个干净的抽滤瓶收集滤液，测定滤液 A_{280}，计算出末被偶联蛋白的量。一般每克凝胶可结合 10～20 mg 的 CHOM。

3.封闭

（1）用 pH 8.0，0.2 mol/L 甘氨酸或 pH 9.0，1 mol/L 乙醇胺或 pH 8.0，0.2 mol/L Tris-HCl 缓冲液 10 mL 封闭活化的 Sepharose 4B 中的残余亚氨基，室温下间歇摇动 2 h。

（2）装入砂芯漏斗，依次用 10～20 倍的 pH 9.5，0.1mol/L 碳酸钠缓冲液、pH 4.0，0.1 mol/L 乙酸-乙酸钠缓冲液（含 0.5 mol/L 氯化钠）及 pH 9.5，0.1mol/L 碳酸钠缓冲液洗涤。置 4 ℃冰箱中备用，或加 0.02% 叠氮钠防腐。

4.装柱

将 CHOM-Sepharose 4B 装柱。用 pH 7.5，0.1 mol/L Tris-HCl 加 0.05 mol/L 氯化钙的缓冲液平衡约 5 个柱体积，流速为 4 滴/min。

二、胰蛋白酶粗提液的制备

1.胰蛋白酶原的提取

取约30 g猪胰脏，剔去结缔组织和脂肪，取净重20～25 g，剪成碎块。转移到组织捣碎器内，加入150 mL预冷的3.5%的乙酸酸化水，匀浆。转移到500 mL烧杯中，用2 mol/L硫酸调节pH值在3.5～4.0之间，10 ℃搅拌提取约4 h。4层脱脂纱布过滤。用2 mol/L硫酸调节滤液的pH值至2.5～3.0之间，4 ℃冰箱静置沉淀4 h以上。滤纸过滤，收集滤液。

2.胰蛋白酶原的激活

用5 mol/L NaOH溶液将滤液精确调整pH值至pH 8.0，量取溶液体积。加入固体CaCl₂使溶液的Ca²⁺终浓度达到0.1 mol/L，然后加入约5 mg结晶胰蛋白酶，混匀，在4 ℃冰箱内激活12～16 h，或在25 ℃恒温水浴中激活2～4 h。

3.停止激活

取1 mL上清液分别测定蛋白浓度和活性。具体操作见活性测定部分。等酶溶液的比活达到1000 BAEE单位/mg左右，用2 mol/L硫酸调节pH值到pH3.0，停止激活。滤纸过滤，滤去CaSO₄沉淀，收集滤液，4 ℃冰箱保存。

三、胰蛋白酶粗提液酶活性的测定

本实验采用BAEE为底物测定法。N–苯甲酰–L–精氨酸乙酯（BAEE）在波长253 nm下的紫外光吸收远远弱于N–苯甲酰–L–精氨酸（BA）的紫外光吸收。在胰蛋白酶的催化水解下，BAEE随着酯键被水解，水解产物BA逐渐增多，反应体系的紫外光吸收亦随之增加，以ΔA_{253}计算胰蛋白酶的活力。具体操作按下表：

操 作	石英比色皿编号	
	1	2
1.0 mmol/L BAEE底物溶液 /mL	2.8	2.8
10 mmol/L HCl溶液 /mL	0.2	—
胰蛋白酶溶液 /mL	—	0.2
立即盖上盖混匀,在253 nm下以1号石英比色皿调零,对2号皿每隔30 s读数一次,持续5～7 min		
A_{253}		

测得结果要使ΔA_{253nm}/min控制在0.05～0.1之间为宜。若偏离此范围则要适当增减酶量。以时间（t）为横坐标、光吸收值（A_{253}）为纵坐标作图，在直线部分任选一个时间间隔（t）与相应的光吸收值变化（ΔA_{253}），按以下公式计算胰蛋白酶的活力单位和比活力。

$$酶活力单位(BAEE单位) = \frac{\Delta A_{253}/ min}{0.001}$$

$$酶比活力单位(BAEE单位/mg酶) = \frac{(\Delta A_{253}/ min)\times 1000}{\varepsilon \times 0.001}$$

式中：$\Delta A_{253}/\min$ 为每 1 min 递增光吸收值；

　　　 ε 为测定时所用的胰蛋白酶量（μg）；

　　　 1000 为酶蛋白的质量以 μg 为单位转换成质量以 mg 为单位的转换值；

　　　 0.001 为光吸收值每增加 0.001 定义为 1 个 BAEE 活力单位的常数。

四、亲和层析纯化胰蛋白酶

1.装柱

取一支层析柱（10 mm×100 mm），装入 1/4 柱高的亲和柱平衡液（0.5 mol/L 氯化钾 -50 mmol/L 氯化钙 -0.1 mol/L，pH 7.8 Tris-HCl 缓冲液），将合成好的亲和介质 CHOM-Sepharose 4B 一次装入柱内，自然沉降。待亲和吸附剂自然沉降至约 1/2 总体积后，调节合适的流速。用亲和柱平衡液平衡。用核酸蛋白检测仪检测流出液，待基线达到稳定后即可。

2.上样

量取 30～50 mL 已经激活好的胰蛋白酶粗提液（用量视酶液的蛋白浓度及比活而定）用 5 mol/L NaOH 精确调节 pH 值至 pH 8.0，用滤纸过滤，取滤液上柱吸附，然后用亲和柱平衡液平衡，洗去未被吸附的杂蛋白。

3.洗脱

用核酸蛋白检测仪检测流出液，待基线达到稳定后改用亲和柱洗脱液（pH 2.5，0.1 mol/L 甲酸 -0.5 mol/L 氯化钾混合液）洗脱。收集洗脱峰 2，测定酶蛋白含量及活性，层析图谱如图 10-9。

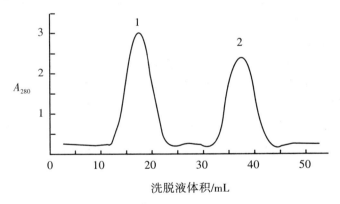

图 13-1　亲和层析纯化胰蛋白酶洗脱曲线

峰 1 为杂蛋白，峰 2 为胰蛋白酶

平衡液：0.5 mol/L 氯化钾 -50 mmol/L 氯化钙 -0.1 mol/L，pH 7.8 Tris-HCl 缓冲液。

洗脱液：pH 2.5，0.1 mol/L 甲酸 -0.5 mol/L 氯化钾混合液。

五、胰蛋白酶的保存

经亲和层析分离得到的胰蛋白酶，一般是比较纯的酶，但是酶蛋白的浓度往往很低，需要浓缩处理。加硫酸铵至 80% 的饱和度，室温下放置 2 h 或 4 ℃ 冰箱中过夜。抽滤、透析，然后冰冻干燥成粉末，可长期保存。也可将酶溶液放在 -20 ℃ 的冰箱冰冻保存或者在4℃，pH 3.0的酸性溶液中保存，可保存两年左右。

【结果处理】

一、计算实验数据

1.亲和介质偶联率（mg/mL介质）：

$$偶联量 = \frac{偶联前配基量（mg）- 偶联后配基量（mg）}{凝胶体积（mL）}$$

2.胰蛋白酶活性回收率：

$$活性回收率 = \frac{纯酶的总活力}{上样粗酶总活力} \times 100\%$$

3.亲和介质吸附率（mg/mL介质）；

4.纯化倍数（纯酶比活/粗酶比活）：

$$纯化倍数 = \frac{纯酶比活}{粗酶比活}$$

二、实验图表

1.亲和层析洗脱曲线；

2.胰蛋白酶活性曲线及鸡卵黏蛋白抑制曲线。

【注意事项】

1.激活的胰蛋白酶在酸性环境（pH 3.0～5.0）中稳定，当溶液大于pH 5.0时酶易自溶，小于pH 2.0时易变性。溶液的pH值和温度是影响胰蛋白酶原激活的重要因素，pH 8.0是激活的最佳pH值。若上样的胰蛋白酶是在酸性环境中，亲和吸附剂与胰蛋白酶不会发生结合，需将pH值调至8.0。但在室温下不宜放置过久，否则胰蛋白酶会自溶。

2.用BAEE底物来测定胰蛋白酶活性及鸡卵类黏蛋白的抑制活性时，应当控制好酶的用量。酶量过大将无法测得酶的初速度，酶量过小反应时间很长，测得数据误差较大。

3.将已经洗脱后的亲和色谱柱要及时处理。可用3～5倍柱体积平衡缓冲液平衡，加等体积的含0.02%叠氮钠的平衡缓冲液过柱。置于4℃冰箱中保存，下次使用。

【思考题】

1.试述亲和层析法的原理、操作要点及用途。

2.总结本实验中用到的生命大分子物质提取、纯化技术。

【参考文献】

［1］张龙翔，张庭芳，李令媛.生化实验方法和技术[M].北京：高等教育出版社，1996.

［2］赵永芳.生物化学技术原理及应用[M].北京：科学出版社，2008.

［3］杨利，高昆玉，程侣柏，等.亲和色谱用无色合成配基对胰蛋白酶纯化功能的研究[J].色谱，1996，14（6）：415-420.

第十四章　维生素

实验三十五　荧光分光光度法测定维生素B₂的含量

【目的和要求】

1.学习荧光分光光度法定量测定的原理。

2.掌握荧光分光光度计的基本原理和操作技术。

3.掌握提取测定维生素B₂的操作方法。

4.了解一些食物中维生素B₂的含量。

【实验原理】

荧光分析法是利用某些物质吸收了一定频率的光以后，物质本身放射出能反映该物质特性的波长较长的荧光，从而进行定性或定量分析的方法。因此，当进行荧光测定时，总要选择不同波长的光波进行测定，即一个为激发光物质所吸收的光；另一个为物质吸光后发出的光（称为发射光或荧光）。对于低浓度荧光物质的溶液，在一定条件下，该物质的荧光强度 F 与该溶液的浓度 C 成正比，即 $F=K \cdot C$，这是荧光光谱法定量分析的理论依据。

荧光法具有灵敏度高（超过分光光度法2～3个数量级）、选择性好、样品用量少、操作方法快速简便等特点，已成为医药、农业、环境保护、化工等领域中的重要分析方法之一。

谷物、蔬菜、牛乳、鱼和动物内脏中含有丰富的维生素 B₂，人体缺少维生素 B₂ 会引起口腔、唇、皮肤的炎症，微血管增生症和机能障碍，成年人每天应摄入2～4 mg维生素 B₂。黄玉米中含有维生素 B₁（0.21 mg/100 g食部干重）、维生素 B₂（0.13 mg/100 g食部干重）（表14-1）和淀粉（71.8 g/100 g食部干重）。当用酸溶液提取维生素 B₂时，其中的维生素 B₁本身无荧光，在碱性溶液中用铁氰化钾氧化后才产生荧光，而淀粉水解产物葡萄糖在水溶液中不发荧光，所以，这些物质都不干扰维生素 B₂的荧光测定。

表14-1　几种粮食作物中维生素 B_2 的含量

名　称	精米标一	精米标二	白玉米	黄玉米	小麦标准粉	小米
维生素 B_2 含量（mg/100 g食部干重）	0.08	0.05	0.07	0.13	0.08	0.10

维生素 B_2（又叫核黄素，VB_2）的分子式为 $C_{17}H_{20}N_4O_6$，是橘黄色、无臭的针状结晶，味微苦，易溶于水而不溶于乙醚等有机溶剂，其水溶液有黄绿色荧光，在中性溶液或酸性溶液中稳定，光照易分解，对热稳定。其结构式为：

维生素 B_2 在中性溶液或酸性溶液中经430～440 nm蓝光的照射，发出绿色荧光，其荧光峰值波长为535 nm，在一定范围内荧光强度与维生素 B_2 浓度成正比，由此根据其辐射的荧光强度可以计算出样品中维生素 B_2 含量。

【试剂、器材和实验材料】

一、试剂

1.维生素 B_2 标准贮备液（100 mg/L）：准确称取25 mg维生素 B_2，溶于质量分数为0.05的乙酸溶液中，放入60 ℃水浴中温热30min，使其完全溶解。转移至250 mL容量瓶中，用0.05的乙酸溶液稀释至刻度，摇匀，保存于冰箱中。

2.维生素 B_2 标准溶液（0.5 μg/mL）：吸取上述贮备液0.50 mL于100 mL容量瓶中，用质量分数为0.05的乙酸溶液稀释至刻度，摇匀。临用前配置。

3.质量分数为0.05的乙酸溶液。

4.0.1 mol/L HCl溶液。

5.40%NaOH溶液。

二、器材

1.电子天平

2.F96型荧光光度计（上海棱光分析仪器有限公司）

3.吸量管

4.离心机

5.细长滴管

6.容量瓶（25 mL 、100 mL、250 mL）

7.精密pH试纸

8.比色管（25 mL）

三、实验材料

黄玉米

【实验操作】

一、维生素B_2荧光激发光谱与发射光谱的绘制

准确量取维生素B_2标准溶液（0.5 µg/mL）3.00 mL，于25 mL比色管中，用质量分数为0.05的乙酸溶液稀释至刻度，摇匀。于荧光光度计上扫描，确定最大激发波长λ_{ex}和发射波长λ_{em}。

二、标准系列溶液的配制和标准曲线的绘制

吸取维生素B_2标准溶液0.00 mL、0.50 mL、1.00 mL、2.00 mL、3.00 mL和4.00 mL，分别放入6个25 mL容量瓶中，用质量分数为0.05的乙酸溶液稀释至刻度，摇匀。

按仪器的使用方法准备好仪器，待仪器稳定后，在最大激发波长λ_{ex}和发射波长λ_{em}条件下，用1 cm荧光皿及质量分数为0.05的乙酸溶液做空白对照，调荧光强度为"0"，用标准系列溶液中最高浓度的溶液调节其荧光强度为"100"，分别测定其他标准系列溶液的荧光强度，绘制标准曲线。

三、黄玉米中维生素B_2水样的制备

准确称取经电动研磨机研碎的黄玉米10 g，置于研钵中再充分研细，用50 mL 0.1 mol/L的HCl溶液将玉米粉末转移至100 mL的锥形瓶内，置于70 ℃水浴中保温提取40 min。取出冷至室温，用40%NaOH溶液调维生素B_2提取液的pH为6~7。3000 r/min离心10 min，上清液转移至100 mL容量瓶中，用二次蒸馏水稀释至刻度，摇匀，备用。

四、黄玉米提取液中维生素B_2含量的测定

吸取含维生素B_2的玉米水样5.00 mL置于25 mL容量瓶中，用质量分数为0.05的乙酸溶液稀释至刻度，摇匀。按上述二中的条件测定荧光强度，重复测定3次，取平均值。

【结果处理】

1.整理数据：

操　作	管　号								
	标准曲线						未知样品		
	0	1	2	3	4	5	6	7	8
维生素B_2标准溶液（0.5µg/mL）/mL	0.00	0.50	1.00	2.00	3.00	4.00	—	—	—
玉米维生素B_2水样/mL	—	—	—	—	—	—	5.0	5.0	5.0
0.05%乙酸溶液/mL	25.0	24.5	24.0	23.0	22.0	21.0	20.0	20.0	20.0
核黄素含量/µg	0.00	0.25	0.50	1.00	1.50	2.00			
荧光强度（F）	0					100			

2.根据标准系列溶液测得的数据，以相对荧光强度为纵坐标、各管中维生素B$_2$的含量（μg）为横坐标绘制标准曲线。

3.根据待测液的荧光强度，从标准曲线上求得其含量，再计算出黄玉米中核黄素的百分含量。

$$核黄素含量（mg/100\ g\ 黄玉米）= \frac{M \times N}{V \times W} \times 10^{-3} \times 100\%$$

其中，M 为标准曲线查得核黄素含量（μg）；N 为黄玉米样品的稀释倍数；V 为测定时取用样品稀释液的体积（mL）；W 为称取黄玉米的质量（g）。

【注意事项】

1.维生素B$_2$的荧光在pH=6～7时最强，在pH=11时消失，故测维生素B$_2$的荧光时，溶液要控制在酸性范围内。

2.为了准确测量，进行标准溶液荧光强度测定时一定要从稀测到浓；而且每次测量前应用待测溶液润洗比色皿3次再装入待测溶液，比色皿应拿在棱面。

3.维生素B$_2$在碱性溶液中经光线照射会发生分解而转化为光黄素，光黄素的荧光比核黄素的荧光强得多。因此，在测定维生素B$_2$的荧光时，溶液要控制在酸性范围内，且在避光条件下进行。

光黄素

【思考题】

1.解释荧光光度法比吸收光度法灵敏度高的原因。

2.本实验为何选择在酸性溶液中测定维生素B$_2$？

3.激发波长与荧光波长有何关系？为什么？

4.测定过程中应注意哪些问题？

【参考文献】

［1］藤利荣，孟庆繁.生物学基础实验教程[M].北京：科学出版社，2008.

［2］王镜岩，朱圣庚.生物化学[M].北京：高等教育出版社，2002.

［3］Albert L，David L N，Michael M C. Lehninger Principles of Biochemistry[M].New York：W. H. Freeman，2004.

［4］邵雪玲，毛歆，郭一清.生物化学与分子生物学实验指导[M].武汉：武汉大学出版社，2003.

实验三十六　2,6- 二氯酚靛酚法测定维生素C含量

【目的和要求】

1.学习定量测定维生素C的原理和方法。

2.进一步掌握滴定法的基本操作技术。

3.了解松针及一些蔬菜水果中维生素C的含量。

【实验原理】

维生素C是人类营养中最重要的维生素之一，缺少它时会产生坏血病，因此它又被称为抗坏血酸（ascorbic acid）。它对物质代谢的调节具有重要的作用。近年来，发现它能与其他抗氧化剂一起清除自由基，增强机体对肿瘤的抵抗力，并具有化学致癌物的阻断作用。此外，它促使胆固醇羟基化，形成胆酸排出体外，以降低血胆固醇含量。

维生素C是具有L系糖构型的不饱和多羟化合物，属于水溶性维生素。它分布很广，植物的绿色部分及许多水果（如橘子、苹果、草莓、山楂等）、蔬菜（黄瓜、洋白菜、西红柿、辣椒等）中的含量更为丰富。

维生素C具有很强的还原性。它可分为还原型和脱氢型。还原型维生素C分子结构中有烯醇（COH=COH）存在，它可失去两原子氢而氧化为脱氢型维生素C。金属铜和酶（维生素C氧化酶）可以催化维生素C氧化为脱氢型。根据它具有还原性质可测定其金属含量。

2,6-二氯酚靛酚在碱性或中性水溶液中呈蓝色，在酸性溶液中呈红色，还原后变为无色。还原型维生素C能还原染料2,6-二氯酚靛酚（DCPIP），本身则氧化为脱氢型。因此，当用此染料滴定含有维生素C的酸性溶液时，维生素C尚未全部被氧化前，滴下的染料立即被还原成无色。一旦溶液中的维生素C已全部被氧化，则滴下的染料立即使溶液变成粉红色。所以，当溶液从无色变成微红色时即表示溶液中的维生素C刚刚全部被氧化，此时即为滴定终点。如无其他杂质干扰，样品提取液所还原的标准染料量与样品中所含还原型维生素C量成正比。

本法用于测定还原型维生素C，总维生素C的量常用2,4-二硝基苯肼法和荧光分光光度法测定。

还原型维生素 C

2,6-二氯酚靛酚（红色）

（蓝色）

氧化型维生素 C

还原型 2,6-二氯酚靛酚（无色）

【试剂、器材和实验材料】

一、试剂

1.1% 草酸溶液

称取草酸 1 g 溶于 100 mL 蒸馏水中。

2.2,6-二氯酚靛酚钠溶液

将 50 mg 2,6-二氯酚靛酚钠溶解于约 200 mL 含有 52 mg NaHCO$_3$ 的热水中，冷却后加水稀释至 250 mL，贮于棕色瓶中冷藏（4 ℃），约可保存 1 周。2,6-二氯酚靛酚溶液不稳定，每周必须重新配置，且每次临用前，以标准维生素 C 溶液标定。

3.标准维生素 C 溶液（100 mg/500 mL）

准确称取100 mg纯维生素C粉状结晶（应为洁白色，如变为黄色则不能用）溶于1%草酸溶液中，并稀释至500 mL，贮于棕色瓶中，冷藏。最好临用前配制。

二、器材

1.电子天平

2.研钵

3.锥形瓶（50 mL、100 mL）

4.吸量管（10 mL）

5.漏斗

6.滤纸

7.微量滴定管（5 mL）

8.容量瓶（50 mL，250 mL）

三、实验材料

根据季节可从以下材料中选取：

松针。

苹果、山楂、柑橘、鲜枣、柿子、沙棘等水果。

番茄（青色、红色）、甘蓝、卷心菜、辣椒、洋葱、大葱等蔬菜。

【实验操作】

一、维生素C样品的提取

用水洗净新鲜松针，并用纱布或吸水纸吸干表面水分，两端各剪去1 cm左右。将中间部分剪成0.5 cm长的小段，准确称取0.5 g，于研钵中加1%草酸溶液3 mL研磨，将提取液滤入50 mL容量瓶中（滤渣尽量留在研钵内），再在研钵中加1%草酸溶液5 mL，进行抽提，过滤，如此反复抽提2~3次，合并滤液，最后用1%草酸溶液稀释至50 mL的刻度，混匀，待用。

二、2,6-二氯酚靛酚溶液浓度（T）的标定

准确吸取标准维生素C溶液2 mL置于50 mL锥形瓶中，加2 mL 1%草酸，用微量滴定管以2,6-二氯酚靛酚溶液滴定至淡红色，并保持15 s不褪色，即达终点，平行做三份。由所用染料的体积计算出每毫升2,6-二氯酚靛酚相当于标准维生素C的质量（mg）（另取4 mL 1%草酸做空白对照，按以上方法滴定）。

三、待测液维生素C的测定

准确吸取样品提取液3份，每份10 mL，分别放入3个锥形瓶内，滴定方法同前。另取10 mL 1%草酸作空白对照滴定。

【结果处理】

1.2,6-二氯酚靛酚溶液浓度（T）的计算：

操　　作	瓶　号					
	空　白（V_0）			标准维生素C（V_s）		
	1	2	3	4	5	6
标准维生素C（100 mg/500 mL）/mL	—	—	—	2	2	2
1% 草酸溶液 /mL	4	4	4	2	2	2
2,6-二氯酚靛酚溶液 /mL						

每毫升2,6-二氯酚靛酚相当于标准维生素C的质量（mg）为：

$$T = \frac{2 \times \dfrac{100}{500}}{(V_s - V_0)}$$

2.松针中维生素C含量的计算：

操　　作	瓶　号					
	样品空白（V_B）			样品提取液（V_A）		
	7	8	9	10	11	12
1% 草酸溶液 /mL	10	10	10	—	—	—
样品提取液 /mL	—	—	—	10	10	10
2,6-二氯酚靛酚溶液 /mL						

$$维生素C含量（mg/100 g样品）= \frac{(V_A - V_B) \times C \times T}{D \times W} \times 100\%$$

式中：V_A 为滴定样品提取液所耗用的染料的平均体积（mL）；

$\quad\quad\quad$ V_B 为滴定样品空白所耗用的染料的平均体积（mL）；

$\quad\quad\quad$ C 为样品提取液的总体积（mL）；

$\quad\quad\quad$ D 为滴定时所取的样品提取液体积（mL）；

$\quad\quad\quad$ T 为 1 mL 染料能氧化维生素C质量（mg）；

$\quad\quad\quad$ W 为待测样品的质量（g）。

【注意事项】

1.在生物组织内和组织提取物内，维生素C还能以脱氢维生素C及结合维生素C的形式存在，它们同样具有维生素C的生理作用，但不能将2,6-二氯酚靛酚还原脱色，因此用此法测定维生素C存在局限性。

2.生物组织提取物和生物体液中常含有其他还原性物质，其中有些也可在同样实验条件下，使2,6-二氯酚靛酚还原脱色，但反应速度均较维生素C慢，因而滴定开始时，染料要迅速加入，而后尽可能一滴一滴地加入，并要不断地摇动锥形瓶直至呈粉红色，于15 s内不消退为终点。

3.整个操作过程要迅速，防止还原型维生素C被氧化。滴定过程一般不超过2 min。滴定所用的染料不应少于1 mL或多于4 mL，如果样品含维生素C含量太高或太低时，可酌情增减样液用量或改变提取液稀释度。

4.某些水果、蔬菜（如橘子、西红柿等）浆状物泡沫太多，可加数滴丁醇或辛醇。

5.在生物组织提取物中，常有色素类物质存在，给滴定终点的观察造成困难，可用白陶土脱色，或加1 mL氯仿，到达终点时，氯仿层呈现淡红色。

6.本实验必须在酸性条件下进行。在此条件下，干扰物反应进行得很慢。

7.2%草酸溶液有抑制维生素C氧化酶的作用，而1%草酸溶液无此作用。

8.Fe^{2+}可还原二氯酚靛酚。对含有大量Fe^{2+}的样品可用8%乙酸溶液代替草酸溶液提取，此时Fe^{2+}不会很快与染料起作用。

9.提取的浆状物如不易过滤，亦可离心，留取上清液进行滴定。

【思考题】

1.指出3～4种维生素C含量丰富的物质。

2.本测定方法中利用了维生素C理化性质中的哪一点？为何用草酸来提取？

3.指出本实验采用的定量测定维生素C的方法有何优缺点。

4.为了测得准确的维生素C含量，实验过程中都应注意哪些操作步骤？为什么？

5.为什么滴定终点以淡红色存在15 s内为准？

6.简述维生素C的生理意义。

【参考文献】

［1］李建武，萧能庆.生物化学实验原理和方法[M].北京：北京大学出版社，1994.

［2］Albert L，David L N，Michael M C. Lehninger Principles of Biochemistry[M]. New York：W. H. Freeman，2004.

［3］王镜岩，朱圣庚.生物化学[M].北京：高等教育出版社，2002.

［4］陈毓荃.生物化学实验方法和技术[M].北京：科学出版社.2002.

［5］萧能庆，余瑞元，袁明秀，等.生物化学实验原理和方法[M].北京：北京大学出版社，2004.

第十五章　新陈代谢

实验三十七　血液中葡萄糖的测定——邻甲苯胺法

【目的和要求】

1. 了解血糖的概念。
2. 掌握邻甲苯胺法测定血糖的原理和方法。
3. 熟悉分光光度计的使用方法。

【实验原理】

血液中含有的葡萄糖，称为血糖，它是糖在体内运输的形式。正常人血糖浓度在神经和激素调节下维持相对恒定。当调节因素失去平衡时会出现高血糖或者低血糖。

测定血液中葡萄糖的方法主要有三种：（1）利用葡萄糖的还原性，葡萄糖在与碱性铜试剂共热时，将铜离子还原成亚铜离子，但需要注意血液中含有的谷胱甘肽、维生素C、葡萄糖醛酸、尿酸、核糖等也能使铜离子还原，所以测定结果会比真实血糖浓度高。（2）利用葡萄糖氧化酶对葡萄糖的氧化作用，运用葡萄糖氧化酶血糖试纸测定。此方法特异性最高，是血液葡萄糖的简易快速测定方法。（3）葡萄糖在加热的有机酸溶液中能与某些芳香族胺类（如苯胺、联苯胺、邻甲苯胺等）生成有色衍生物。邻甲苯胺对葡萄糖特异性高，测定结果为真实糖值。

目前国内医院多采用葡萄糖氧化酶法和邻甲苯胺法测定血糖。前者特异性强、价廉，方法简单，其正常值：空腹全血血糖为 $3.6\sim5.3$ mmol/L，血浆血糖为 $3.9\sim6.1$ mmol/L。后者由于血液中绝大部分非糖物质及抗凝剂中的氧化物同时被沉淀下来了，因而不易出现假性过高或者过低，结果较可靠，其正常值：空腹全血血糖为 $3.3\sim5.6$ mmol/L，血浆血糖为 $3.9\sim6.4$ mmol/L。

本实验采用邻甲苯胺法测定血糖。其原理是葡萄糖在酸性介质中加热脱水反应生成 5-羟甲基-2-呋喃甲醛，分子中的醛基与邻甲苯胺缩合生成青色的希夫氏碱，对波长 630 nm 的光有特征性吸收，可以用比色法进行测定。其反应式如下：

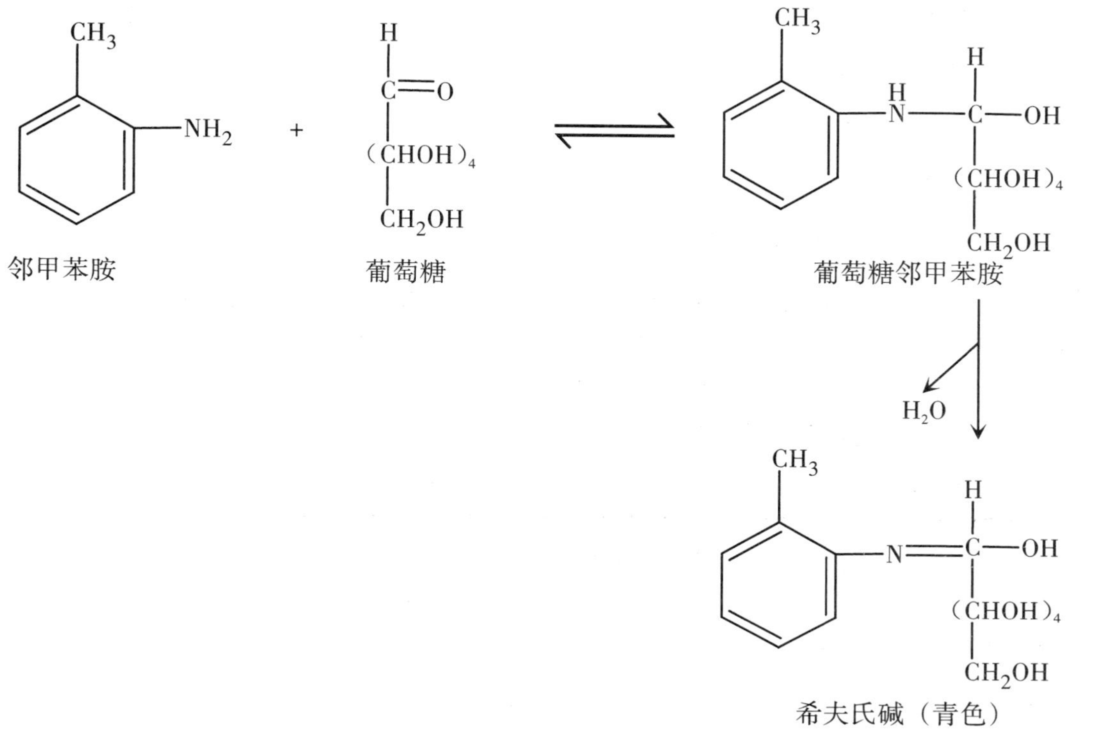

希夫氏碱（青色）

由于邻甲苯胺只与醛糖作用而显色，因此这种方法不受血液中其他还原性物质的干扰，测定时也无须去除血浆或者血清中的蛋白质。用此法测定时，100 mL血清或血浆中葡萄糖的正常值为70～100 mg。

【试剂、器材和实验材料】

一、试剂

1.邻甲苯胺试剂

称取硫脲 1.5 g，溶于 750 mL 冰乙酸中，加邻甲苯胺 150 mL 及饱和硼酸溶液 40 mL，混匀后加冰乙酸至 1000 mL，置于棕色瓶中，在冰箱中保存。

2.葡萄糖标准贮存液（10 mg/mL）

称取 2 g 无水葡萄糖，放置在浓硫酸干燥器内过夜。称取恒重处理后的葡萄糖 1 g，用饱和苯甲酸溶液溶解，移入 100 mL 容量瓶内，定容至刻度，备用。

二、器材

1.吸量管（0.5 mL、1 mL、2 mL、5 mL、10 mL）

2.容量瓶（100 mL、1000 mL）

3.试管和试管架

4.可见光分光光度计

5.恒温水浴锅

6.制冰机

三、实验材料

新鲜正常人血清

【实验操作】

一、葡萄糖标准液的稀释

取5个10 mL容量瓶,分别编号1~5,依次加入葡萄糖标准贮存液0.5 mL、1 mL、2 mL、3 mL、4 mL,再以饱和苯甲酸溶液稀释到10 mL刻度定容,混匀备用。各瓶内葡萄糖浓度分别为0.5 mg/mL、1 mg/mL、2 mg/mL、3 mg/mL、4 mg/mL。

二、标准曲线的制作

取6支干燥、洁净的玻璃试管,按照下表加入各种试剂:

操作	管 号					
	0	1	2	3	4	5
标准葡萄糖稀释液 /mL	—	0.1	0.1	0.1	0.1	0.1
饱和苯甲酸溶液 /mL	0.1	—	—	—	—	—
葡萄糖含量 /μg	0	50	100	200	300	400
邻甲苯胺试剂 /mL	5.0	5.0	5.0	5.0	5.0	5.0
显色反应条件	各管摇匀后,沸水浴加热					
A_{630}						

加好之后混匀,置沸水浴中煮沸15 min,取出冷却至室温后,在冰水浴中继续冷却5 min。以0号管为空白对照,用可见光分光光度计在630 nm处比色测定。以各管的吸光度值为纵坐标、相应管中葡萄糖含量为横坐标,绘制标准曲线。

三、血清样品中葡萄糖的测定

吸取0.1 mL正常人血清样品,置于试管中,加入5.0 mL邻甲苯胺试剂,平行做三份;空白管以等量饱和苯甲酸溶液替代血清样品。以下操作同标准曲线制作。

【结果处理】

1.绘制邻甲苯胺法测定葡萄糖含量的标准曲线。

2.根据样品测定管的A_{630}平均值,在标准曲线上查出葡萄糖的含量(μg),并且进一步计算出100 mL血清中葡萄糖含量。

【注意事项】

1.该方法不需要去除蛋白质,邻甲苯胺试剂只与醛糖显色,血液中其他还原性物质基本上没有影响。

2.邻甲苯胺试剂与葡萄糖显色的深浅及其稳定性与实际邻甲苯胺浓度、冰乙酸浓度、加热时间有关。此方法显色稳定，24 h内无变化。如果缩短加热时间，生成的颜色容易消退。

3.轻度溶血的血清对结果无明显影响。根据推导，血清中含血红蛋白450 mg/100 mL时，可使测定结果降低约10%。

4.高血脂的标本最后显色有时会出现浑浊，影响测定结果，可以先制备血滤液后再行测定。

【思考题】

1.邻甲苯胺法测定血糖有何优缺点？

2.血糖的来源和去路有哪些？

【参考文献】

[1] 王镜岩，朱圣庚，徐长法.生物化学教程[M].北京：高等教育出版社，2016.

[2] 陈钧辉，李俊.生物化学实验[M].5版.北京：科学出版社，2014.

[3] 刘国花，胡凯.生物化学实验指导[M].北京：北京师范大学出版社，2019.

实验三十八　肝糖原的提取、鉴定及定量测定

【目的和要求】

1.学习肝糖原的一些特殊化学性质。

2.掌握提取和鉴定肝糖原的原理和方法。

3.掌握离心机的正确使用。

4.学习肝糖原的水解及含量测定的方法。

【实验原理】

有机酸能够不可逆地沉淀蛋白质，当新鲜的肝组织与三氯乙酸共同研磨后，肝组织被充分破碎，其中的各种酶和蛋白质被三氯乙酸所沉淀，离心以后，糖原留在上清液中，这就可以把糖原和蛋白质分开。乙醇通过降低介电常数和脱水作用使肝糖原从上清液中析出，以此来收集上清液中的肝糖原。利用糖原可溶解于热水的特性，将肝糖原沉淀溶于热水后，出现具有乳样光泽的肝糖原溶液。

糖原是高分子化合物，无还原性，遇碘呈红棕色，这是糖原中螺旋状葡萄糖长链依靠分子间引力吸附碘分子后呈现的颜色。一般来说，螺旋结构吸附碘产生的颜色与葡萄糖残基的多少有关。葡萄糖残基在20个以下的呈红色，葡萄糖残基在20～30个之间的呈紫色，葡萄糖残基在60个以上会呈蓝色。

肝糖原加浓盐酸水解后，生成具有还原性的葡萄糖，被本氏试剂氧化成相应的化合物，同时，本氏试剂中的Cu^{2+}被还原成Cu^+，产生砖红色的氧化亚铜沉淀。

糖原在浓硫酸中可水解成葡萄糖，浓硫酸进一步使葡萄糖分子内部脱水缩合成5-羟甲基-α-呋喃甲醛，此化合物可与蒽酮（$C_{14}H_{10}O$）作用形成蓝绿色糠醛的衍生物，此物质在620 nm波长下呈最大光吸收，通过比色测定，可对肝糖原进行含量的测定。

【试剂、器材和实验材料】

一、试剂

1.5%三氯乙酸

2.95%乙醇

3.碘化钾-碘溶液

称取碘化钾20 g、碘10 g溶于100 mL蒸馏水中，用时稀释10倍。

4.20%氢氧化钠

5.本氏试剂

将无水硫酸铜17.3 g溶于100 ℃热蒸馏水中，冷后稀释至150 mL。另取枸橼酸钠173 g及碳酸钠（$Na_2CO_3 \cdot H_2O$）100 g，放入600 mL水中，加热溶解，溶液如有浑浊，过滤，冷后稀释至850 mL。最后，将硫酸铜溶液缓缓倾入枸橼酸钠-碳酸钠溶液中，混匀（此溶液可长期保存）。

6.标准葡萄糖溶液

100 μg/mL（可加几滴甲苯做防腐剂）

7.浓硫酸

8.蒽酮试剂

0.2 g蒽酮溶于100 mL浓H_2SO_4中。临用时配制。

二、器材

1.滤纸

2.电子天平

3.研钵

4.剪刀

5.石英砂

6.离心管（10 mL）

7.离心机

8.恒温水浴锅

9.玻璃棒

10.试管

11.沸水浴

12.pH试纸

13.冰浴

14.可见光分光光度计与比色皿

15.擦镜纸

三、实验材料

小白鼠

【实验操作】

一、肝糖原的提取

1.用脱臼法将提前喂饱的小白鼠处死，立即取出肝脏，以滤纸吸取附着的血液，称取肝组织约0.5 g，置研钵中，加入5%三氯乙酸2 mL，用剪刀把肝组织剪碎，再加石英砂少许，研磨5 min。

2.加5%三氯乙酸4 mL，继续研磨1 min，直到肝脏组织被充分磨成糜状为止，转入离心管，然后以3000 r/min离心5 min。

3.小心地将上清液转入另一个离心管中，加入等体积的95%乙醇混匀，此时白色的肝糖原成絮状沉淀析出，静置5 min。

4.混合物以3000 r/min离心5 min，弃去上清液，并将离心管倒置于滤纸上1～2 min。

5.在沉淀内加入蒸馏水4 mL，80 ℃水浴中保温，用细玻璃棒搅拌沉淀直至充分溶解，再定容至5 mL，此为糖原溶液。

二、肝糖原的鉴定

1.取2支小试管，编号1和2，1号管内加糖原溶液10滴，2号管内加蒸馏水10滴，然后在两管中各加碘化钾–碘溶液1滴，混匀，比较两管溶液的颜色有何不同。

2.另取2支小试管，编号3和4，各加入糖原溶液1.5 mL，3号管内加浓盐酸3滴，4号管内加蒸馏水3滴，将两管在沸水浴中加热10 min以上。取出冷却，3号管内逐滴加入20%氢氧化钠溶液，并且用pH试纸检验，直至溶液pH值为7～8。4号管内加入同等滴数的蒸馏水。向3号管和4号管中各加入本氏试剂2 mL，置沸水浴中加热5 min，取出冷却。观察有无砖红色沉淀产生。

三、肝糖原含量的测定

1.蒽酮法葡萄糖标准曲线的制作

取7支试管，按下表操作，并测定各管在620 nm处的吸光值。

注意：配制好一系列不同浓度的葡萄糖溶液后，在每支试管中立即加入蒽酮试剂4.0 mL，迅速浸于冰水浴中冷却，各管加完后一起浸于沸水浴中，管口加盖，以防蒸发。自水浴沸腾起计时，准确煮沸10 min，取出，用冰浴冷却至室温，在620 nm波长下以0号管为空白，迅速测其余各管吸光值。以标准葡萄糖含量（μg）为横坐标，以吸光值为纵坐标，绘出标准曲线。

操 作	管 号						
	0	1	2	3	4	5	6
标准葡萄糖溶液（100 μg/mL）/mL	0.0	0.1	0.2	0.3	0.4	0.6	0.8
H_2O /mL	1.0	0.9	0.8	0.7	0.6	0.4	0.2
葡萄糖含量 /μg	0	10	20	30	40	60	80
蒽酮试剂 /mL	4.0	4.0	4.0	4.0	4.0	4.0	4.0
显色反应条件	各管同时在沸水浴中加热10 min						
A_{620}							

2.肝糖原稀释液制备

取0.5 mL肝糖原溶液，加水稀释至10 mL，混匀待用。

3.测定

吸取1 mL肝糖原稀释液于试管中，加入4.0 mL蒽酮试剂，平行三份；空白管以等量蒸馏水替代肝糖原稀释液。以下操作同标准曲线制作。

【结果处理】

1.解释肝糖原鉴定中两个实验的现象分别说明什么问题。

2.计算肝组织糖原（g糖原/100 g肝组织），按下式计算：

$$糖原(\%) = \frac{A \times V_a \times D}{W \times V_x \times 10^6} \times 0.9 \times 100\%$$

式中：A 为在标准曲线上查出的糖含量（μg）；

V_a 为糖原溶液总体积（mL）；

V_x 为测定时取用体积（mL）；

D 为稀释倍数；

W 为肝脏样品质量（g）；

10^6 为样品质量单位由 g 换算成 μg 的倍数；

0.9 为糖原水解后，应扣除葡萄糖分子残基上加的一分子水。

【注意事项】

1.在肝糖原鉴定试验中，肝糖原溶液与显色液混合时产生大量的热，影响显色反应。在测定同一批标本时选用型号一致的试管，口径大的试管便于快速混合。显色剂要逐管加入，快速混合。

2.反应中所用试管和比色皿应保持洁净、干燥，防止浓硫酸吸水影响检测结果。

3.实验小白鼠在实验前必须饱食。因为空腹时，血糖含量降低，肝糖原分解来提高血糖含量，肝糖原含量就减少或耗尽。

4.吸取肝脏附着的血液，以防血液中所含还原性的葡萄糖，对糖的定性、定量分析产生干扰。

5.肝脏离体后，肝糖原会在酶的作用下迅速分解。所以必须迅速加入三氯乙酸与肝脏研磨，使蛋白质和酶失活。

6.研磨必须充分，使肝糖原完全释放，这是实验成功的关键。

7.离心前，对位放置的离心管要严格平衡后才能放入离心机。

8.肝糖原鉴定中的第二步操作，3号管溶液必须中和至中性或偏碱性。

9.肝糖原计算结果中须扣除因水解而引入的水量，测定结果乘以0.9即为实际样品中的肝糖原总量。

【思考题】

1.本实验在操作过程中哪些方面是实验成功的关键？

2.糖原提取过程中采用什么方法实现与蛋白质和酶的分离？

3.请总结糖原的化学性质。

【参考文献】

［1］李巧枝，程绎南.生物化学实验技术[M].北京：中国轻工业出版社，2010.

［2］北京大学生物系生物化学教研室.生物化学实验指导[M].北京：高等教育出版社，1984.

［3］魏晓明.硫酸蒽酮比色法测定鹿龟酒中多糖含量[J].中成药，2000，22（2）：380.

［4］陈毓荃.生物化学实验方法和技术[M].北京：科学出版社，2002.

实验三十九　糖酵解中间产物的测定

【目的和要求】

1.通过本实验的学习加深对糖酵解过程的认识。

2.了解碘乙酸对酶的抑制作用。

3.了解中间代谢产物累积的方法、对研究代谢过程具有重要意义。

【实验原理】

糖酵解过程是把葡萄糖降解产生丙酮酸，并伴随有ATP生成的一系列反应，是一切生物有机体中普遍存在的葡萄糖降解途径。糖酵解过程是一个产能过程，可以净生成2分子ATP，同时产生一些中间代谢产物，为生物合成提供原料。糖酵解可以分为三个阶段十步反应：（1）己糖磷酸化；（2）磷酸己糖裂解；（3）ATP和丙酮酸的生成（图15-1）。

1.己糖磷酸化

葡萄糖 $\xrightarrow[\text{ATP}]{\text{己糖激酶}}$ 6-磷酸葡萄糖 $\xrightarrow{\text{磷酸己糖异构酶}}$ 6-磷酸果糖 $\xrightarrow{\text{磷酸果糖激酶}}$ 1,6-二磷酸果糖

2.磷酸己糖裂解

1,6-二磷酸果糖 $\xrightarrow{\text{醛缩酶}}$ 磷酸二羟丙酮 + 3-磷酸甘油醛

3.丙酮酸的生成

3-磷酸甘油醛 $\xrightarrow{\text{3-磷酸甘油醛脱氢酶}}$ 1,3-二磷酸甘油 $\longrightarrow$ 丙酮酸

图15-1　糖酵解途径

从葡萄糖到丙酮酸的酵解过程，在生物界都是相似的。丙酮酸之后的途径在不同的条件下有所不同。在有氧条件下，丙酮酸可以形成乙酰CoA，进入柠檬酸循环和电子传递链，最后释放二氧化碳和水。在无氧条件下可以形成乳酸或者乙醇和二氧化碳。

在代谢正常进行时，中间产物的浓度往往很低，不易分析鉴定。若加入作用于中间产物的某种酶的专一性抑制剂，则可使该中间产物积累，便于分析和鉴定。3-磷酸甘油醛是糖酵解过程的中间产物，3-磷酸甘油醛脱氢酶的活性中心有半胱氨酸，是巯基酶，碘乙酸可以与之反应，是不可逆抑制。利用碘乙酸抑制3-磷酸甘油醛脱氢酶，使3-磷酸甘油醛不再转化而积累。硫酸肼作为稳定剂，可以阻止磷酸二羟丙酮和3-磷酸甘油醛进一步自发分解。利用羰基试剂2,4-二硝基苯肼与3-磷酸甘油醛在偏碱性条件下反应，生成2,4-二硝基苯腙，再加入过量的氢氧化钠可以形成棕色复合物（图15-2），其棕色深浅程度与3-磷酸甘油醛含量成正比，以此来检验经碘乙酸和硫酸肼抑制后3-磷酸甘油醛的累积量。

本方法通过碘乙酸和硫酸肼的作用，进一步了解中间代谢产物的积累方法，这对研

究中间代谢过程具有一定的意义。

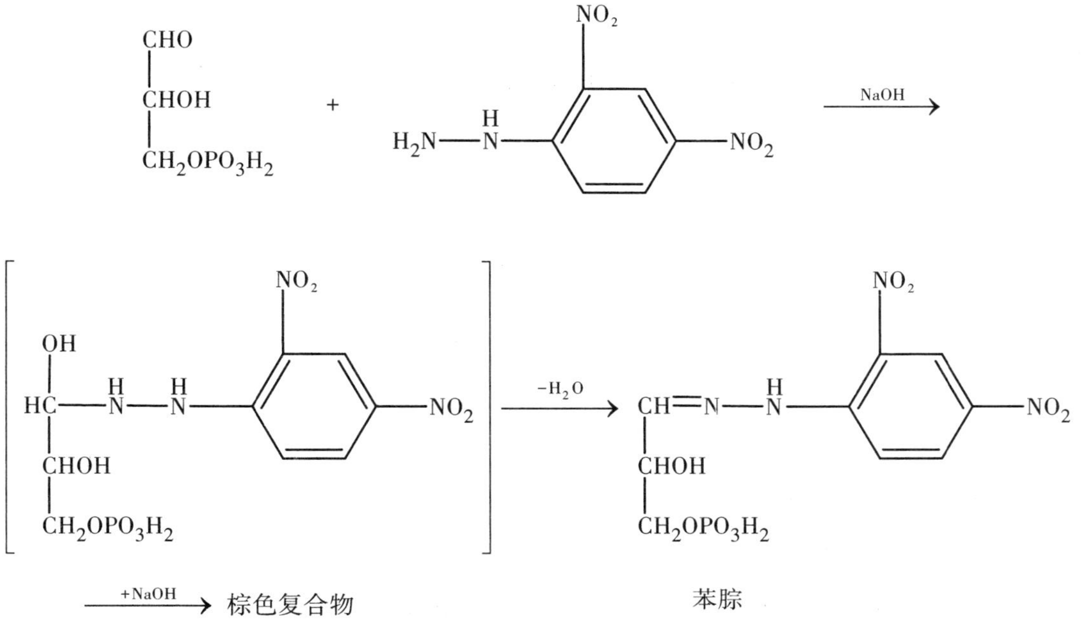

图15-2　2,4-二硝基苯肼在碱性条件下检验3-磷酸甘油醛反应方程式

【试剂、器材和实验材料】

一、试剂

1. 10%三氯乙酸溶液

称取10 g三氯乙酸，溶于80 mL蒸馏水中，转移到100 mL容量瓶中定容后备用。

2. 5%葡萄糖溶液

称取5.5 g葡萄糖于称量瓶中，预先在105 ℃烘箱中干燥至恒重。准确称取5 g葡萄糖，用蒸馏水溶解并定容至100 mL，即得到5%的葡萄糖溶液，置于4 ℃冰箱中贮存备用。

3. 2 mmol/L碘乙酸溶液

称取0.037 g碘乙酸，溶于80 mL蒸馏水中，转移到100 mL容量瓶中，定容后备用。

4. 0.56 mol/L硫酸肼溶液

称取7.28 g硫酸肼，溶于50 mL蒸馏水中，这时不会全部溶解，当加入氢氧化钠使pH值达到7.4时则可以完全溶解。

5. 2,4-二硝基苯肼

称取0.1 g 2,4-二硝基苯肼溶于100 mL 2 mol/L的盐酸中，贮存于棕色瓶中备用。

6. 0.75 mol/L氢氧化钠溶液

称取3 g氢氧化钠固体，溶于80 mL蒸馏水中，转移到100 mL容量瓶中定容后备用。

二、器材

1. 试管和试管架
2. 吸量管（0.5 mL、1 mL、2 mL、5 mL、10 mL）
3. 玻璃棒
4. 恒温水浴锅
5. 电子天平
6. 玻璃漏斗
7. 滤纸
8. 烧杯

三、实验材料

干酵母粉

【实验操作】

一、发酵过程观察

取3支干燥、洁净的玻璃试管，1～3编号后分别加入0.2 g干酵母粉，然后，按下表依次加入各种试剂。加完5%葡萄糖后，每支试管分别用玻璃棒搅拌均匀，玻璃棒不可以混用。在37 ℃保温过程中，用玻璃棒搅拌1～2次。

操　作	管　号		
	1	2	3
10%三氯乙酸/mL	1	0	0
2 mmol/L 碘乙酸/mL	0.5	0.5	0
0.56 mol/L 硫酸肼/mL	0.5	0.5	0
5%葡萄糖/mL	5	5	5
反应条件	37 ℃保温45 min，观察气泡多少，记录实验现象		

二、终止发酵并补加试剂

37 ℃保温45 min后，按照下表对应各管添加试剂

操　作	管　号		
	1	2	3
10%三氯乙酸/mL	0	1	1
2 mmol/L 碘乙酸/mL	0	0	0.5
0.56 mol/L 硫酸肼/mL	0	0	0.5

加完试剂后，立刻用玻璃棒搅拌，这时候发酵过程终止，取出玻璃棒。

三、发酵液过滤

分别过滤上述 3 支试管内的混合物，取过滤液用于显色鉴定。

四、显色鉴定

另取 3 支干燥、洁净的玻璃试管，按照下表所列顺序加入试剂，观察各管颜色的变化，并做好实验记录。

操　作	管　号		
	1	2	3
过滤液 /mL	0.5	0.5	0.5
0.75 mol/L NaOH /mL	0.5	0.5	0.5
反应条件	室温放置 5 min		
2,4-二硝基苯肼 /mL	0.5	0.5	0.5
0.75 mol/L NaOH /mL	3.5	3.5	3.5
观察颜色变化并记录			

【实验结果】

仔细观察比较每一支试管中的现象及变化情况，记录下来，并解释原因。

【注意事项】

1.本实验虽为定性实验，但在称重和量取体积时仍然要求相对准确，操作中应该严格按照表中试剂用量加样，避免试剂错加、多加或者漏加。

2.每次水浴前，必须用玻璃棒搅拌均匀，所用玻璃棒与要一一对应，不可交叉污染。

3.应该根据实验材料来源不同，摸索适宜的保温时间。

【思考题】

1.本实验鉴定的中间产物是什么？

2.实验中三氯乙酸、碘乙酸和硫酸肼三种试剂分别起什么作用？

3.实验中的气泡是什么气体？如何产生的？

【参考文献】

[1] 王镜岩，朱圣庚，徐长法.生物化学教程[M].北京：高等教育出版社，2016.

[2] 陈钧辉，李俊.生物化学实验[M].5版.北京：科学出版社，2014.

[3] 欧田苗，毕惠嫦，金晶.生物化学与基础分子生物学实验[M].北京：高等教育出版社，2019.

实验四十　肌糖原的酵解作用

【目的和要求】

1.学习鉴定糖酵解作用的原理和方法。

2.了解糖酵解作用在糖代谢过程中的地位及生理意义。

【实验原理】

肌糖原（Glycogen）的酵解作用是糖类供给组织能量的一种方式，即肌糖原在缺氧条件下经过一系列的酶促反应，最后转变成乳酸（Lactose），并供给组织能量的一种方式。可用下列反应式表示糖酵解作用的总过程：

$$1/n\,(C_6H_{10}O_5)_n + H_2O \longrightarrow 2\ CH_3CHOCOOH$$

$$\text{Glycogen} \hspace{6cm} \text{Lactose}$$

一般采用肌肉糜或肌肉提取液作为糖原酵解实验的材料。用肌肉糜时，实验必须在无氧条件下进行；用肌肉提取液时，则可在有氧条件下进行。因为催化酵解作用的酶系全部存在于肌肉提取液中，而三羧酸循环和呼吸链的酶系统则集中在线粒体中。糖原可用淀粉代替。

本实验用乳酸的生成来检验糖原或淀粉的酵解作用。糖类和蛋白质干扰乳酸的测定。在除去糖类和蛋白质后，乳酸可以与硫酸共热产生乙醛，后者再与对羟基联苯反应产生紫红色物质，根据颜色的显现而加以鉴定。此法比较灵敏，每毫升溶液含 $1\sim5\ \mu g$ 乳酸即可检出（测定所用仪器应严格洗涤干净）。

【试剂、器材和实验材料】

一、试剂

1.5 g/L糖原溶液（用5 g/L淀粉溶液代替）

2.液状石蜡

3.15% 偏磷酸溶液

4.饱和硫酸铜溶液（20 ℃时硫酸铜溶解度为20.7 g）

5.浓硫酸

6.氢氧化钙粉末

7.1/15 mol/L磷酸二氢钾溶液

称取 9.078 KH_2PO_4 溶于蒸馏水中，并定容至1000 mL。

8.1/15 mol/L磷酸氢二钠溶液

称取 11.876 g $Na_2HPO_4 \cdot 2H_2O$（或 23.894 g $Na_2HPO_4 \cdot 12H_2O$）溶于蒸馏水中，并定容至1000 mL。

9. 1/15 mol/L磷酸缓冲液（pH 7.4）

将上述1/15 mol/L磷酸二氢钾溶液与1/15 mol/L磷酸氢二钠溶液按1∶4的体积比混合，即为pH 7.4的磷酸缓冲液。

10. 15 g/L对羟基联苯试剂

称取对羟基联苯1.5 g，溶于100 mL 5 g/L氢氧化钠溶液中，配成15 g/L的溶液（若对羟基联苯颜色较深，应用丙酮或无水乙醇重结晶）。此试剂放置时间长久后会出现针状结晶，使用时应充分摇匀。

二、器材

1.电子天平
2.恒温水浴锅
3.试管、滴管、漏斗、容量瓶、表面皿、量筒

三、实验动物

大白鼠（体重约150 g）

【实验操作】

一、肌肉糜的制备

处死大白鼠并充分放血，迅速割取鼠背部和腿部的肌肉。冰水浴中用剪刀把肌肉剪碎制成肌肉糜（注意要充分剪碎），4 ℃保存备用。

二、肌肉糜的糖酵解

1.取4支试管，编号。各加入pH 7.4的1/15 mol/L磷酸缓冲液3 mL和5 g/L糖原溶液（或5 g/L淀粉溶液）1 mL。1号管和2号管为实验管，3号管和4号管为对照管。向对照管内加入15%偏磷酸溶液2 mL，以沉淀蛋白质和终止酶的反应。然后在每支试管中加入新鲜肌肉糜0.5 g，用玻璃棒将肌肉碎块打散，搅匀，再分别加入一薄层液状石蜡（约1 mL/管）以隔绝空气。将4支试管同时放入37 ℃恒温水浴中保温1～1.5 h。

2.取出试管，立即向试管内加入15%偏磷酸溶液2 mL，混匀。将各试管内容物分别过滤，弃去沉淀。量取每个样品的滤液4 mL，分别加入已编号的试管中，然后向每管内加入饱和硫酸铜溶液1 mL，混匀，再加入0.4 g氢氧化钙粉末，塞上橡皮塞后用力振荡（因皮肤上有乳酸，勿与手指接触）。放置30 min，并不时振荡，使糖完全沉淀。将每个样品分别过滤，弃去沉淀。

三、乳酸的测定

取4支洁净、干燥的试管，编号。各加入浓硫酸和2～4滴对羟基联苯试剂，混匀后放入冰浴中冷却。将每个样品的上清液0.25 mL逐滴加到已冷却的上述硫酸与对羟基联苯混合液中，充分混匀，静置30 min；置于沸水浴中加热90 s，观察颜色。

【结果处理】

1.比较观察实验管和对照管是否生成紫红色物质。

2.将实验管和对照管拍照，并描述两者呈色差异的原因。

【注意事项】

1.对羟基联苯法也可以通过测定565 nm处的吸光度来定量测定发酵液中乳酸的含量。

2.氢氧化钙、硫酸铜、浓硫酸、对羟基联苯溶液用量、加热显色时间、静置显色时间对最终的显色均存在一定的影响，实验管和对照管的操作一定要在相同条件下进行。

3.保温反应前一定要加一层液状石蜡（约1 mL/管）以隔绝空气。

4.操作过程中戴乳胶手套，避免皮肤与试管内混合液接触。

【思考题】

1.对羟基联苯法鉴定糖酵解作用的原理是什么？

2.总结对羟基联苯法鉴定乳酸过程中应注意的事项。

【参考文献】

［1］赵永芳，黄健.生物化学技术原理及应用[M].北京：科学出版社，2008：350.

［2］梁琼，鲁明波，卢正东，等.对羟基联苯法定量测定发酵液中的乳酸 [J].食品科学，2008，29（6）：357-360.

实验四十一　薄层层析法鉴定转氨酶的转氨基作用

【目的和要求】

1.了解转氨基作用的生物学意义。

2.学习谷丙转氨酶的催化机理。

2.掌握转氨酶活性鉴定的基本原理和操作技术。

【实验原理】

催化转氨基反应的酶称为转氨酶（Transaminase）。转氨酶在动物、植物、微生物中分布很广。转氨基作用广泛地存在于机体各组织器官中，是体内氨基酸代谢的重要途径。氨基酸反应时均由专一的转氨酶催化，此酶催化氨基酸的α-氨基转移到另一α-酮基酸上。各种转氨酶的活性不同，其中肝脏的谷丙转氨酶（Glutamic Pyruvic Transaminase，GPT）活性较高，它催化如下反应：

$$\text{丙氨酸} + \alpha - \text{酮戊二酸} \overset{\text{GPT}}{\leftrightarrow} \text{丙酮酸} + \text{谷氨酸}$$

氨基酸是组成蛋白质的基本结构单元，构成蛋白质的L-α-氨基酸共有20种。其中丙氨酸族、丝氨酸族、天冬氨酸族等12种氨基酸是通过转氨基作用合成的，这是合成氨基酸的重要途径。此外，转氨基作用还沟通了生物体内蛋白质、碳水化合物、脂类等代谢，是一类极为重要的生化反应。

薄层层析属于分配层析，以硅胶板为支持物（固定相），以有机溶剂作为流动相。在用薄层层析法分离氨基酸时，由于各种氨基酸在此两相中的分配系数不同，各有一定的迁移率。极性弱的氨基酸，易溶于有机溶剂即分配系数小，随流动相移动较快，R_f值大；而极性强的氨基酸移动较慢，R_f值小，据此可以分离鉴定氨基酸。

本实验以丙氨酸和α-酮戊二酸为底物，加入肝匀浆后保温，可以用薄层层析法鉴定新生成的氨基酸是谷氨酸，以证明转氨基作用。点样时，除待测液外，加点对照液和标准液，层析后用茚三酮显色，对此观察色斑，判定结果。

【试剂、器材和实验材料】

一、试剂

1. 0.01 mol/L pH 7.4磷酸盐缓冲液。

2. 0.1 mol/L丙氨酸溶液

称取丙氨酸0.891 g，先溶于少量0.01 mol/L pH 7.4磷酸盐缓冲液中，以1.0 mol/L NaOH仔细调至pH 7.4后，加磷酸盐缓冲液至100 mL。

3. 0.1 mol/L α-酮戊二酸

称取α-酮戊二酸1.461 g，先溶于少量0.01 mol/L pH 7.4磷酸盐缓冲液中，以1.0 mol/L NaOH仔细调至pH 7.4后，加磷酸盐缓冲液至100 mL。

4.0.1 mol/L 谷氨酸溶液

称取谷氨酸 0.735 g，先溶于少量 0.01 mol/L pH 7.4 磷酸盐缓冲液中，以 1.0 mol/L NaOH 仔细调至 pH 7.4 后，加磷酸盐缓冲液至 50 mL。

5.30% 乙酸。

6.硅胶 G。

7.展层溶剂：V（正丁醇）：V（甲醇）：V（冰乙酸水）=6：1：1：1，混匀备用。现用现配。

8.0.5% 茚三酮溶液：称取茚三酮 0.5 g 于 100 mL 丙酮中溶解。

二、器材

1.手术剪刀

2.玻璃匀浆器

3.玻璃离心管（5 mL）

4.试管（10 mL）

5.吸量管（0.5 mL、2 mL、5 mL）

6.37 ℃恒温水浴锅

7.沸水浴锅

8.低速离心机

9.研钵

10.玻璃板（8 cm×15 cm）

11.烘箱

12.毛细玻璃管

13.培养皿（直径 10 cm）

14.层析缸

15.玻璃喷雾器

16.吹风机

三、实验材料

昆明系小鼠肝脏

【操作方法】

一、酶液的制备

取小鼠肝脏 0.5 g，剪碎后放入匀浆器，加入冷 0.01 mol/L pH 7.4 磷酸盐缓冲液 1.0 mL，迅速研成匀浆，用上述缓冲液 1 mL 混匀备用。

二、酶促反应过程

1.取 5 mL 玻璃离心管 2 支，编号：1（测定管）、2（对照管），各加肝匀浆 1 mL。把对照管放沸水浴中加热 10 min，取出冷却。

2.各加 0.1 mol/L 丙氨酸 0.5 mL、0.1 mol/L α-酮戊二酸 0.5 mL、0.01 mol/L pH 7.4 磷酸盐缓冲液 1 mL，摇匀。

3.37 ℃保温，40 min 后取出。

4.各管分别加 3 滴 30% 乙酸，终止酶反应。于沸水浴中加热 10 min，使蛋白质完全变性沉淀，取出后冷却。

5.两管皆 2000 r/min 离心 5 min，把上清液分别转移到小试管中，标清管号，供层析用。

三、层析板的制备

取 3 g 硅胶 G（可制 8 cm×15 cm 的薄板 2 块），放入研钵中加蒸馏水 10 mL 研磨，待成糊状后，迅速均匀地倒在已备好的干燥、洁净的玻璃板上，手持玻璃板在桌子上轻轻振动。使糊状硅胶 G 铺匀，室温下风干，使用前置 105 ℃烘箱中活化 30 min。

四、点样

在距薄板底边 2 cm 处，用铅笔画一直线作为基线，等距离确定 4 个点样原点（相邻两点间距 1.5 cm）。用 4 根毛细玻璃管分别进行点样。把丙氨酸液、谷氨酸液分别点在原点 1、2 处。把测定液、对照液分别点在原点 3、4 处。具体方法是用毛细玻璃管吸取少量液体，点到薄板点上。注意点样点不宜过大（应在直径 3 mm 以下）。如果测定液中氨基酸浓度低，可在第一次点样点干后，再在原处同样点 1~2 次。

五、展层

在层析缸中放入一直径为 10 cm 的培养皿，注入展层溶剂 [V（正丁醇）:V（甲醇）:V（冰乙酸水）:V（水）=6：1：1：1]，深度为 0.5 cm 左右，展瓶内立一张与硅胶板同高之滤纸，使瓶内展开剂呈饱和状态。将点好样的薄板放入缸中（注意不能浸及样点），密封层析缸，上行展开。待溶液前沿上升至距薄板上沿约 1 cm 处时取出，用毛细管标出前沿位置，并用吹风机吹干薄板。

六、显色

用喷雾器向上述薄板均匀喷上 0.5 % 茚三酮溶液（注意不能有液滴），用吹风机热风吹干，即可见各种氨基酸的层析斑点。

【结果处理】

1.画出薄层层析图谱。用铅笔标出各色斑的中心点（或照相记录），比较各色斑的位置及颜色深浅，以此判定结果。

2.按下式计算各斑点的迁移率（R_f）。

$$R_f = \frac{溶质层析点中心到原点中心的距离（X）}{溶剂前沿到原点中心的距离（Y）}$$

3.从层析图谱上鉴定丙氨酸和 α-酮戊二酸是否发生了转氨基反应，并写出反应式。

【注意事项】

1.所用动物肝脏一定要新鲜，在冰浴中充分研磨使细胞破碎，酶易释出。

2.严格掌握温度及保温时间。

3.在同一实验系统中使用同一制品、同一规格的吸附剂，颗粒大小最好在250～300目。制板时硅胶G加水研磨时间应掌握在3～5 min，研磨时间过短，硅胶吸水膨胀不够，不易铺匀；研磨时间过长，来不及铺板硅胶G就会凝固。

4.保持薄板洁净，层析点样时手要洗净，操作中尽可能少接触薄板，以免污染，干扰实验结果。

5.应在同一位置重复点样，必须待吹干后方可再点下一滴。样点不宜过大，直径小于3 mm。

6.配制展层剂时，应现用现配，以免放置过久，有机溶剂挥发导致成分发生变化。

7.点样和显色用吹风机时，勿离薄板太近，以防吹破薄层。

8.为使本实验更具说服力，可以增加3号和4号离心管作为对照管：相对于测定管在3号离心管和4号离心管中以0.5 mL的0.01 mol/L pH 7.4磷酸盐缓冲液分别代替0.5 mL的0.1 mol/L丙氨酸和0.5 mL的0.1 mol/L α-酮戊二酸，也就是只提供一个反应底物时的酶催化反应。

9.转氨酶只能作用于α-L-氨基酸，对D-氨基酸无作用。实验室多用α-DL-氨基酸（较L-氨基酸价廉），若用L-氨基酸，则用量减半。

【思考题】

1.转氨基作用在代谢中有何意义？

2.用薄层层析还可分离鉴定哪些物质？

3.为什么要把对照管放在沸水浴中加热5 min？

4.为什么本实验的薄层层析中谷氨酸比丙氨酸走得慢？

【参考文献】

[1] 陈毓荃.生物化学实验方法和技术[M].北京：科学出版社，2002.

[2] 王秀奇.基础生物化学实验[M].2版.北京：高等教育出版社，1999.

[3] 中山大学生物系生化微生物学教研室.生化技术导论[M].北京：人民教育出版社，1981.

实验四十二　细胞色素C的制备及测定

【实验目的】

1. 学习细胞色素C的理化性质及其生物学功能。
2. 掌握制备细胞色素C的原理和操作技术。

【实验原理】

细胞色素C（Cytochrome C）广泛存在于需氧细胞的线粒体中，是一类含铁卟啉基团的蛋白质。细胞色素C在线粒体瘠上与其他氧化酶排列成呼吸链，位于细胞色素b和细胞色素氧化酶之间，其作用是在生物氧化过程中传递电子，参与细胞呼吸过程，是呼吸链的一个重要组成成分。

细胞色素C是一种具有104～113个氨基酸的多肽分子，这是一种很保守的分子。其分子中赖氨酸含量较高，所以等电点偏碱，为pH 10.7，相对分子质量为12 000～13 000。它易溶于水及酸性溶液，对热、酸、碱均较稳定，不易变性，组织破碎后，用酸性水溶液即能从细胞中抽提出来。细胞色素C分为氧化型和还原型两种，因为还原型较稳定并易于保存，一般都将细胞色素C制成还原型的。氧化型细胞色素C在408 nm、530 nm有最大吸收峰，还原型细胞色素C的最大吸收峰为415 nm、520 nm和550 nm，利用这一特性可测定细胞色素C的含量。

由于细胞色素C在心肌组织和酵母中含量丰富，常以此为材料进行分离、制备。本实验以新鲜猪心为材料，经过酸溶液抽提、人造沸石吸附、硫酸铵溶液洗脱、三氯乙酸沉淀、透析等步骤制备细胞色素C，并测定其含量。

【试剂、器材和实验材料】

一、试剂

1. 2 mol/L H_2SO_4 溶液。

2. 1 mol/L NH_4OH 溶液。

3. 固体硫酸铵。

4. 25%硫酸铵溶液：100 mL蒸馏水中含25 g硫酸铵，约相当于25 ℃时40%的饱和度。

5. 0.25 mol/L氢氧化钠–1 mol/L氯化钠混合液。

6. 0.2%氯化钠溶液：称取0.2 g氯化钠，用蒸馏水溶解并定容至100 mL。

7. $BaCl_2$ 试剂：称12 g $BaCl_2$，溶于100 mL蒸馏水中。

8. 20%三氯乙酸溶液。

9. 人造沸石（60～80目）。

10. 0.1 mol/L，pH 7.3磷酸盐缓冲液。

11. 细胞色素C标准贮备液（80 mg/mL）。

12. 细胞色素 C 标准应用液（3.2 mg/mL）

取 1 mL 细胞色素 C 标准贮备液，用 0.1 mol/L、pH 7.3 磷酸盐缓冲液稀释至 25 mL，即得 3.2 mg/mL 的细胞色素 C 标准应用液。

13. 联二亚硫酸钠（$Na_2S_2O_4 \cdot 2H_2O$）。

二、器材

1. 绞肉机
2. 电子天平
3. 磁力搅拌器
4. 离心机
5. UNICO 7200 型可见光分光光度计和比色皿
6. 玻璃层析柱 （25 mm×300 mm）
7. 下口瓶
8. 烧杯（2000 mL、1000 mL、500 mL）
9. 量筒
10. 移液管
11. 玻璃漏斗
12. 纱布
13. 玻璃棒
14. 透析袋
15. 精密 pH 试纸

三、实验材料

新鲜或冰冻猪心

【实验操作】

一、细胞色素 C 的制备

1. 材料的处理

取新鲜或冰冻猪心，除去脂肪和结缔组织，用水洗去积血，将猪心切成小块，放入绞肉机绞碎。

2. 提取

称取绞碎猪心肌肉 50 g，放入 500 mL 烧杯中，加蒸馏水 100 mL，在磁力搅拌器搅拌下用 2 mol/L H_2SO_4 调 pH 至 4.0（此时溶液呈暗紫色），在室温下搅拌提取 2 h，在提取过程中，使抽提液的 pH 值保持在 4.0 左右。在即将提取完毕，停止搅拌之前，以 1 mol/L NH_4OH 调 pH 至 6.0，停止搅拌。用四层普通纱布压挤过滤，收集滤液。滤渣加入 300 mL 蒸馏水，再按上述条件提取 1 h，将两次提取液合并。

3. 中和

用 1 mol/L NH_4OH 调上述提取液至 pH 7.2（此时，等电点接近 7.2 的一些杂蛋白溶解度小，从溶液中沉淀下来），静置30～40 min后过滤，所得滤液准备通过人造沸石柱进行吸附。

4.吸附与洗脱

人造沸石容易吸附细胞色素C，细胞色素C吸附后能被25%的硫酸铵洗脱下来，利用此特性将细胞色素C与其他杂蛋白分开。具体操作如下：

（1）人造沸石的预处理

称取人造沸石30 g，放入500 mL烧杯中，加水搅拌，用倾泻法除去15 s内不下沉的过细颗粒，重复6次。

（2）装柱

选择1支底部带有滤膜的干净的玻璃柱（25 mm×300 mm），柱下端连接一乳胶管，用夹子夹住，柱中加入蒸馏水至2/3体积，保持柱垂直，然后将已处理好的人造沸石带水装填入柱，注意一次装完，避免柱内出现气泡。

（3）上样

柱装好后，打开夹子放水（柱内沸石面上应保留一薄层水）将中和好的提取液装入下口瓶，使其通过人造沸石柱进行吸附。柱下端流出液的速度为8～10 mL/min。随着细胞色素C被吸附，柱内人造沸石逐渐由白色变为红色，流出液应为淡黄色或微红色。

（4）洗脱

吸附完毕，将红色人造沸石从柱内取出，倒入500 mL烧杯中，先用自来水，后用蒸馏水搅拌洗涤至水清，再用100 mL 0.2%NaCl溶液分3次洗涤人造沸石，再用蒸馏水洗至水清，去除杂质。按第一次装柱方法将人造沸石重新装入柱内，用25%硫酸铵溶液洗脱，流速控制在2 mL/min左右，收集含有细胞色素C的红色洗脱液。当洗脱液红色开始消失时，即洗脱完毕（每0.5 kg猪心糜约收集100 mL）。人造沸石可再生使用。

（5）人造沸石再生

将使用过的沸石，先用自来水洗去硫酸铵，再用0.25 mol/L氢氧化钠−1 mol/L氯化钠混合液洗涤至沸石呈白色，前后用蒸馏水反复洗至pH7～8，即可重新使用。

5.盐析

为了进一步提纯细胞色素C，在上面收集的洗脱液中，加入固体硫酸铵（按每100 mL洗脱液加入20 g固体硫酸铵的比例，使溶液硫酸铵的饱和度达到45%）边加边搅拌，放置30 min后，杂蛋白便从溶液中沉淀析出，而细胞色素C仍留在溶液中，3000 r/min离心15 min除去杂蛋白沉淀，上清液即为红色透亮的细胞色素C溶液。

6. 三氯乙酸沉淀

在搅拌下向所得透亮溶液加入20%三氯乙酸（2.5 mL三氯乙酸/100 mL细胞色素C溶液），细胞色素C马上沉淀出来（沉淀出来的细胞色素C属可逆变性），立即于3000 r/min离心15 min，收集沉淀。加入少许蒸馏水，用玻璃棒搅拌，使沉淀溶解。

7.透析

将沉淀的细胞色素C溶解于少量的蒸馏水后，装入透析袋，在磁力搅拌器搅拌下于500 mL烧杯中用蒸馏水进行透析除盐，间隔15 min换水1次，换水3～4次后，检查透析外液SO_4^{2-}是否已被除净。检查方法是：取2 mL $BaCl_2$溶液于试管中，滴加2～3滴透析外液至试管中，若出现白色沉淀，表示SO_4^{2-}未除净，反之，说明透析完全，将透析液过滤，即得细胞色素C制品。

二、细胞色素C的含量测定

所得制品是还原型细胞色素C水溶液，在波长520 nm处有最大吸收值，根据这一特性，用UNICO 7200型分光光度计，先作出一条标准细胞色素C浓度和对应的吸光值的标准曲线（图15-3），然后根据测得的待测样品溶液的吸光值就可以由标准曲线的斜率求出待测样品的含量。具体操作如下。

1.标准曲线的绘制

取6支试管，按下表操作：

操 作	管 号					
	0	1	2	3	4	5
细胞色素C标准应用液 （3.2 mg/mL）/mL	0.0	0.2	0.4	0.6	0.8	1.0
磷酸盐缓冲液 （0.1 mol/L、pH7.3）/mL	4.0	3.8	3.6	3.4	3.2	3.0
细胞色素C浓度/ $mg \cdot mL^{-1}$	0.0	0.16	0.32	0.48	0.64	0.80
联二亚硫酸钠 / mg	5	5	5	5	5	5
立刻振摇各管						
A_{520}						

以0号管为空白对照，在520 nm处测得各管的吸光值。

2.样品测定

取1 mL样品，稀释适当倍数，从中取出4 mL放入一试管中，平行做三份，再各加5 mg联二亚硫酸钠，摇匀，在波长520 nm处测定吸光值A_x。最后根据标准曲线的斜率计算其细胞色素C的含量。

【结果处理】

1.绘制标准曲线

以细胞色素C的浓度为横坐标、吸光值为纵坐标，作出标准曲线图，从图中求得斜率为K。

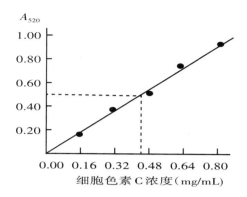

图 15-3　细胞色素 C 标准曲线

2.计算出细胞色素 C 的含量

$$细胞色素 C 含量(mg/100\ g\ 猪心) = \frac{A_x \times 稀释倍数 \times 终体积}{K \times W} \times 100\%$$

式中，A_x 为细胞色素 C 样品稀释液的吸光值；K 为标准曲线的斜率；W 为称取绞碎猪心肌肉的质量。

在本实验中，50 g 的猪心原料，应获得 7.5 mg 以上的细胞色素 C 的制品。

注：在细胞色素 C 的实际制备工作中，除了含量测定以外还要测定含铁量即纯度的鉴定和活性，后两项测定，此处从略。

【注意事项】

1.尽可能除掉猪心中的结缔组织、脂肪和积血。

2.使用离心机之前，一定要配平。

3.透析之前要检查透析袋是否漏液。

4.在 520 nm 处测定各管的吸光值时，要加少许联二亚硫酸钠做还原剂。

5.提取、中和步骤要注意调节 pH。吸附、洗脱步骤应严格控制流速。

6.盐析时，硫酸铵应分多次少量加入，边加边搅拌。

7.用 20% 三氯乙酸沉淀细胞色素 C 时，要逐滴加入，并摇匀，尽快离心，时间过长会导致细胞色素 C 的不可逆变性。

【思考题】

1.制备细胞色素 C 通常选取什么动物组织？为什么？

2.本实验采用的酸溶液提取、人造沸石吸附、硫酸铵溶液洗脱，三氯乙酸沉淀等步骤制备细胞色素 C 及含量测定，各是根据什么原理？

3.细胞色素 C 被吸附到人造沸石上后，为什么要将红色人造沸石从柱内取出进行洗涤？依次用蒸馏水、0.2% NaCl 溶液、蒸馏水洗涤人造沸石至水清的目的是什么？

4.试以细胞色素 C 的制备为例，总结出蛋白质制备的主要步骤和方法。

5.在本次实验中如何确定称取一定量的沸石上柱？

【参考文献】

[1] 张龙翔，张庭芳，李令媛.生化实验方法和技术[M].北京：高等教育出版社，1996.

[2] 李建武，萧能庆.生物化学实验原理和方法[M].北京：北京大学出版社，1994.

[3] Trevor A，Jerome J，Valerie S. Cytochrome C Detection[J]. Applied Biochemistry and Biotechnology，2001，90：97-105.

[4] 王秀奇.基础生物化学实验[M].北京：高等教育出版社，1999

实验四十三 高效液相色谱法测定雌激素含量

【目的和要求】

1.了解高效液相色谱法的原理及其应用。

2.了解高效液相色谱仪的主要部件及安捷伦1260高效液相色谱仪的操作系统。

3.掌握高效液相色谱分析法的样品前处理流程。

4.掌握雌二醇、雌酮、己烯雌酚三种雌激素的提取方法。

5.学习高效液相色谱法分析条件的设置。

6.掌握利用高效液相色谱定性、定量分析的基本方法。

【实验原理】

环境雌激素（environmental estrogens），是一类具有拮抗雌激素效应的物质，可模拟内源性雌激素的生理、生化作用，能通过被污染的空气、水体、饲料等影响生物体，干扰生殖系统、神经系统、免疫系统，已经引起各国政府、世界卫生组织等机构的高度重视。给养殖鱼投喂药物时，体内的药物残留量取决于吸收和排泄的速度。一般认为药物投喂量越多，体内残留量也越多。《食品卫生法》及其有关规则规定，必须检验药物的残留量。

高效液相色谱仪（High performance liquid chromatography，HPLC）由高压输液系统、进样系统、色谱柱分离系统和检测系统4部分组成（图15-4）。高压输液泵将流动相以稳定的流速（或压力）输送至分析体系，在进入色谱柱之前通过进样器将样品导入，流动相将样品带入色谱柱，根据样品在色谱柱中各组分的分配系数、吸附力大小、带电性质，乃至相对分子质量大小的差异而被分离，并依次随流动相流至检测器，将检测到的信号送至数据系统记录、处理或保存。目前，HPLC已经成为分离、检测生物分子的重要工具。反相高效液相色谱（RP-HPLC）分析法可以根据雌激素的不同生理特性，依据它们在键合有疏水基团的固定相上的不同分配系数，选择键合反相色谱柱和紫外检测器对其进行分离检测。该法具有分离效率高、分析速度快、样品用量少、灵敏度高、分离和测定一次完成等优点，已成为对环境雌激素进行检测的主要化学方法。

图15-4 安捷伦1260高效液相色谱仪

本实验采用石油醚为匀浆剂处理2次鲤鱼肉，以脱去其中的脂肪。由于乙腈对雌激素具有良好的溶解性，同时又是良好的蛋白质沉淀剂，因此将乙腈作为萃取剂提取样品中的雌二醇、雌酮和己烯雌酚三种雌激素可以简化样品的处理步骤。在等度洗脱条件下，以 C_{18} 键合反相柱为固定相，50%乙腈-50%水为流动相，在 220 nm 的检测波长下有较好的紫外吸收峰。根据保留时间和峰面积进行定性、定量分析。

采用本方法测定鱼肉中的雌二醇、雌酮和己烯雌酚，样品预处理简便、快速，不需要衍生化，重现性好，有较好的回收率，适合常规样品的检测。

【试剂、器材和实验材料】

一、试剂

1.石油醚（分析纯）。

2.雌二醇、雌酮标准品：Sigma公司产品。

3.己烯雌酚标准品：Acros Organics公司产品。

4.乙腈、甲醇均为色谱纯。

5.二次去离子水。

6.雌激素标准溶液：准确称取雌二醇、雌酮和己烯雌酚标准品各4.0、4.0、2.0 mg，分别用甲醇配制成质量浓度为2.0、2.0、1.0 mg/mL的标准储备液。4 ℃冰箱存放，用于判断标准混合溶液谱图中相应物质的色谱峰。

7.雌激素标准混合溶液：准确称取雌二醇、雌酮和己烯雌酚标准品各4.0、4.0、2.0 mg，用甲醇配制成质量浓度为2.0、2.0、1.0 mg/mL的标准储备液。4 ℃冰箱存放，用于外标峰面积测定。

8.乙腈-水（50∶50，体积比）。

二、器材

1.安捷伦1260高效液相色谱仪

2.G1314F紫外检测器

3.迪马碳18色谱柱（C_{18}柱），规格是长250 mm，内径4.6 mm，孔径5 μm。

4.电子天平

5.玻璃匀浆器

6.具塞磨口锥形瓶（50 mL）

7.超声波提取仪

8.离心管

9.低速离心机

10. 0.45 μm 微孔滤膜（有机膜和水膜）

11.圆底烧瓶

12.恒温水浴

13.旋转蒸发仪

14.移液器与吸头

15.手术刀、剪刀、镊子

三、实验材料

市售养殖鲤鱼

【实验操作】

一、样品提取

将新鲜鲤鱼去鳞、去皮、剔刺，称取 10 g 鱼肉，剪碎，置于一玻璃匀浆器内，用 15 mL 石油醚匀浆后，将石油醚层倾入一50 mL 具塞磨口锥形瓶中，再用 15 mL 石油醚匀浆一次，把所有匀浆并入上述锥形瓶中，另取少量石油醚洗涤匀浆器2次，合并，超声提取4 min，静置分层，弃去上层石油醚（如果分层不明显，可以于 3000 r/min 离心 10 min）。加入 15 mL 乙腈，搅匀，超声提取 4 min，将乙腈连同样品转移至离心管中，另取少量乙腈洗涤锥形瓶2次，洗涤液并入离心管，于 3500 r/min 离心 10 min，静置后弃去上层少量油层。将乙腈层转移出，经 0.45 μm 微孔滤膜（有机膜）过滤，滤液置 60 ℃水浴，微氮气流下蒸发浓缩至 0.2 mL，取 10 μL 进样分析。

二、色谱条件

色谱柱：迪马 C_{18} 柱（孔径 5 μm，长 250 mm，内径 4.6 mm）；

流动相：乙腈-水（50∶50，体积比）；

流速：1.0 mL/min；

检测波长：220 nm；

柱温：30 ℃；

进样量：10 μL；

采用色谱峰的保留时间定性，外标法峰面积定量。

三、安捷伦 1260 高效液相色谱仪的开机、设置参数、平衡

1.放上过滤好并经过超声脱气的新流动相，将 A、D 两个滤头分别放进水和乙腈的流动相试剂瓶中。

2.接通仪器总电源，依次打开进样器、柱温箱、紫外检测器（VWD）、二极管阵列检测器（DAD）、四元泵五个模块的电源开关，再打开计算机显示器和主机。

3.在计算机桌面双击打开 LC1260（联机），屏幕上出现仪器的四个模块：TCC柱温箱、进样器、四元泵、VWD紫外检测器，点击"确定"。然后，依次设置模块中的参数。

4.在 VWD 模块将灯"开启"，并且设置波长为"220 nm"。紫外灯开始预热平衡。

5.在柱温箱模块开启"恒温器"，温度设置为 30 ℃。

6.设置在线图谱中横坐标为时间轴（范围 30 min），纵坐标为吸光度。

7.对使用的两个泵通道 A 和 D 进行分别脱气。

8.设置流动相的流速为 1 mL/min，并平衡色谱柱至基线平直为止。

四、样品定性

取雌激素标准混合溶液 10 μL，注入高效液相色谱仪进行分析测定；再依次吸取雌二醇、雌酮和己烯雌酚标准溶液 10 μL，分别注入高效液相色谱仪进行分析，依据保留时间对标准混合溶液谱图中相应物质的色谱峰进行归属（图 15-5）。

再取 10 μL 样品进样分析。以标准溶液峰的保留时间为依据判断样品溶液中相应雌激素的色谱峰。

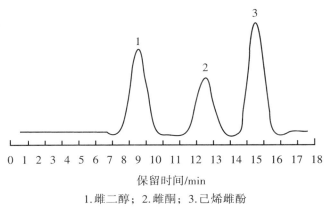

保留时间/min

1.雌二醇；2.雌酮；3.己烯雌酚

图15-5　雌激素标准品色谱图

五、样品定量

1.外标峰面积法

按表 15-1 配制一系列标准雌激素混合液的稀释液，分别取 10 μL 进样分析，依次记录下各峰的峰面积。以各种雌激素质量浓度为横坐标、相应的峰面积为纵坐标作工作曲线。

2.样品分析

取样品提取液 10 μL 注入色谱仪，根据雌二醇、雌酮和己烯雌酚的峰面积，从工作曲线上查出各自的质量浓度，再计算出鱼肉中的实际含量（mg/kg）。

六、回收率与精密度测定

取 10 g 鱼肉三份，分别加入高（0.80 mg/kg）、中（0.40 mg/kg）、低（0.20 mg/kg）三种雌激素标准品，在与上述相同的提取及色谱条件下，分别测定样品液加标后的含量，平行 5 次，并与本底值比较，计算相应的回收率与精密度。

【结果处理】

1.对照标准溶液峰的保留时间，确定样品中是否存在雌二醇、雌酮和己烯雌酚。

2.计算出鱼肉中这三种雌激素的实际含量（mg/kg），并参照中华人民共和国关于食品标准中的雌激素最高限量，确定市售鲤鱼中的雌二醇、雌酮和己烯雌酚是否超标。

3.计算该方法相应的回收率与精密度。

先将测定结果整理填入表 15-1，再将计算结果填入表 15-2 中。

表 15-1　标准雌激素系列浓度的配制及色谱分析

操作		峰号						
		0	1	2	3	4	5	6
雌激素标准混合溶液 /mL		0.0	0.5	1.0	1.5	2.0	2.5	3.0
甲醇 /mL		10.0	9.5	9.0	8.5	8.0	7.5	7.0
标准混合液中各雌激素质量浓度/mg·mL^{-1}	雌二醇	0.00	0.10	0.20	0.30	0.40	0.50	0.60
	雌酮	0.00	0.10	0.20	0.30	0.40	0.50	0.60
	己烯雌酚	0.00	0.05	0.10	0.15	0.20	0.25	0.30
进样 / μL		10.0	10.0	10.0	10.0	10.0	10.0	10.0
峰面积	雌二醇							
	雌酮							
	己烯雌酚							

表 15-2　回收率和相对标准偏差计算结果

名称	本底 / mg·kg^{-1}	加入量 / mg·kg^{-1}	测得量 / mg·kg^{-1}	回收率 / %	相对标准偏差 / %
雌二醇		0.80			
		0.40			
		0.20			
雌酮		0.80			
		0.40			
		0.20			
己烯雌酚		0.80			
		0.40			
		0.20			

【注意事项】

1.样品匀浆提取过程中，很容易溅洒出来，尤其加了乙腈萃取时，鱼肉极易粘在匀浆器内壁上，所以这一步要细心操作，避免样品损失，产生误差。

2.进样前一定要对样品经过 0.45 μm 的微孔滤膜过滤，避免堵塞色谱柱，引起柱效下降或改变保留特性。

3.流动相必须过滤，并且必须超声脱气。

4.虽然只用其中两个通道（如 A 和 D），其他两个通道的溶剂瓶内也必须装有液体，因为管路是通的，如果有一个瓶是空的，脱气机一直在往外排气，直接就是一个大气压了。

5.冲洗色谱柱操作中，开机是关机的逆过程。即先用有机相冲洗，再用水冲洗，再用缓冲液冲洗。

6.分析结束，冲洗色谱柱后，一定要把吸滤头浸泡在有机相内抑菌，以免长微生物。

7.流动相采用缓冲液或无机盐水溶液的，要在水相中以 3 mL/min 的流速脱脂冲洗色谱柱 5 min，再到有机相里脱脂 5 min，最后把吸滤头浸泡在有机相内。

8.脱气过程中，注意观察压力值小于 10 bar（$1×10^5$ Pa）。

9.色谱分析结束，要及时冲洗色谱柱，以免造成腐蚀、磨损、阻塞。

【思考题】

1.雌激素属于哪一类激素？这类激素有哪些重要的代表？都有何生理作用？

2.高效液相色谱仪主要由哪几部分组成？各部分都发挥什么作用？

3.何谓反相高效液相色谱法？适用于分析哪些生物分子？

4.在分离、检测目标物质时，依据什么原则选择色谱柱、流动相及检测器？

5.流动相为什么要进行脱气？

6.本实验中采用什么方法对三种雌激素进行定性、定量的？

7.根据测定的回收率，试推测在整个实验过程中哪些步骤容易造成这三种雌激素的流失。

【参考文献】

［1］张宏，毛炯，孙成均，等.气相色谱-质谱法测定尿及河底泥中的环境雌激素[J].色谱，2003，21：451-455.

［2］周建科，张明翠，李娜，等.豆奶粉中三种雌激素的高效液相色谱法测定[J].粮油食品科技，2009，17（1）：42-43.

［3］Kuch H M，Ballschmiter K.Determination of endocrine-disrupting phenolic compounds and estrogens in surface and drinking water by HRGC-（NCI）-MS in the picogram per liter rage[J].Environ Sci Technol，2001，35（15）：3201-3206.

［4］黄成，姜理英，陈建孟，等.固相萃取-衍生化气相色谱-质谱法测定制药厂污水中的环境雌激素[J].色谱，2008，26（5）：618-621.

［5］刘先利，刘彬，吴峰，等.环境雌激素及其降解途径[J].环境科学与技术，2003，26（4）：3-5.

［6］林奕芝，张世英，梁伟，等.HPLC法同时测定肉与肉制品中沙丁胺醇和8种雌激素残留量[J].中国公共卫生，2002，18（12）：1499-1501.

［7］李惠云，刘鹏威，魏华.双酚A对鲫鱼雌激素受体表达和雌二醇水平的影响[J].上海水产大学学报，2008，17（6）：641-646.

附　录

一、生物化学实验常用仪器的使用方法

（一）分光光度计

分光光度计就是利用分光光度法对物质进行定性、定量分析的仪器。分光光度法是通过测定物质在特定波长处或一定波长范围内光的吸收度，从而对该物质进行定性和定量分析。分光光度计已经成为现代分子生物实验室的常规仪器。常用于生命大分子物质的定量分析。

1.主要型号

（1）可见光分光光度计（UNICO 7200型，上海）。

（2）可见-紫外分光光度计（UNICO UV-2000，上海）。

2.操作规程

（1）接通仪器的电源，并打开电源开关，显示屏上首先出现UNICO（7200型和UV-2000型）字样，过几秒钟后出现数字。此仪器在工作前根据情况需要进行适当的预热，20～30 min后即可进行比色测定。

（2）预热完成后，首先通过仪器上的波长选择旋钮进行波长的选择，如果所需的比色波长为540 nm，则旋转此旋钮让左侧视窗中央的黑线从正上方压在540 nm处。

（3）本仪器显示屏所显示的为显示屏右侧指示灯所处位置参数的数值。该参数依次为"Transmittance""Absorbance""Concentration""Factor"，这些参数可以用显示屏下方的"Mode"按钮进行切换。若当前指示灯位于"Absorbance"，连续按下"Mode"按钮，依次为"Absorbance"至"Concentration"至"Factor"至"Transmittance"至"Absorbance"，每四次一个循环。

（4）将空白比色溶液倒入干燥的比色皿内，高度不能超过比色皿高度的2/3，用擦镜纸将比色皿的光面擦拭干净，放入分光光度计的比色池内，再盖上盖子，按"Mode"按钮使指示灯处于"Transmittance"处，按下"Inf/100%"（自动校零）按钮，使此时的读数显示为100.0，再连续按"Mode"按钮，使指示灯位于"Absorbance"处，此处的读数应为0.000；若不是，则需重复上述步骤，直至出现0.000。再按顺序将比色溶液倒入其余比色皿内，依次放在空白溶液的后面，盖上比色池的盖子后，拉动比色池的拉杆，在每个溶液经过光路时记录下该溶液的"A"即吸光度值；保持空白溶液不动，将比色过的其余溶液倒出比色皿，用吸水纸吸干比色皿口的液体，再用需比色的较高浓度的溶液润洗一下比色皿，再加入相应的溶液，放入比色池内，盖上盖子，检查一下空白溶液的A值是否仍为0.000；如果还是0.000，拉动拉杆读取后面的比色数据；如果不是0.000，则需使用【Inf/100%】（自动校零）按钮，使其读数为0.000，再拉动拉杆读取后面的比色数据，直至测完所有的溶液。

（5）比色结束后，把比色皿内的溶液倒入废液缸内；再将比色池的拉杆还原至最初状态；盖上比色池的盖子；清洁分光光度计表面后关闭电源开关，切断电源后方可离开。

3.注意事项

（1）选择波长时，视线要从波长视窗的正上方看着黑线压在标示波长的轮盘上，视线不能偏斜。

（2）用手拿比色皿时，要拿比色皿的毛玻璃面，不能抓光面，以免在上面留下划痕，损坏比色皿。

（3）只能用擦镜纸擦拭比色皿的光面，擦拭时，沿着同一方向轻轻擦；不允许用吸水纸擦拭比色皿的光面。

（4）用高浓度的溶液替换低浓度的溶液时，只需润洗即可，不需要再将比色皿用蒸馏水洗。

（5）拉动比色池的拉杆时，要轻轻地拉，以免损伤拉杆上的定位槽。

（6）开合比色池的盖子时，也要轻拿轻放，避免震动。

（7）由于紫外线无法透过光学玻璃，若在紫外光区测定，需要用石英比色皿。

（8）由于测量结果与分光光度计的灵敏度、稳定性以及比色皿的材质有着直接的关系，因此一次测定使用的比色皿最好是同一批次出产的。

（9）如果待测溶液容易挥发，则需要盖上比色皿的盖子，以免影响测定结果。

（二）离心机

离心机主要用于将悬浮液中的固体颗粒与液体分开，或将乳浊液中两种密度不同又互不相溶的液体分开；利用不同密度或粒度的固体颗粒在液体中沉降速度不同的特点，有的沉降离心机还可对固体颗粒按密度或粒度进行分级。

1.低速离心机

（1）仪器型号

TDL-40D（上海安亭）。

（2）操作规程

①将离心机接通电源，显示屏出现数字，默认状态下为0000（设置转速）。

②离心机显示屏右侧有带有指示灯的参数代码：分别用于设置时间、设置剩余时间、设置转速、设置实测转速。当两个设置指示灯亮时，显示屏上的数字最后一位闪烁，在此状态下，可以进行参数设置。操作方法如下：按下"模式"键，让指示灯位于转速设置处，此时显示屏上的数字最后一位数字在闪烁，用"▼"或"▲"进行调整。由于调

整时只能对闪烁数字进行设置，要设置其他数位时，就要使用"换位"键，使该数位进入设置状态（该数字闪烁）。设置好离心转速后，再按下"保存"键，显示屏暗一下再亮起来，表示刚才设置的数字已经存储。用同样的方法设置好离心时间，再按下"保存"键。

③将已经平衡好的两个离心四件套（离心管，盖子，离心管铁套，铁环）对位放入离心机的支架上，保证铁环两侧的榫头完全滑进支架的卡榫内，盖上离心机的盖子。用"模式"键检查一下所设置的参数，无误后按下"启动"键。离心机开始加速，直到所设置的速度，并且开始倒计时直至时间为"0"。

④离心倒计时达到"0"后，离心机开始刹车，等到离心机完全停下后方能打开盖子，取出离心四件套，进行其他操作。

⑤离心完成后，盖上离心机的盖子，切断电源。

⑥离心过程中，若发现离心机有异常现象，按下"停止"键，停止离心，待离心机停止转动后，进行检查。

（3）注意事项

①离心时，离心管内液体绝对不能超过离心管高度的2/3，一般以离心管高度的1/2左右为宜，若需要离心的液体较多，可分装在两个管内进行离心。

②互相平衡好的两个离心管一定要放置在离心管支架的对位，若只有一支样品管，另外一支要用等质量的水代替。

③放置离心管时，一定要保证铁环上的榫头滑入支架的卡槽内。

④使用玻璃等易碎的离心管时，离心机套管底部要垫棉花或试管垫。

⑤离心结束时，一定要等到转头完全停止转动后再打开离心机的盖子，以免造成意外伤害。

2.高速冷冻离心机

此类离心机应用于需要在较高的速度或者离心力下，且需低温处理的样品分离中。

（1）仪器型号

Sigma 3-18 K（Sigma）。

（2）操作规程

①连接电源，打开电源开关，此时离心机显示屏右侧的三个按钮中有两个亮起，上面的键为"开盖"键，下方左侧的为离心机的"启动"键，下方右侧的为离心机的"停止"键。

②按下上方的"开盖"键，打开离心机的盖子，记录下所用转子的型号，如12150、12154等。

③按下显示屏下方的按钮，进入参数设置状态，此时显示屏上左侧的Set选项被高亮条覆盖，转动按钮，高亮条会由左向右依次转动；再次按下并转动此按钮，就可以修改当前选项的参数设置。首先需要设定离心机的转子型号，转动按钮，使高亮条覆盖在下方第二个选项（ROTOR），按下并转动按钮，选择相应的转子型号（该型号必须和正在使用的离心机转子型号相符合，否则离心机不能正常工作）。选择完毕后再按下此按钮，

进入设置状态，然后设置所需的离心转速和离心时间以及离心时的温度。设置完成后将离心管放入转子上的插槽内，盖上转子的盖子，再盖上离心机的盖子。内部的压缩机开始工作，离心室的温度开始逐步降低，等温度降到设置温度后，按下离心机的启动按钮。离心机开始加速，计时器开始进行倒计时，离心机"停止"按钮的红灯亮起。离心达到设置时间后，离心机开始减速，等到完全停止后，离心机的"启动"按钮和"开盖"按钮的灯亮起，"停止"按钮的灯灭掉。此时，可以按下"开盖"按钮，打开离心机盖子和转子的盖子，取出离心管，进行其他的后续操作。

④离心完成后，用干净的布将离心室的水汽擦拭干净，盖上转子盖子和离心机的盖子，关闭离心机的电源开关，并切断电源。

附：离心机转数（r/min）与相对离心力（g）的换算

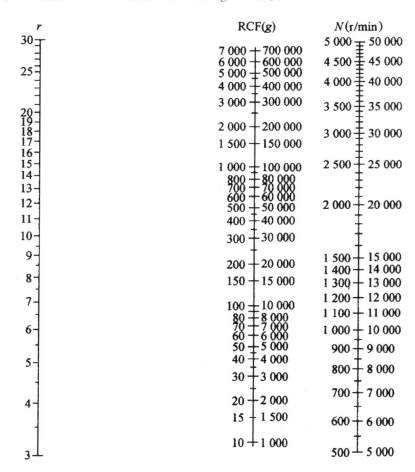

r为离心机半径（角头）或离心管中轴底部内壁到离心机转轴中心的距离（甩平头），单位为cm；RCF为相对离心力，以地心引力即重力加速度的倍数来表示，一般用g（或数字×g）表示；N为离心机每分钟的转速，单位为r/min。

图1　离心机转数（r/min）与相对离心力（g）的换算

（三）电泳仪

电泳仪是为各种电泳实验提供三稳（稳压、稳流、稳功率）输入的电源设备，是进行各种电泳（如：序列分析电泳、SDS凝胶电泳等）的关键设备。

1.仪器型号

DYY-10C（北京六一）。

2.操作规程

（1）在电泳槽内加入适量的电泳缓冲液，电泳样品放入电泳槽适当的位置。将电泳槽按其插孔颜色与电泳仪连接好。

（2）接通电源，打开仪器电源开关，仪器的蜂鸣器会发出"嘟"声，响四下，仪器液晶显示屏上出现各参数默认值（$U=100V$、$I=50mA$、$T=01：00$、$W=100$），表示自检完成，该电泳仪可以工作。

（3）该仪器有四种工作模式：STD（标准）、TIME（定时）、VH（伏时）、STEP（分布）。这四种模式的意义为：标准——按所设定的单一项稳定输出，如稳压、稳流、稳功率等；定时——按所设定的时间定时输出；伏时——按所设定的电压和电泳时间的乘积稳定输出；分布——按所设定的模式或顺序进行输出。这四种模式可利用操作面板上的"模式"键进行切换。一般电泳使用STD（标准）模式。

（4）该仪器工作时，可以进行三稳输出，即稳压、稳流、稳功率输出，在设定时，只需限定其中的一种参数，将另外两个参数设定在安全高限（即电泳仪工作时，只被所设定的某一参数限制，而其余两个参数则对当前电泳仪工作没有限制），就可以使电泳仪在所设定的参数下进行稳定输出。设定方法如下：先按面板上的"模式"键，将仪器的工作模式选择为"STD"，然后用"选择"键选择所要修改的项目代号字母，如：V、I、P、T；当字母被高亮条覆盖时，表示该项数值可以被修改，用"清除"键清除原来的数字，然后输入新数值，按"Enter"键确认。正常状态下，电泳仪稳定状态由U、I、P是否闪烁表示。若U闪烁，表示正在进行稳压输出；I闪烁，表示进行稳流输出；P闪烁，表示稳功率输出。如果需要的是稳流输出，而闪烁的是U或者P时，则说明其余两个参数设置不当，须重新调整，直至I闪烁为止。调整时可直接用操作面板上的"+"键或"-"键操作。如需增加，则按下"+"键，递增被高亮条覆盖的参数的数值，每按一次增加一；若按住不放，则快速递增。按下"-"键，递减被高亮条覆盖的参数的数值；每按一次减小一，若按住不放，则快速递减。

（5）用同样的方法设置所有的数据后，再按下"启动"（Start）键，仪器开始输出。显示屏状态栏显示"Start""Run"和两个不断闪烁的高压符号，同时蜂鸣器响2次，各项参数逐步增至设定值（除了设置的高限）。电泳开始后，观察电泳槽内电极的状态。正常工作时，电极上会不断有气泡冒出；如果没有气泡，则须检查电泳槽的通电情况。

（6）电泳计时结束后，蜂鸣器提示电泳结束。此时，按下"Stop"键，输出关闭，同时蜂鸣器鸣叫提示。如需继续电泳，则改动参数后再按Start进行；如停止电泳，则按下电源开关，拔出电源插头即可。

3.注意事项

（1）接上负载之前，绝对不可以按"启动"键，以免损伤仪器。

（2）在标准模式下，电泳计时结束后，蜂鸣器提示电泳结束，此时按下"Stop"键停止输出，若不按下"Stop"键，则仍有输出。

（3）仪器输出电压较高，电泳过程中，不能接触电泳缓冲液和导线。

（4）电泳过程中，避免有液体溅出到电泳仪内，以免出现危险。

（5）电泳过程中，如发现异常现象，要立即断电，然后进行检修。

（四）PCR仪

聚合酶链式反应（Polymerase Chain Reaction，PCR），是体外酶促合成特异DNA片段的方法，主要由高温变性、低温退火和适温延伸三个步骤反复的热循环构成：即在高温（95 ℃）下，待扩增的靶DNA双链受热变性成为两条单链DNA模板；而后在低温（37～55 ℃）情况下，两条人工合成的寡核苷酸引物与互补的单链DNA模板结合，形成部分双链；在Taq酶的最适温度（72 ℃）下，以引物3′端为合成的起点，以单核苷酸为原料，沿模板以5′→3′方向延伸，合成DNA新链。这样，每一双链的DNA模板，经过一次解链、退火、延伸三个步骤的热循环后就成了两条双链DNA分子。如此反复进行，每一次循环所产生的DNA均能成为下一次循环的模板，每一次循环都使两条人工合成的引物间的DNA特异区拷贝数扩增一倍。

1.仪器型号

5333（eppendorf）。

2.操作规程

（1）接通电源，打开仪器的电源开关。

（2）拧开仪器的样品室的盖子并打开盖子。

（3）将已经加好Taq酶的反应管按顺序依次放入反应槽内，再将盖子盖上，拧紧旋钮。

（4）用下方的箭头选择需要设置的参数，如FILES，按确认后进入FILES选项，显示如下：如果有已设好的反应程序，用箭头选择Load，按"Enter"，再用箭头找到相应的程序，按"Enter"调出即可。如果没有设定好的程序，可以在现有程序基础上进行修改，用箭头选择Edit，再按"Enter"，就可以对上一次运行的程序或者调出的程序进行修改，还可以新建一个程序，设定好相应的参数，保存。

（5）程序设定或修改完成后，按下"Start"键，启动反应过程，等反应结束后，取出反应管，做电泳分析。

（6）实验结束后，关掉电源，拔出电源插头即可。

注意：此操作规程为一简易流程，具体操作需参照仪器使用手册或在老师的指导下进行。

（五）凝胶成像及分析系统

凝胶成像及分析系统用于对电泳凝胶图像的分析研究，采用暗箱式紫外透视系统，用照相机将电脉凝胶结果取进计算机，并配以相应的图像分析软件，可进行核酸、蛋白凝胶、薄层层析板、微孔板、平皿等图像的成像和分析，最终可得到凝胶条带的峰值、相对分子质量或碱基对数、面积、高度、位置、体积或样品总量等数据。

1.仪器型号

Gel Doc XP（美国伯乐）。

2.操作规程

（1）接通外接电源，打开仪器的电源开关，根据不同凝胶分析需要，选择样品室的光源（紫外透射光和紫外侧光，可见透射光和可见反射光），再打开计算机，并启动凝胶分析软件。

（2）选择相应的成像组件，打开样品室的门，将校准尺放在样品板上，关上门，按下相应的光源按钮，使其在屏幕上出现图像，然后调节照相机的焦距，使在屏幕上清晰成像。

（3）打开样品室的门，取出校准尺，将电泳凝胶放在样品板上，调整位置，关上门，在控制软件上显示出凝胶的图像，选择合适的曝光时间，调整出现在屏幕上的图像处于最清晰的状态，然后按下照相的按钮。

（4）取出凝胶，清洁样品板。

（5）在软件相应的界面中打开已保存的凝胶图像，进行分析，就能得出凝胶上蛋白或核酸的含量等信息。

3.注意事项

（1）因为凝胶配置的时候经常会加入溴化乙锭等有毒添加剂，因此拿凝胶时，必须戴上手套，不能不戴手套触摸样品室内的任何东西。

（2）不能戴着手套触摸计算机鼠标、键盘及其他部位。

注意：此操作规程为一简易流程，具体操作需参照仪器使用手册或在指导老师的指导下进行。

（六）恒温水浴锅

恒温水浴锅是利用电加热管升高温度至设定温度，并保持温度恒定，广泛应用于干燥、浓缩、蒸馏、浸渍药品和保温。

1.仪器型号

HWS12型（上海一恒）。

2.操作规程

（1）向水浴锅的水箱内加入适量的自来水，液面高度不能超过水箱的3/4。

（2）接通电源，打开水浴锅操作面板上的电源开关键。显示屏上出现数字，红色显示屏上显示的为当前实测温度，绿色屏上的则为设定的恒温温度。

（3）操作面板上的功能键"set"，在PV显示器（红）上出现SP符号时，使用面板上的"↑""↓"键，在SV显示器（绿）上调整温度至所需的数值，再按功能键确认。当PV显示器上出现ST时，进入加热时间设置步骤，当ST设置为"0"时，仪器工作方式为以温度控制的恒温模式工作，就是以设定的温度为准，加热器在加热至所需温度附近时，进入恒温状态。当ST设置不为"0"时，加热器将以所设置的时间进行加热，并且和设置的温度无关。

（4）将要保温的对象放入相应的容器中，再放入水箱进行保温，不断搅动容器内的物体，使之受热均匀。

（5）到保温时间后，取出容器，关闭水浴锅操作面板上的电源开关键，切断水浴锅电源。

（6）将水浴锅水箱里的水排空，以免造成锈蚀。

3.注意事项

（1）使用水浴锅时，其水箱内的水位必须没过加热圈，但不能超过水箱高度的3/4。

（2）使用水浴锅时，加热温度不能超过100 ℃；若加热温度超过100 ℃，则需使用油浴或其他保温方式。

（3）使用水浴锅进行保温时，不能把水箱内的水溅到保温的试管或锥形瓶内，以免造成实验误差。

（4）使用水浴锅时，不能把水溅洒在仪器上，以免漏电。

（5）水浴锅不使用时，须将水箱内的水排空，待其干燥后盖上盖子，避免箱体生锈或者损坏加热圈。

（七）酸度计

酸度计主要用来精密测量液体介质的酸碱度值，配上相应的离子选择电极也可以测量离子电极电位MV值。

1.仪器型号

PHS-3B（上海雷磁）。

2.操作规程

（1）取出复合电极和温度传感器，准备标准pH缓冲溶液、蒸馏水、烧杯、洗瓶、滤纸等。

（2）连接好电源线，打开电源开关，预热10 min。

（3）仪器在使用之前要先进行标定，标定方法有两种：单点标定法和两点标定法。

仪器若一直在使用，一般采用单点标定法即可；若放置了很长时间再次使用，则要进行两点标定法。常规测量用单点标定法，精确测量采用两点标定法。单点标定法：仪器后侧的保护插头处接上复合电极和温度传感器，用洗瓶中的蒸馏水冲洗电极，再用滤纸吸干，一起插入标准pH缓冲溶液中（如pH6.88的磷酸盐缓冲液）。先测量溶液温度，将"选择"旋钮置于"T"并把"选择"开关置于自动，显示屏上显示的数字即为当前溶液的温度。再将"选择"旋钮置于pH，"斜率"调节器顺时针旋到最大，调节"定位"旋钮，使显示屏上的数字和标准pH缓冲溶液的pH值对应即可。两点标定法：在单点标定法的基础上，将电极取出，用蒸馏水清洗后再插入pH4的标准缓冲溶液中，调节"斜率"旋钮，使显示屏定位于4.00；如果需测量的溶液偏碱性，则用pH9.18标准缓冲溶液进行第二点标定，方法同上。标定完毕后，定位调节器和斜率调节器不应再变动。

（4）将电极从标准溶液中取出，用蒸馏水清洗干净电极下面的球泡，并用滤纸吸干，然后插到被测溶液中，摇动烧杯使溶液均匀，显示屏上出现的数字即为被测溶液当前温度下的pH值。

（5）若待测溶液的温度和标准缓冲溶液的温度不同，则须使两者的温度相同后，重新标定后再进行测量。

（6）测量完成后，将电极拔出，用蒸馏水清洗干净，再用滤纸吸干，收好，再将保护电极插上。

3. 注意事项

（1）复合电极接入仪器前，不要拔掉保护电极，以免异物进入影响仪器的正常使用。

（2）电极长时间不用时，应当把电极球浸泡在蒸馏水内。

（3）电极长期放置后，须将3 mol/L的KCl溶液加到电极内保持电极湿润。

（4）电极球若有裂缝或者老化，则应更换新电极。新电极或是长期不用的电极在使用前应该在蒸馏水中浸泡24～48 h。

（5）使用过程中，必须接好温度传感器，不能断线。

（6）仪器标定结束到测量结束之前，面板上的"定位"调节器不能再做变动。

（7）电极球不能接触异物，如果已经沾染，可以用医用棉花轻轻擦去或者用0.1%的盐酸清洗。

（八）恒温振荡培养箱

振荡培养箱是一种具有加热和制冷双向调温系统，温度可控的培养箱和振荡器相结合的生化仪器，是分子生物学、微生物学、遗传学等实验必不可少的设备。

1. 仪器型号

THZ‐98A（上海恒温设备厂）。

2. 操作规程

（1）接通电源，打开仪器的电源开关。显示屏出现数字，红色屏幕上显示的为实测温度，绿色的为设定温度。

（2）按下温度控制面板上的"SET"键，进入温度设置状态，用旁边的"▲""▼"调节设定温度至所需的数值后再按"SET"键结束。

（3）打开仪器的振荡速度控制开关，根据不同的实验要求，用旁边的旋钮调节振荡速率，调好后关闭此开关。

（4）将需要振荡的试管或者锥形瓶夹在下方的弹簧网内，再次打开振荡速度控制开关。

3.注意事项

（1）振荡速度要在仪器的安全设置范围以内，不能超速运行。

（2）试管或者锥形瓶之间距离不能太近。

（3）使用SPX-150A-Z时，放入锥形瓶后，需要用皮筋或者绳子把固定锥形瓶的铁片固定，以免瓶子脱离。

（4）使用SPX-150A-Z时，不需要照明时，请不要开灯，以免影响上层的温度控制。

（5）使用振荡器时，要等到参数设定完成后再启动振荡。

（九）旋转蒸发仪

旋转蒸发仪主要用于减压条件下连续蒸馏大量易挥发性溶剂，尤其对萃取液的浓缩和色谱分离时的接收液的蒸馏，可以分离和纯化反应产物。

1.仪器型号

RE-52（上海亚荣生化仪器厂）。

2.操作规程

（1）用乳胶管连接好冷凝管的进水和出水回路，并将冷凝管的另一接口与真空泵相连。

（2）将蒸馏烧瓶和收集烧瓶分别接在相应的位置上，要在口上抹凡士林保证密封。

（3）将温度传感器放在水浴内，并在水浴内加入一定量的水，使水面没过传感器。

（4）转动手轮，调节支架的高度，使烧瓶内的溶液处在水浴液面下。

（5）连接电源线路，打开电源开关。显示屏出现数字，红色屏幕为当前水浴的温度，绿色屏幕为设定的温度。

（6）按显示屏下方的"SET"键，进入温度设置状态，用旁边的"▲""▼"调节设定温度至所需的数值后，再按"SET"键结束。

（7）打开旋转开关，系统开始转动。

（8）关闭管路左侧的通气阀，使之与大气隔离。再打开真空泵，进行减压蒸馏。

（9）蒸馏过程结束后，先关闭真空泵，再打开通气阀，关掉旋转开关和温控开关。转动手轮，升起支架，取下蒸馏烧瓶。再将水浴内的水排空。

（10）切断电源（包括真空泵的电源）。

3.注意事项

（1）玻璃零件的接装应轻拿轻放，装前应洗干净，擦干或烘干。

（2）各磨口、密封面、密封圈及接头安装前都需要涂一层真空脂。

（3）通电前必须在水浴锅内加水，不允许无水干烧。

（4）如真空抽不上来需检查：

①各接头、接口是否密封；

②密封圈、密封面是否有效；

③主轴与密封圈之间真空脂是否涂好；

④真空泵及其皮管是否漏气；

⑤玻璃件是否有裂缝、损坏的现象。

（十）高效液相色谱仪

高效液相色谱（high performance liquid chromatography，HPLC）仪的工作原理是待测液体通过压力进入色谱柱，在固定相中移动，由于不同组分与固定相的相互作用不同，在色谱柱中的保留时间不同，顺序离开色谱柱，通过检测器测得不同的峰信号，最后通过分析比对这些信号判断待测物所含有的成分。HPLC适用于氨基酸、多肽、蛋白质等高沸点、大相对分子质量、不同极性有机化合物的定性、定量分析；还可用于临床药学分析和食品分析等。

1.仪器型号

日本岛津LC-10ATvp高效液相色谱仪。

2.操作规程

（1）按色谱条件准备好所需的溶剂，用合适的0.45 μm滤膜过滤后放入超声波内，待无气泡出现时取出，将色谱输液泵的吸滤头浸入到相应的溶剂内。

（2）根据待检样品选择合适的色谱柱和定量环（loop）。

（3）配制样品溶液和标准溶液，用0.45 μm滤膜过滤。

（4）接通电源，打开输液泵和检测器的电源开关，再打开系统控制器的电源开关；并根据实验要求，将柱支架上的分析/制备阀切换至所需的位置。做分析实验，将阀扳到分析（analyze）位置上；做样品制备，则扳到制备（preparation）位置上。开启计算机并打开色谱控制软件的图标（Class-vp），双击工作站图标（instrument 1），输入身份验证后可听见"哔"声，说明工作站和色谱主机连接正常，并在主界面上显示（connected）字样。

（5）从主界面上进入参数设置页面，然后根据色谱分析的具体条件，将所需要的参数填入相应的位置，如流动相的流速、检测波长、数据采集频率和流动相的梯度配比等，完成后将所设置的参数保存为一个方法文件（method），如以后再测的话，直接调出此方法即可。

（6）打开输液泵上的排气阀，点击主界面上的泵开关，将管路中的气泡排净后关闭排气阀，开始平衡系统。

（7）点击主界面上的进样图标，待记录页面准备好之后，用液相色谱专用的注射器将溶液通过进样阀加入流路中。

（8）等记录页面上的样品峰出完后，用页面上的分析按钮对图样进行分析，得出相应的峰保留时间和峰面积，对样品进行定性分析或定量分析。

（9）分析完成后，继续冲洗色谱柱30 min以上，至检测器读数为一稳定数值后，停止输液泵运行。关闭色谱工作页面，此时也会出现"哔"声，表明工作站和色谱主机断开。此时，应先关闭系统控制器，再关闭输液泵和检测器（本色谱仪的开关机顺序会影响仪器能否正常工作，因此不能搞错顺序）。

3. 注意事项

（1）使用有腐蚀性的盐缓冲溶液作为溶剂时，在色谱分析完成后，必须用大量的纯水冲洗色谱系统，以免腐蚀管路。

（2）使用盐缓冲溶液和有机相共同作为流动相时，须选择不会在有机相中析出的盐溶液。

（3）一定要使用色谱专用的平头进样针进样，插入进口孔时不能太用力，避免损坏进样器。不允许将其他注射器插入进样孔。

（4）溶剂和样品使用前，一定要充分排出气泡。用注射器吸取样品时，注意不能吸入气泡。

（5）一定要注意色谱仪的开关机顺序，否则可能会因故障无法运行。

（十一）核酸蛋白检测分析系统

核酸蛋白检测分析系统是层析分析的主要装置，主要是由恒流泵、层析柱、自动部分收集器、进行分离的层析系统组成。其原理是根据样品对紫外光有明显吸收的特征，实现对样品成分含量比对分析，它是生命科学研究、药物测定、食品科学及医学研究中重要的分析仪器。

1. 系统组成

HL-2恒流泵、HD-1核酸蛋白检测仪、XWT-S记录仪、BS-100部分收集器。

2. 操作规程

（1）HL-2恒流泵

①初次使用时，先把"流量"旋钮调到最小，然后接通电源，此时指示灯亮，泵的转轮开始转动。用"流量"旋钮检查仪器是否正常，正常后即可使用。本设备的"流量"旋钮是双旋钮，进行调节时通过扭动两个旋钮调节不同的比例。

②使用"流量"旋钮调节合适的流速。

③使用"顺/逆"开关改变液体流动方向。

④使用时，如果发现有气泡，使用"排气"按钮进行除气。

（2）HD-1核酸蛋白检测仪

①仪器使用前，首先检查检测器、电源和记录仪三部分电路连接是否正确，之后插上电源插头。

②接通记录仪电源开关，将电源开关拨到"通"，指示灯亮。可根据需要设置不同的走纸速度。记录仪量程调在10 mV挡上。

③将检测仪波长旋钮旋到所需波长刻度上，把量程旋钮拨到100%T挡。

④按下检测仪电源箱面板上的电源开关，此时记录仪指针从零点开始向右移动某一刻度，调节"光量"旋钮使指针停留在记录仪的中间位置（5 mV左右），数字显示为50。仪器开机后平衡时间大约需要1 h，待基线平直后，可加样测试。

⑤层析柱的出口接到检测器的进样口，检测器的出口连接到部分收集器上，使洗脱液通过检测仪。透光率为"0"，厂家已调好，光密度A要调零，量程开关拨拨到100%T挡，调节光量旋钮，使记录仪指针在10 mV，数字显示为100，即透光率为100%。把量程开关拨到"A"挡，缓慢调节A调零旋钮，使检测仪数字显示为"0"，同时调节记录仪零位旋钮使记录仪指示在"0"位。

⑥上述5个步骤结束后，就可以在层析柱上加样。当样品经层析柱分离，通过检测后，就能通过记录仪给出样品吸收的图谱。

⑦测试完毕，用蒸馏水清洗检测仪的样品池和尼龙管，切断电源。

（3）XWT-S记录仪

①首先将主机和记录仪连接好，再接通电源。

②将波长旋钮转到所需的波长刻度上，把灵敏度旋钮拨到实验所需的挡位。

③按下主机电源开关，电源指示灯亮，然后观察光源指示灯，如果该灯亮了，表示光源开始工作。稳定1 h左右，待基线平直后，可加样测试。

④将检测仪的灵敏度拨到100%T挡，调节光量旋钮，记录仪指针在10 mV，数字显示为100，即透光率为100%。把量程开关拨到0.05A挡，缓慢调节A调零旋钮，使记录仪指示"0"位，数字显示为"0"。

⑤在层析柱上加样，样品经层析柱分离，通过检测后，记录仪就能绘出样品吸收的图谱。

⑥测试完毕，用蒸馏水清洗样品池和管路后切断电源。

（4）BS-100部分收集器

①接通仪器电源，将收集器的"竖杆""安全阀""漏液报警板"按要求连接好。

②打开仪器的电源开关，其初始功能为手动状态，显示为"S——"，按"运行"键后再按"复位"键，仪器自动复位。

③时间设定：开机后，按下"选择"键，选择定时时间的位置，按一下移动一位，再用"置数"键改变闪烁数字的数值，按一下递增一位。

④将滴管口手动对准试管盘中起点的第一根试管的中心位置，对准后固定，收集过程中，不能再移动滴管口的位置。

⑤该收集器有自动收集和手动收集两个功能选项，设定方法如下：

Ⅰ.手动收集：仪器开机后初始功能为手动状态，显示为"S——"（按功能键可改变功能设置）。按"运行"键后再按"手动"键，可进行手动走管操作，即按一下走一管；按住不放可持续走管。

Ⅱ.自动收集：设定好时间后，按"功能"键，使仪器处于自动收集状态，再按"运行"键即进入定时收集，直至终点（最后一管）报警，显示为"STOP"，按"解警"键可解除警报，按"复位"键，不但能解除警报，还能复位至第一管。

3.注意事项

（1）使用前需将所有的设备用乳胶管连接好，检查连接处，不能出现漏液现象。

（2）设备整体工作前，要先将管路中的气泡排净，以免影响层析效果。

（3）收集器上需要固定的装置，一定要用螺丝固定好。

（4）检测仪在使用时要调整好灵敏度，以得出准确的数据。

（5）收集器定位时，要对准第一支试管的中心位置，避免在走管时对不准以后的收集管，出现漏液。

（6）收集器定位完成后，在整个收集过程中，不能再移动其位置。

（十二）超净工作台

超净工作台是一种局部净化设备，即利用空气洁净技术使一定操作区内的空间达到相对的无尘、无菌状态。为了保证接种成功率，接种时使用酒精灯，效果更好。

1.仪器型号

SA-1480-2（上海上净）。

2.操作规程

（1）准备好接种所需的酒精灯、接种环、培养基平板和菌液等。

（2）打开超净工作台的电源开关，并用82、84等消毒液擦拭超净台。

（3）打开超净台的送风开关、台面上方的紫外灯和照明开关，对超净台和准备好的接种器具进行消毒、灭菌，时间为20～30 min。

（4）到灭菌时间后，关闭紫外灯，保持送风，点燃台上的酒精灯，开始进行接种操作。

（5）接种完成后，关闭送风开关和照明开关。再放下遮盖台面的罩子，保持内部洁净。

3.注意事项

（1）在接种之前一定要把接种所需的各种器具先放置在台面上进行灭菌。

（2）进行紫外线灭菌之后和进行接种前，一定要避免被紫外灯照射到，以免出现意外。

（3）开始接种后，任何未经灭菌消毒的器材都不允许拿到超净台上，避免造成污染。

（4）为保证接种时的洁净程度和接种的成功率，可以使用酒精灯。

（5）接种结束，要将送风开关和照明开关关闭后再关闭电源。

（十三）高压蒸汽灭菌锅

高压蒸汽灭菌锅是利用电热丝加热水产生蒸汽，并能维持一定压力的装置。它利用高压蒸汽穿透力强、灭菌效果好的特点对培养基和一些无菌器材进行灭菌处理。

1.操作规程

（1）在灭菌锅里加入适量的水，以没过底部的加热圈为准。

（2）把灭菌锅的内胆放入锅内，再把需要灭菌的培养基等放入内胆中。放置时，要保持一定的空隙以保证蒸汽透过。

（3）将灭菌锅盖子上的通气软管放入内胆内壁上的通气槽内，再将盖子盖上，拧紧上面的螺丝，打开盖上的排气阀。

（4）接通电源，灭菌锅开始加热，待锅内的冷空气排空后关闭排气阀。锅盖上的压力表开始上升，等到所需的灭菌压力和温度后，通过相应的方法使该压力和温度保持到所需的灭菌时间，通常情况下，灭菌温度为121 ℃，时间为20～30 min。

（5）达到灭菌时间后，断开电源，打开盖子上的排气阀，待压力表上的气压降到底之后再拧开盖子上的螺丝，打开盖子，取出培养基，待冷却后使用。

2.注意事项

（1）灭菌前一定要看锅内的水量，保证灭菌过程中有足够的水，避免因为水烧干损坏加热圈。

（2）拧盖子上的螺丝时，为保证密封，一定要对位拧紧。

（3）灭菌时，一定要先将锅内的冷空气完全排空后再关闭排气阀，以免出现灭菌不彻底的现象。

（4）灭菌过程中，一定要保证灭菌温度和压力保持稳定，以免影响灭菌效果。

（5）灭菌完成后，一定要等压力降到"0"时再打开盖子，否则就会因锅内压力突然下降，使容器内的培养基由于内外压力不平衡而冲出瓶口或试管口。

（6）灭菌锅如果长期不用，要排空里面的水，避免加热圈和内壁生锈。

二、常用缓冲溶液的配制

(一)甘氨酸–盐酸缓冲液(0.05 mol/L,pH2.2～3.6,25 ℃)

x mL 0.2 mol/L甘氨酸 + y mL 0.2 mol/L盐酸,加水稀释到200 mL。

pH	x	y	pH	x	y
2.2	50	44.0	3.0	50	11.4
2.4	50	32.4	3.2	50	8.2
2.6	50	24.2	3.4	50	6.4
2.8	50	16.8	3.6	50	5.0

0.2 mol/L甘氨酸:15.01 g甘氨酸溶解后定容至1000 mL。

(二)氯化钾 – 盐酸缓冲液(0.05 mol/L,pH1.0～2.2,25 ℃)

25 mL 0.2 mol/L氯化钾 + x mL 0.2 mol/L盐酸,加蒸馏水稀释至100 mL。

pH	x	pH	x	pH	x
1.0	67.0	1.5	20.7	2.0	6.5
1.1	52.8	1.6	16.2	2.1	5.1
1.2	42.5	1.7	13.0	2.2	3.9
1.3	33.6	1.8	10.2		
1.4	26.6	1.9	8.1		

0.2 mol/L氯化钾:14.91 g氯化钾溶解后定容至1000 mL。

(三)邻苯二甲酸氢钾 – 盐酸缓冲液(0.05 mol/L,pH2.2～4.0,20 ℃)

x mL 0.2 mol/L邻苯二甲酸氢钾 + y mL 0.2 mol/L盐酸,再加水稀释至200 mL。

pH	x	y	pH	x	y
2.2	5	4.670	3.2	5	1.470
2.4	5	3.960	3.4	5	0.990
2.6	5	3.295	3.6	5	0.597
2.8	5	2.642	3.8	5	0.263
3.0	5	2.032			

0.2 mol/L 邻苯二甲酸氢钾：40.85 g 邻苯二甲酸氢钾溶解后定容至 1000 mL。

（四）醋酸－醋酸钠缓冲液（0.2 mol/L，pH3.6～5.8，18 ℃）

x mL 0.2 mol/L NaAc + y mL 0.2 mol/L HAc

pH	x	y	pH	x	y
3.6	0.75	9.25	4.8	5.90	4.10
3.8	1.20	8.80	5.0	7.00	3.00
4.0	1.80	8.20	5.2	7.90	2.10
4.2	2.65	7.35	5.4	8.60	1.40
4.4	3.70	6.30	5.6	9.10	0.90
4.6	4.90	5.10	5.8	9.40	0.60

0.2 mol/L 醋酸钠：14.6 g 醋酸钠溶解后定容至 1000 mL。

（五）邻苯二甲酸氢钾－氢氧化钠缓冲液（pH4.1～5.9，25 ℃）

x mL 0.1 mol/L 邻苯二甲酸氢钾 + y mL 0.1 mol/L 氢氧化钠，再加水稀释至 100 mL。

pH	x	y	pH	x	y
4.1	50	1.3	5.1	50	25.5
4.2	50	3.0	5.2	50	28.8
4.3	50	4.7	5.3	50	31.6
4.4	50	6.6	5.4	50	34.1
4.5	50	8.7	5.5	50	36.6
4.6	50	11.1	5.6	50	38.8
4.7	50	13.6	5.7	50	40.6
4.8	50	16.5	5.8	50	42.3
4.9	50	19.4	5.9	50	43.7
5.0	50	22.6			

0.1 mol/L 邻苯二甲酸氢钾：20.425 g 邻苯二甲酸氢钾溶解后定容至 1000 mL。

0.1 mol/L 氢氧化钠：4 g 氢氧化钠溶解后定容至 1000 mL。

（六）柠檬酸－柠檬酸钠缓冲液（0.1 mol/L，pH3.0～6.2）

x mL 0.1 mol/L柠檬酸+y mL 0.1 mol/L柠檬酸钠

pH	x	y	pH	x	y
3.0	18.6.	1.4	5.0	8.2	11.8
3.2	17.2	2.8	5.2	7.3	12.7
3.4	16.0	4.0	5.4	6.4	13.6
3.6	14.9	5.1	5.6	5.5	14.5
3.8	14.0	6.0	5.8	4.7	15.3
4.0	13.1	6.9	6.0	3.8	16.2
4.2	12.3	7.7	6.2	2.8	17.2
4.4	11.4	8.6	6.4	2.0	18.0
4.6	10.3	9.7	6.6	1.4	18.6
4.8	9.2	10.8			

0.1 mol/L柠檬酸：19.24 g柠檬酸溶解后定容至1000 mL。

0.1 mol/L柠檬酸钠：25.81 g柠檬酸钠溶解后定容至1000 mL。

（七）磷酸二氢钾－氢氧化钠缓冲液（0.05 mol/L，pH5.8～8.0）

x mL 0.2 mol/L磷酸二氢钾 +y mL 0.2 mol/L氢氧化钠，再加水稀释至20 mL。

pH	x	y	pH	x	y
5.8	5	0.372	7.0	5	2.963
6.0	5	0.570	7.2	5	3.500
6.2	5	0.860	7.4	5	3.950
6.4	5	1.260	7.6	5	4.280
6.6	5	1.780	7.8	5	4.520
6.8	5	2.365	8.0	5	4.680

0.2 mol/L磷酸二氢钾：27.22 g磷酸二氢钾溶解后定容至1000 mL。

0.2 mol/L氢氧化钠：8 g氢氧化钠溶解后定容至1000 mL。

（八）磷酸氢二钠－柠檬酸缓冲液（pH2.6～7.6）

x mL 0.2 mol/L磷酸氢二钠+y mL 0.1 mol/L柠檬酸

pH	x	y	pH	x	y
2.6	2.18	17.82	5.2	10.72	9.28
2.8	3.17	16.83	5.4	11.15	8.85
3.0	4.11	15.89	5.6	11.60	8.40
3.2	4.94	15.06	5.8	12.09	7.91
3.4	5.70	14.30	6.0	12.63	7.37
3.6	6.44	13.56	6.2	13.22	6.78
3.8	7.10	12.90	6.4	13.85	6.15
4.0	7.71	12.29	6.6	14.55	5.45
4.2	8.28	11.72	6.8	15.45	4.55
4.4	8.82	11.18	7.0	16.47	3.53
4.6	9.35	10.65	7.2	17.39	2.61
4.8	9.86	10.14	7.4	18.17	1.83
5.0	10.30	9.70	7.6	18.73	1.27

0.2 mol/L磷酸氢二钠：71.63 g磷酸氢二钠溶解后定容至1000 mL。

0.1 mol/L柠檬酸：19.24 g柠檬酸溶解后定容至1000 mL。

（九）磷酸氢二钠－磷酸二氢钠缓冲液（0.2 mol/L，25 ℃）

x mL 0.2 mol/L磷酸氢二钠+y mL 0.2 mol/L磷酸二氢钠

pH	x	y	pH	x	y
5.8	8.0	92.0	7.0	61.0	39.0
5.9	10.0	90.0	7.1	67.0	33.0
6.0	12.3	87.7	7.2	72.0	28.0
6.1	15.0	85.0	7.3	77.0	23.0
6.2	18.5	81.5	7.4	81.0	19.0
6.3	22.5	77.5	7.5	84.0	16.0
6.4	26.5	73.5	7.6	87.0	13.0
6.5	31.5	68.5	7.7	89.5	10.5
6.6	37.5	62.5	7.8	91.5	8.5
6.7	43.5	56.5	7.9	93.0	7.0
6.8	49.0	51.0	8.0	94.7	5.3
6.9	55.0	45.0			

0.2 mol/L磷酸氢二钠：71.63 g磷酸氢二钠溶解后定容至1000 mL。

0.2 mol/L磷酸二氢钠：31.20 g磷酸二氢钠溶解后定容至1000 mL。

(十)巴比妥钠 - 盐酸缓冲液(pH6.8~9.6,18 ℃)

x mL 0.04 mol/L 巴比妥钠溶液+ y mL 0.2 mol/L盐酸混匀后，再加水稀释至100 mL。

pH	x	y	pH	x	y
6.8	100	18.4	8.4	100	5.21
7.0	100	17.8	8.6	100	3.82
7.2	100	16.7	8.8	100	2.52
7.4	100	15.3	9.0	100	1.65
7.6	100	13.4	9.2	100	1.13
7.8	100	11.47	9.4	100	0.70
8.0	100	9.39	9.6	100	0.35
8.2	100	7.21			

0.04 mol/L 巴比妥钠溶液：8.24 g巴比妥钠溶解后定容至1000 mL。

(十一)Tris - 盐酸缓冲液(0.05 mol/L,pH7~9,25 ℃)

x mL 0.1 mol/L Tris 溶液 + y mL 0.1 mol/L盐酸混匀后，再加水稀释至100 mL。

pH	x	y	pH	x	y
7.1	50	45.7	8.1	50	26.2
7.2	50	44.7	8.2	50	22.9
7.3	50	43.4	8.3	50	19.9
7.4	50	42.0	8.4	50	17.2
7.5	50	40.3	8.5	50	14.7
7.6	50	38.5	8.6	50	12.4
7.7	50	36.6	8.7	50	10.3
7.8	50	34.5	8.8	50	8.5
7.9	50	32.0	8.9	50	7.0
8.0	50	29.2	9.0	50	5.7

0.1 mol/L Tris：12.11 g Tris溶解后定容至1000 mL。

(十二)硼酸 - 硼砂缓冲液(pH7.4~9.0)

x mL 0.05 mol/L 硼砂 + y mL 0.2 mol/L 硼酸溶液混匀后，再加水稀释至100 mL。

pH	x	y	pH	x	y
7.4	1.0	9.0	8.2	3.5	6.5
7.6	1.5	8.5	8.4	4.5	5.5
7.8	2.0	8.0	8.7	6.0	4.0
8.0	3.0	7.0	9.0	8.0	2.0

0.05 mol/L 硼砂：19.07 g硼砂溶解后定容至1000 mL。

0.2 mol/L 硼酸：12.37 g硼酸溶解后定容至1000 mL。

（十三）碳酸钠‐碳酸氢钠缓冲液（0.1 mol/L，pH9.2～10.8）

pH		0.1 mol/L 碳酸钠	0.1 mol/L 碳酸氢钠
20 ℃	37 ℃	/mL	/mL
9.16	8.77	1	9
9.40	9.12	2	8
9.51	9.40	3	7
9.78	9.50	4	6
9.90	9.72	5	5
10.14	9.90	6	4
10.28	10.08	7	3
10.53	10.28	8	2
10.83	10.57	9	1

0.1 mol/L 碳酸钠：28.62 g 碳酸钠（$Na_2CO_3 \cdot 10H_2O$）溶解后定容至 1000 mL。

0.1 mol/L 碳酸氢钠：8.40 g 碳酸氢钠溶解后定容至 1000 mL。（Ca^{2+}、Mg^{2+} 存在时不得使用）。

（十四）甘氨酸‐氢氧化钠缓冲液（0.05 mol/L，pH8.6～10.6，25 ℃）

x mL 0.2 mol/L 甘氨酸 + y mL 0.2 mol/L 氢氧化钠，再加水稀释至 200 mL。

pH	x	y	pH	x	y
8.6	50	4.0	9.6	50	22.4
8.8	50	6.0	9.8	50	27.2
9.0	50	8.8	10.0	50	32.0
9.2	50	12.0	10.4	50	38.6
9.4	50	16.8	10.6	50	45.5

0.2 mol/L 甘氨酸：15.01 g 甘氨酸溶解后定容至 1000 mL。

0.2 mol/L 氢氧化钠：8 g 氢氧化钠溶解后定容至 1000 mL。

（十五）硼砂缓冲液（pH8.1～10.7，25 ℃）

50 mL 0.05 mol/L 硼砂 + x mL 0.1 mol/LHCl溶液或 0.1 mol/L NaOH溶液，加水稀释至 100 mL。

pH值	x	pH值	x	pH值	x	pH值	x
8.1	19.7	8.8	9.4	9.7	13.1	10.4	22.1
8.2	18.8	8.9	7.1	9.8	15.0	10.5	22.7
8.3	17.7	9.0	4.6	9.9	16.7	10.6	23.3
8.4	16.6	9.3	3.6	10.0	18.3	10.7	23.8
8.5	15.2	9.4	6.2	10.1	19.5		
8.6	13.5	9.5	8.8	10.2	20.5		
8.7	11.6	9.6	11.1	10.3	21.3		

0.05 mol/L 硼砂：9.525 g 硼砂溶于 1000 mL 蒸馏水中。

(十六)酸度计常用标准缓冲溶液的配制

温度 ℃	0.05 mol/L 邻苯二甲酸氢钾	0.025 mol/L 混合磷酸盐	0.01 mol/L 硼砂
5	4.00	6.95	9.39
10	4.00	6.02	9.33
15	4.00	6.90	9.28
20	4.00	6.88	9.23
25	4.00	6.86	9.18
30	4.01	6.85	9.14
35	4.02	6.84	9.10

0.05 mol/L邻苯二甲酸氢钾（$KHC_8H_4O_4$）：10.21 g邻苯二甲酸氢钾溶于无二氧化碳水中，定容至1000 mL。

0.025 mol/L混合磷酸盐（磷酸二氢钾和磷酸氢二钠混合盐溶液）：分别称取磷酸氢二钠（Na_2HPO_4）3.53 g和磷酸二氢钾（KH_2PO_4）3.39 g，溶于预先煮沸过15～30 min并迅速冷却的蒸馏水中，并稀释至1000 mL。

0.01 mol/L硼砂（$Na_2B_4O_7 \cdot 10H_2O$）：3.82 g硼砂溶于水，定容至1000 mL。

三、层析法常用数据表

（一）凝胶过滤用相对分子质量标准品

相对分子质量标准品		相对分子质量
中文名称	英文名称	
谷胱甘肽（还原型）	glutathion reduced	300
谷胱甘肽（二硫化物）	glutathion in disulfide	600
维生素 B_{12}	vitamin B_{12}	1 300
杆菌肽	bacitracin	1 400
促肾上腺皮质素	ACTH	3 500
细胞色素 C	cytochrome C	13 000
肌红蛋白	myoglobin	17 000
α-糜蛋白酶原	α-chymotrypsinogen	24 500
碳酸酐酶	carbonic anhydrase	31 000
卵清蛋白	ovalbumin	43 000
牛血清白蛋白	bavin serum albumin	67 000
转铁蛋白	transferrin	74 000
免疫球蛋白 G	Ig G	158 000
血纤维蛋白原	fibrinogen	341 000
铁蛋白	ferritin	470 000
甲状腺球蛋白	thyroglobulin	670 000
病毒核酸	nucleic acid viruses	＞ 1 000 000

（二）琼脂糖凝胶技术数据

型号	琼脂糖含量/%	排阻的下限（相对分子质量）	分级分离的范围（相对分子质量）	生产厂家
Sepharose 4B	4		$0.3\times10^6\sim3\times10^6$	Pharmacia
Sepharose 2B	2		$2\times10^6\sim25\times10^6$	
Sagavac 10	10	2.5×10^5	$1\times10^4\sim2.5\times10^5$	Seravac
Sagavac 8	8	7×10^5	$2.5\times10^4\sim7\times10^5$	
Sagavac 6	6	2×10^6	$5\times10^4\sim2\times10^6$	
Sagavac 4	4	15×10^6	$2\times10^5\sim15\times10^6$	
Sagavac 2	2	150×10^6	$5\times10^5\sim15\times10^7$	
Bio-Gel A-0.5M	10	0.5×10^6	$<1\times10^4\sim0.5\times10^6$	Bio-Rad
Bio-Gel A-1.5M	8	1.5×10^6	$<1\times10^4\sim1.5\times10^6$	
Bio-Gel A-5M	6	5×10^6	$1\times10^4\sim5\times10^6$	
Bio-Gel A-15M	4	15×10^6	$4\times10^4\sim15\times10^6$	
Bio-Gel A-50M	2	50×10^6	$1\times10^5\sim50\times10^6$	
Bio-Gel A-150M	1	150×10^6	$1\times10^6\sim150\times10^6$	

（三）Sephadex G 型交联葡聚糖凝胶的数据

Sephadex 型号	粒度范围（湿球）/μm	得水值（mL/g）干胶	床体积（mL/g）干胶	有效分离范围 葡聚糖	有效分离范围 球型蛋白	pH稳定性（工作）	最大流速*（mL/min）
G-10	55～166	1.0±0.1	2～3	$<7\times10^2$	$<7\times10^2$	2～13	D
G-15	60～181	11.5±0.2	2.5～3.5	$<1.5\times10^3$	$<1.5\times10^3$	2～13	D
G-25 粗 中细 超细	172～516 86～256 34～138 17.2～69	2.5±0.2	4～6	$1\times10^2\sim5\times10^3$	$1\times10^3\sim5\times10^3$	2～13	D
G-50 粗 中细 超细	200～606 101～303 40～60 20～80	5.0±0.3	9～11	$5\times10^2\sim1\times10^4$	$1.5\times10^3\sim3\times10^4$	2～10	D

Sephadex 型号	粒度范围（湿球）/μm	得水值（mL/g）干胶	床体积（mL/g）干胶	有效分离范围		pH稳定性（工作）	最大流速*（mL/min）
				葡聚糖	球型蛋白		
G-75	92～277	7.5±0.5	12～15	$1\times10^3\sim5\times10^4$	$3\times10^3\sim8\times10^4$	2～10	6.4
超细	23～92				$3\times10^3\sim7\times10^4$		1.5
G-100	103～31	10.0±1.0	15～20	$1\times10^3\sim1\times10^5$	$4\times10^3\sim1.5\times10^5$	2～10	4.2**
超细	26～103				$4\times10^3\sim1\times10^5$		
G-150	116～34	15.0±1.5	20～30	$1\times10^3\sim1.5\times10^5$	$5\times10^3\sim3\times10^5$	2～10	1.9**
超细	29～116		18～22		$5\times10^3\sim1.5\times10^5$		0.5**
G-200	129～388	20.0±2.0	30～40	$1\times10^3\sim2\times10^5$	$5\times10^3\sim6\times10^5$	2～10	1.0**
超细	32～19		20～25		$5\times10^3\sim2.5\times10^5$		0.25

*本表数值取自 Pharmacia Biotech Biodirectory 1996。

**为 2.6 cm×30 cm 层析柱在 25 ℃用蒸馏水测定之值。

D=Darcy'law.

（四）Sephadex G 型交联葡聚糖凝胶溶胀所需时间

凝胶型号 G-10～G-200	所需最小溶胀时间*	
	20～22 ℃（室温）	100 ℃（沸水浴）
Sephadex G-10	3	1
G-15	3	1
G-25	3	1
G-50	3	1
G-75	24	3
G-100	72	5
G-150	72	5
G-200	72	5

（五）聚丙烯酰胺凝胶技术数据

型号	排阻的下限（相对分子质量）	分级分离范围（相对分子质量）	膨胀后的床体积（mL/g 干凝胶）	膨胀所需最少时间（室温,h）
Bio-Gel-P-2	1,600	200～2,000	3.8	2～4
Bio-Gel-P-4	3,600	500～4,000	5.8	2～4
Bio-Gel-P-6	4,600	1,000～5,000	8.8	2～4
Bio-Gel-P-10	10,000	5,000～17,000	12.4	2～4
Bio-Gel-P-30	30,000	20,000～50,000	14.9	10～12
Bio-Gel-P-60	60,000	30,000～70,000	19.0	10～12
Bio-Gel-P-100	100,000	40,000～100,000	19.0	24
Bio-Gel-P-150	150,000	50,000～150,000	24.0	24
Bio-Gel-P-200	200,000	80,000～200,000	34.0	48
Bio-Gel-P-300	300,000	100～400,000	40.0	48

（六）离子交换层析介质的技术数据

离子交换介质名称	最高载量	颗粒大小/μm	特性/应用	pH 稳定性工作	耐压/MPa	最快流速/cm·h⁻¹
SOURCE 15 Q	25m蛋白	15		2～12	4	1800
SOURCE 15 S	25m蛋白	15		2～12	4	1800
Q Sepharose H.P.	70mg BSA	24～44		2～12	0.3	150
SP Sepharose H.P.	55mg 核糖核酸酶	24～44		3～12	0.3	150

（七）薄层层析分离各类物质常用的展层溶剂

物质类型	支持剂	展层溶剂
氨基酸	硅胶 G	(1)70% 乙醇或 96% 乙醇-25% 氨水(4:1)
		(2)正丁醇-乙醇-水(6:2:2)
		(3)酚-水 3:1(W/W)
		(4)正丙醇-水(1:1)或酚-水(10:4)
		(5)氯仿-甲醇-17% 氨水(2:2:1)
	氧化铝	正丁醇-乙醇-水(6:4:4)
	纤维素	(1)正丁醇-乙醇-水(4:1:5)
		(2)吡啶-丁酮-水(15:70:15)
		(3)正丙醇-水(7:3)
		(4)甲醇-水-吡啶(80:20:4)
多肽	硅胶 G	(1)氯仿-丙酮(9:1)
		(2)环己烷-乙酸乙酯(1:1)
		(3)氯仿-甲醇(9:1)
		(4)丁醇饱和的 0.1% NH_4OH
蛋白质及酶	Sephadex G-25	(1)0.05 mol/L NH_4OH
		(2)水
	DEAE-Sephadex G-25	各种浓度的磷酸缓冲液
水溶性 B 族维生素	硅胶 G	乙酸-丙酮-甲醇-苯(1:1:4:14)
	氧化铝	甲醇或 CCl_4 或石油醚
脂溶性 B 族维生素	硅胶 G	(1)石油醚-乙醚-乙酸(90:10:1)
		(2)丙酮-乙烷-甲醇(15:135:13)
核苷酸	纤维素 G	(1)水
		(2)饱和硫酸铵-1 mol/L 乙酸钠-异丙醇(80:18:2)
		(3)丁醇-丙酮-乙酸-5% 氨水-水(3.5:2.5:1.5:1.5:1)
	DEAE 纤维素	(1)0.02 mol/L～0.04 mol/L HCl 溶液
		(2)0.2 mol/L～2 mol/L NaCl 溶液
	硅胶 G	(1)正丁醇水饱和液
		(2)异丙酮-浓氨水-水(6:3:1)
		(3)正丁醇-乙酸-水(5:2:3)

续表

物质类型	支持剂	展层溶剂
		(4)正丁醇–丙酮–冰醋酸–5%氨水(7:5:3:3:2)
脂肪酸	硅胶G硅藻土	(1)石油醚–乙醚–乙酸(70:30:1) (2)乙酸–乙腈(1:1)
		(3)石油醚–乙醚–乙酸(70:30:2)
脂肪类	硅胶G	(1)石油醚(B.P.60–70 ℃)–苯(95:5)
		(2)石油醚–乙醚(92:8) (3)CCl$_4$
		(4)石油醚–乙醚–冰醋酸(90:10:1或80:10:1) (5)氯仿
糖类	硅胶G–0.33mol/L硼酸	(1)苯–冰乙酸–甲醇(1:1:3) (2)正丁醇–丙酮–水(4:5:1)
		(3)氯仿–丙酮–冰醋酸(6:3:1)
		(4)正丁醇–乙酸乙酯–水(7:2:1)
	硅藻土	(1)乙酸乙酯–异丙醇–水(65:23.5:11:5)
		(2)苯–冰醋酸–甲醇(1:1:3)
		(3)甲基乙基甲酮–冰醋酸–甲醇(3:1:1)
磷脂	硅胶G	(1)氯仿–甲醇–水(80:25:3)
		(2)氯仿–甲醇–水(65:25:4或65:2:4或13:6:1)
生物碱	硅胶G	(1)氯仿–甲醇(5%～15%) (2)氯仿–乙二胺(9:1)
		(3)乙醇–乙酸–水(60:30:10)
		(4)环己烷–氯仿–乙二胺(5:4:1)
	氧化铝G	(1)氯仿 (2)环己烷–氯仿(3:7)再加0.05%乙二胺
		(3)正丁醇–二丁醚–乙醚(40:50:10)
酚类	硅胶G	(1)苯 (2)石油醚–乙酸(90:10) (3)氯仿
		(4)环己烷 (5)苯–甲醇(95:5)

四、硫酸铵饱和度常用表

（一）不同温度下饱和硫酸铵溶液的数据

温　度/℃	0	10	20	25	30
质量分数/%	41.42	42.22	43.09	43.47	43.85
物质的量浓度/mol·L^{-1}	3.9	3.97	4.06	4.10	4.13
每1000 g水中含硫酸铵物质的量/mol	5.35	5.53	5.73	5.82	5.91
1000 mL水中用硫酸铵质量/g	706.8	730.5	755.8	766.8	777.5
每1000 mL溶液中含硫酸铵质量/g	514.8	525.2	536.5	541.2	545.9

（二）调整硫酸铵溶液饱和度计算表（0℃）

	_	_	_	_	在0℃硫酸铵终浓度/% 饱和度											
	20	25	30	35	40	45	50	55	60	65	70	75	80	85	90	95	100
	每100 mL溶液加固体硫酸铵的质量/g																
0	10.6	13.4	16.4	19.4	22.6	25.8	29.1	32.6	36.1	39.8	43.6	47.6	51.6	55.9	60.3	65.0	69.7
5	7.9	10.8	13.7	16.6	19.7	22.9	26.2	29.6	33.1	36.8	40.5	44.4	48.4	52.6	57.0	61.5	66.2
10	5.3	8.1	10.9	13.9	16.9	20.0	23.3	26.6	30.1	33.7	37.4	41.2	45.2	49.3	53.6	58.1	62.7
15	2.6	5.4	8.2	11.1	14.1	17.2	20.4	23.7	27.1	30.6	34.3	38.1	42.0	46.0	50.3	54.7	59.2
20	0	2.7	5.5	8.3	11.3	14.3	17.5	20.7	24.1	27.6	31.2	34.9	38.7	42.7	46.9	51.2	55.7
25	0		2.7	5.6	8.4	11.5	14.6	17.9	21.1	24.5	28.0	31.7	35.5	39.5	43.6	47.8	52.2
30	0			2.8	5.6	8.6	11.7	14.8	18.1	21.4	24.9	28.5	32.3	36.2	40.2	44.5	48.8
35	0				2.8	5.7	8.7	11.8	15.1	18.4	21.8	25.4	29.1	32.9	36.9	41.0	45.3
40	0					2.9	5.8	8.9	12.0	15.3	18.7	22.2	25.8	29.6	33.5	37.6	41.8
45	0						2.9	5.9	9.0	12.3	15.6	19.0	22.6	26.3	30.2	34.2	38.3
50	0							3.0	6.0	9.2	12.5	15.9	19.4	23.0	26.8	30.8	34.8
55	0								3.0	6.1	9.3	12.7	16.1	19.7	23.5	27.3	31.3
60	0									3.1	6.2	9.5	12.9	16.4	20.1	23.1	27.9
65	0										3.1	6.3	9.7	13.2	16.8	20.5	24.4
70	0											3.2	6.5	9.9	13.4	17.1	20.9
75	0												3.2	6.6	10.1	13.7	17.4
80	0													3.3	6.7	10.3	13.9
85	0														3.4	6.8	10.5
90	0															3.4	7.0
95	0																3.5
100	0																0

（左侧纵列标题：硫酸铵初浓度/% 饱和度）

(三)调整硫酸铵溶液饱和度计算表(25℃)

	在25℃硫酸铵终浓度/%　饱和度																
	10	20	25	30	33	35	40	45	50	55	60	65	70	75	80	90	100
硫酸铵初浓度% 饱和度	每100 mL溶液加固体硫酸铵的质量/g																
0	56	114	144	176	196	209	243	277	313	351	390	430	472	516	561	662	767
10		57	86	118	137	150	183	216	251	288	326	365	406	449	494	592	694
20			29	59	78	91	123	155	189	225	262	300	340	382	424	520	619
25				30	49	61	93	125	158	193	230	267	307	348	390	485	583
30					19	30	62	94	127	162	198	235	273	314	356	449	546
33						12	43	74	107	142	177	214	252	292	333	426	522
35							31	63	94	129	164	200	238	278	319	411	506
40								31	63	97	132	168	205	245	285	375	469
45									32	65	99	134	171	210	250	339	431
50										33	66	101	137	176	214	302	392
55											33	67	103	141	179	264	353
60												34	69	105	143	227	314
65													34	70	107	190	275
70														35	72	153	237
75															36	115	198
80																77	157
90																	79